普通高等教育电子信息类规划教材

现代交换技术

刘丽　吴华怡　李新宇　冯莉芳　编著

机械工业出版社

本书系统地介绍了现代通信中的各种交换技术，主要包括信令系统、电路交换、分组交换、ATM 交换、IP 交换、MPLS 交换、光交换和软交换技术，并重点介绍了各类交换技术的原理、特点及分类，同时还对相关技术做了比较，对未来交换技术的发展进行了展望。

本书可作为高等院校通信专业及其相近专业的高年级本科生的教科书或参考书，也可供具有一定通信理论基础的学生、科研人员和工程技术人员阅读。

图书在版编目（CIP）数据

现代交换技术 / 刘丽等编著. —北京：机械工业出版社，2011.6（2016.1 重印）
普通高等教育电子信息类规划教材
ISBN 978-7-111-34135-2

Ⅰ. ①现… Ⅱ. ①刘… Ⅲ. ①通信交换－高等学校－教材 Ⅳ. ①TN91

中国版本图书馆 CIP 数据核字（2011）第 063999 号

机械工业出版社（北京市百万庄大街 22 号 邮政编码 100037）
策划编辑：李馨馨
责任编辑：李馨馨 赵东旭
责任印制：乔 宇
北京玥实印刷有限公司印刷
2016 年 1 月第 1 版 · 第 2 次印刷
184mm×260mm · 16 印张 · 396 千字
300 1-4 500 册
标准书号：ISBN 978-7-111-34135-2
定价：37.00 元

凡购本书，如有缺页、倒页、脱页，由本社发行部调换

电话服务
社服务中心：（010）88361066
销 售 一 部：（010）68326294
销 售 二 部：（010）88379649
读者购书热线：（010）88379203

网络服务
门户网：http://www.cmpbook.com
教材网：http://www.cmpedu.com

前　言

交换作为信息网络的核心，现在已经融入了更多的先进技术。交换技术源于电话通信，其基本任务是在大规模网络中支持用户之间话音、文本、数据和图像等媒体信息端到端的有效传输。随着越来越多先进的通信技术的涌现，现代通信网中的交换方式主要体现为电路交换、分组交换、ATM 交换、IP 交换、MPLS、光交换和软交换等。

全书分为 8 章。第 1 章绪论，主要对各种交换技术做简要概述，从通信网与交换技术的发展历程入手，介绍了通信网的分类，简介了全书其余 7 章的重点内容；第 2 章介绍了信令的基本概念、分类、信令方式、中国 No.1 信令、No.7 信令及我国 No.7 信令网的结构；第 3 章着重介绍了电路交换技术的相关知识，包括数字交换网络的基本结构和分类、数字程控交换系统的硬件结构、软件结构以及性能分析；第 4 章主要介绍了分组交换技术的基本原理，分组交换网的典型应用 X.25 网络的基本协议和工作原理，并简要介绍了帧中继技术的原理和应用；第 5 章主要介绍了 ATM 交换技术，包括 ATM 的传输模式、信元结构、协议参考模型、交换原理和信令结构等；第 6 章主要介绍了 IP 交换技术的基本知识、标记交换基本概念、MPLS 的基本原理以及标记分发协议；第 7 章主要介绍了光交换的定义、特点，光交换技术的主要分类，光交换系统的核心器件，同时还对纯光交换和电交换进行了比较，并就光交换技术的发展趋势进行了讨论；第 8 章重点介绍了软交换技术，包括软交换的概念、功能、支持业务、体系结构、主要设备以及标准协议。本书系统地介绍了现代交换技术的各个层面，希望对读者学习、理解和研究现代交换技术提供帮助。

本书由北京科技大学的刘丽、吴华怡、李新宇和冯莉芳共同编著。其中，刘丽编写第 1 章和第 5 章，吴华怡编写第 6 章和第 7 章，李新宇编写第 3 章和第 4 章，冯莉芳编写第 2 章和第 8 章。

本书编写过程中参考了有关文献资料，在此对文献作者表示感谢，还要感谢所有对本书的编写与出版给予过帮助和支持的家人与朋友。

本书配有电子课件，读者可以从机械工业出版网站（www.cmpedu.com）下载。

由于时间紧迫，加之编者水平有限，书中难免有疏漏之处，敬请读者批评指正。

编　者

目　录

第1章

绪　论

在人们的生产和社会活动中总伴随着信息的传递和交换，这一过程称为通信。为了实现多个终端之间的相互通信，后来又引入了公共交换节点用以实现信息的转发，这就诞生了交换技术。

不同的通信网络由于所支持的业务特性不同，其交换设备所采用的交换方式也各不相同。从信息传送模式来看，目前通信网所采用的交换技术包括电路传送模式、分组传送模式和异步传送模式，所涉及的交换方式包括电路交换、分组交换、ATM 交换、光交换和软交换等。本章主要对各种交换技术做简要介绍，为后续章节的学习打下基础。

1.1 通信网与交换技术概述

通信网是使用交换设备、传输设备，将地理上分散的用户终端设备相互连接起来实现通信和信息交换的系统。通信网由用户终端设备、传输系统和交换设备组成。终端设备包括通信系统的信源、信宿以及消息信号的变换器和反变换器；传输系统是连接网络节点的媒介，是信息的传送通道。在网络节点之间，一般有频分载波传输系统、PCM 准同步数字系列（PDH）和同步数字系列（SDH）、数字微波传输系统、光纤传输系统等实现方式。交换设备是构成通信网的核心要素，是在终端之间和交换机之间进行路由选择、接续控制的设备。它的基本功能是完成接入交换节点传输链路的汇集、转接接续和分配，以实现多点到多点之间的信息转移交互。

通信网可按以下几种不同的角度分类：

- 按网络拓扑结构的不同可分为星形网、树形网、环形网和总线型网。
- 按所传输的信号形式的不同可分为数字通信网、模拟通信网。
- 按传输范围的不同可分为本地网、长途网、国际网。
- 按传输媒介的不同可分为有线通信网、无线通信网。
- 按业务种类的不同可分为电话通信网、数据通信网、综合业务数字网（ISDN）。
- 按通信网采用的传送模式的不同可分为电路传送网（PSTN、ISDN）、分组传送网（PSPDN、FRN）、异步传送网（B-ISDN）。

交换设备是构成通信网的核心设备，通信网支持业务的能力及表现出的特性与其所采用的交换方式密切相关，不同的交换技术形成了不同的通信网络。

交换技术源于电话通信，其基本任务是在大规模网络中支持用户之间话音、文本、数据、图像等媒体信息端到端的有效传输。也就是说，任何一个主叫用户的信息均可以通过网络中的交换节点发送到指定的任何一个或多个被叫用户。

通信系统至少应由终端和传输信道组成，仅由两个终端连接而成的通信系统称做点到点通信，一点发送多点接收的通信系统称做广播通信。

当存在多个终端，并且希望其中的任意两个终端之间都能进行点到点通信时，最直接的方法就是把所有终端都两两相连，如图 1-1 所示。这样的连接方式称做全互连方式。全互连方式存在下列一些缺点：

1）N 个终端互连时，需用 $N(N-1)/2$ 条线对，并且线对数量以终端数的平方增加。

2）当这些终端相距较远时，大量的长途线路将成为最主要的投资成本。

3）每个终端都须配置 $N-1$ 对线路与其他终端相连，每个终端需要 $N-1$ 个线路接口。

4）当增加第 N 个终端时，必须增加 N 对线路。

5）每个用户终端出线过多，使得出线选择非常复杂，较难维护。

如果在用户分布密集地带安装一个设备，并且在该设备中为每个终端配置一个专用线路接口，通过一条专用线对（称做用户线）连接到终端，那么当某一终端用户想要和任何其他终端用户通信时，可由该中心设备完成所需要的选线和连接功能，使得连接到该设备上的所有终端用户都能实现相互通信，通信结束时再由该中心设备断开连线。这样的中心设备称做交换机。用户终端通过交换机互连的示意图如图 1-2 所示。有了交换机，N 个用户只需要 N 对线路就可以满足互连要求，线路的投资费用大大降低，用户线的维护也变得简单方便。尽管这样增加了交换设备的投资成本，但交换设备可为更多的终端提供共享服务，从而使总成本降低。

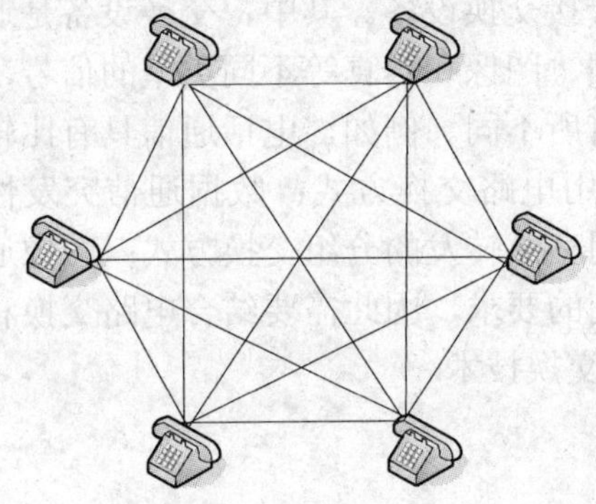

图 1-1 多终端全互连方式

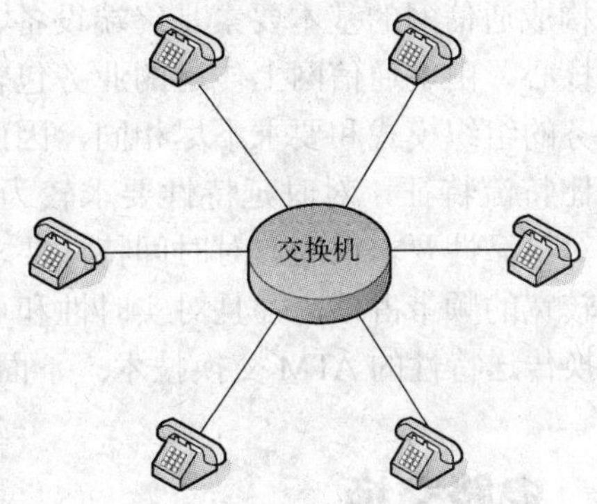

图 1-2 用户终端通过交换机互连的示意图

当用户终端数量很多并且分布的区域很广时，就要设置多个交换节点，交换节点间通过中继线相连，并且随着网络覆盖范围的扩大，交换节点之间不能通过网状连接方式进行互连，而是要引入汇接交换节点，组成如图 1-3 所示的通信网，以便进一步节省网络传输资源。网络中直接连接用户终端的交换机称做本地交换机或端局交换机，端局交换机既负责交换机之间的通信连接，也完成与终端之间的连接服务；只与各交换机连接的交换机称做汇接交换机，汇接交换机只负责交换机之间的业务转移连接；用户交换机完成企业内部之间以及与公共电信网络的电话交换。交换机和用户终端之间的线路称做用户线，交换机之间的线路称为中继线。

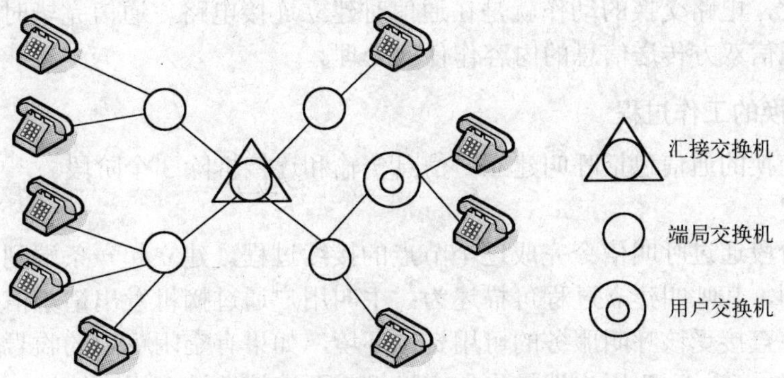

图 1-3 采用多个交换节点的通信网

电信网络中，交换节点可控制以下几种类型的接续：

1）本局接续，即完成同一个交换机上连接的用户线之间的接续。

2）出局接续，即完成连接在交换节点上的用户线与出中继线之间的接续。

3）入局接续，即完成连接在交换节点上的入中继线与用户线之间的接续。

4）转接接续，即完成连接在交换节点上的入中继线与出中继线之间的接续。

为了完成上述的交换接续，交换节点必须具备如下基本功能：

1）能正确接收和分析从用户线和中继线发来的呼叫控制信号。

2）能正确接收和分析从用户线和中继线发来的地址信号。

3）能按目的地址正确地进行选路以及在中继线上转发信号。

4）能控制连接的建立与拆除。

构成通信网的基本要素是终端设备、传输系统和转接交换设备。其中，交换设备是通信网的核心。由于通信网上传送的业务包含了话音、数据、图像和传真等不同类型的信号，各个业务的组织模式和要求不尽相同，因而交换设备也有所不同。例如，电话通信具有比较恒定的比特流特征，对时延特性要求较为严格，因此采用电路交换方式；数据通信突发性较强，对可靠性要求很高，对时间特性要求较低，常采用存储转发的分组交换方式；图像通信要求较宽的频带占用，并且对实时性和可靠性都有较高的要求，因此需要结合电路交换和分组交换传送特性的ATM交换技术。下面分别介绍各种交换技术。

1.2 电路交换

电路交换是指交换设备为通信双方的信息传送建立一条专用的电路级的数据传输通路。这种传输通路是双向的，是承载用户信息的物理层媒介，可以是一对铜线、一个频段，或者是时分复用电路上的一个时隙。电路交换方式采用预分配电路资源方式，即在一次接续中，电路资源预先分配给一对用户固定使用，不管在这条电路上是否有数据传输，电路都一直被占用，直到双方通信完毕拆除连接为止。电路交换中交换设备只负责建立连接，不对用户信息进行任何检测、识别或处理。

电话网就是采用电路交换方式。当用户需要发送数据时，交换机就在主叫用户终端和被叫用户终端之间接续一条数据传输通路。打电话时，首先摘下话机拨号，拨号完毕，交换机为双方建立连接，等一方挂机后，交换机把双方的线路断开，为双方各自开始一次新的通话作好准备。因此，电路交换的动作就是在通信时建立连接电路，通信完毕时拆除连接电路，整个过程不对通信双方传送信息的内容作任何处理。

1. 电路交换的工作过程

经由电路交换的通信包括呼叫建立、信息传输和连接拆除3个阶段。

（1）呼叫建立

呼叫建立阶段通过呼叫信令完成逐个节点的接续过程，建立起一条端到端的通信电路。以电话通信为例，其呼叫建立过程可描述为：主叫用户通过摘机发出请求信令，交换机收到请求信令后，检查接受该呼叫服务的可用资源环境，如果有空闲可用的收号器和电路资源，向主叫用户送拨号音，主叫用户拨号告知交换机需要连接的被叫用户地址。交换机接收主叫用户所拨号码后，如果被叫用户属于本交换机所辖范围，测试被叫忙闲状态，被叫空闲则向被叫振铃并向主叫送回铃音，否则向主叫送忙音。如果被叫用户不属于本交换机所辖范围，则还应由主叫方交换机通过交换机之间的中继线向被叫方交换机或汇接交换机发送局间信令信号，通知相关交换机协助建立主叫用户到被叫用户之间的通信电路。被叫用户收到振铃信号并摘机后，各交换机建立主、被叫用户间的双向通信电路接续，双方用户进入信息传输阶段（通话）。

（2）信息传输

信息传输阶段是在已经建立的端到端的连接通路上透明地传送信号。主、被叫终端间的通信链路建立后，双方用户通过用户线和交换机内部建立的接续链路以及中继线共同组成的通信电路进行双向通信。通信期间，通信双方始终独占已建立的通信电路互传信息，不允许其他通信使用该电路。

（3）连接拆除

连接拆除阶段是完成一次连接信息传送后，拆除该电路的连接，释放节点和信道资源。在完成数据或信号的传输后，由主叫或被叫向本地交换机提出终止当前通信的信令，各节点相应拆除该电路的对应连接，释放由本次通信电路所占用的节点和信道资源，复原内部接续链路和占用的中继线等，以供其他呼叫使用。

2．电路交换的特点

电路交换是在通信之前先建立连接，通信过程中固定分配带宽、独占信道的实时交换，适用于话音、图像等实时性要求高的业务，是目前电话网的基本交换方式。下面介绍电路交换的特点。

（1）面向连接

电路交换技术在通信开始之前先建立一条端到端的连接，连接建立后，通信就沿着这条路径进行，在通信期间始终占用这条信道，通信完毕才释放所占用的信道。早期的电话通信网中，为每一个呼叫建立的每一个连接实际上就是一条物理线路。后来产生了时分多路复用（Time Division Multiplex，TDM）技术，可以将一条物理线路划分为若干个时隙。这样，为每一个呼叫建立的连接也就变成了许多段线路中不同时隙间的连接，多个用户就可以通过特定的 TDM 时隙来传送数字化的话音信号。

（2）同步时分复用，固定分配带宽

电路交换中数据传输采用同步时分复用技术。时分多路复用是将传输信号的时间分割成若干时间片（时隙），利用不同时隙传输各路不同信号，多路信号使用各自的时隙。同步时分复用采用固定时间片分配方式，即将传输信号的时间划分为基本时间单位（帧），每帧占用时长为 125μs，每帧再分成等长度的多个时隙，并按顺序编号，所有帧中编号相同的时隙组成一个恒定速率的子信道，一个子信道传递一个话路的信息。

时分多路复用建立在抽样定理的基础上，使用抽样定理将连续的基带信号变成在时间上离散的抽样脉冲。这样，当抽样脉冲占据较短时间时，在抽样脉冲之间就留出了时间空隙。利用这种空隙便可以传输其他信号的抽样值，因此就有可能在一条信道同时传输若干基带信号。

电路交换设备将承载声音的模拟信号转换成脉冲调制（Pulse Code Modulation，PCM）

数字信号，在交换机之间进行交换和转移。PCM 一次群的帧结构是，在时长为 125μs 的一个帧周期内共有 32 个时隙，其中有 30 个话路时隙，一个同步时隙和一个信令时隙。每个时隙时间为 3.9μs，传送 8 位码，所以在一个取样周期内，30/32 路 PCM 传输码率为 2.048Mbit/s，而每一路码率为 64kbit/s，即对每路通信所分配的带宽是固定的。在信息传送阶段不管有无信息传送，都占用该信道。

（3）信息传送无差错控制，信息具有透明性

电路交换对所传送的信息不作处理，这称为透明传送，进行低速率数据传送时也不进行速率、码型的变换。此外，电路交换对传送的信息也不作差错控制，因此没有循环校验（Cyclic Redundancy Check，CRC）和重发等差错控制机制。

（4）基于呼叫损失的流量控制

电路交换采用基于呼叫损失控制的方法来处理业务流量，过负荷时呼损率增加，但不影响已建立的呼叫。这种流量控制方法符合实时业务的特性。

电路交换方式的优点是实时性好、信息传输时延小，而且对一次接续来说，传输时延固定不变，适用于实时、大批量、连续的数据传输。其缺点主要表现为：

① 采用固定的分配带宽，电路利用率低，并且从电路建立到进行数据传输，直至通信链路拆除，通道都是专用的，因而不适合处理多速率的突发业务；

② 对传送信息没有差错控制机制，数据交换的可靠性没有保障，不适合对可靠性要求较高的数据传输业务。

1.3 分组交换和帧中继

1.3.1 分组交换

分组交换技术是为了适应数据通信和计算机通信的需要而发展起来的。由于数据通信对时间响应延迟的要求不太严格，而对传送差错率的要求很高，因此可采用分组的存储转发方式进行传输和交换。

分组交换将用户要传送的报文分割成若干定长或不定长的数据块（即分组），分组由分组头和其后的用户数据部分组成。分组头包含可供选路的信息和控制信息，如接收和发送地址标识、序号、优先等级、校验序列等控制信息。分组以存储转发方式在数据通信网内传输。分组交换技术传输可靠且线路利用率较高，是一种比较理想的数据通信方式。

1．分组交换原理

分组交换以分组为单位进行传输和交换数据文件。其基本原理是采用存储转发技术，将到达交换节点的分组先送到存储器暂时存储，对所收到的各个分组分别处理，按其中分组头的选路信息选择去向，以先来先服务的原则在目的方向路由上排队等候，当相应的输出电路有空闲时，将信息发送到能到达目的地的下一个交换节点，完成转发，最后送到目的地址。这一存储转发的过程就是分组交换的基本过程。

分组交换利用统计时分复用原理，将一条数据链路复用成多个逻辑信道，以实现数据的分组传送。通过标记来识别属于同一用户的各个分组，能够动态分配带宽。

2. 分组交换方式

为适应不同业务的要求，分组交换提供了两种交换方式，即虚电路方式和数据报方式。

（1）虚电路方式

虚电路方式是一种面向连接的数据交换技术，即在用户传送数据之前通过发送呼叫请求分组建立端到端的虚电路，一旦虚电路建立后，属于同一呼叫的数据分组均沿着已建立的虚通路按顺序进行传送。当用户通信结束时，通过发送呼叫清除分组来发出拆链请求，由网络来拆除该连接。虚电路的连接不同于电路交换中的物理连接，而是逻辑连接。交换机在用户发出呼叫请求时为该通信在经历的每段传输链路上分配一个逻辑信道标识，在一条物理线路上可以同时建立多个虚电路，以达到资源共享。

虚电路方式的每个分组头中含有对应于所建立的逻辑信道的标识，因此不需进行复杂的选路。属于同一呼叫的各分组在同一条虚电路上传送，按原有的顺序到达终点，不会产生失序现象。虚电路方式对故障较为敏感，当传输链路或交换节点发生故障时，可能引起虚电路的中断，需要重新建立。

（2）数据报方式

数据报方式是一种面向无连接的数据交换技术。发送数据前不需要先建立连接，每个分组头中包含详细的源和目的端点的地址信息，各个分组依据分组头中的目的地址独立地进行选路；属于同一呼叫的各分组可能沿着不同的路径到达终点，会引起失序，在网络终点必须对收到的分组按照报文的原始数据分组的组织顺序进行重排。由于各个分组可选择不同的路由，对网络故障不敏感，从而可靠性较高。数据报方式没有建立连接过程，而是一边选路，一边传送信息，因而信息传送时延比面向连接方式的时延大。

3. 分组交换的特点

（1）具有面向连接和无连接两种工作方式

虚电路采用面向连接的工作方式，工作过程包括连接建立、数据传输和连接拆除。数据报采用无连接工作方式。

（2）统计时分复用，动态分配带宽

用户数据信息以分组为单位动态统计时分复用传输线路和网络资源，提高了资源利用率。

同步时分复用采用固定时隙分配的形式，对每路话路都固定地分配了一个公共信道的时隙，是“对号入座”的位置化信道，用户不传送信息也占有该信道，这就造成了资源浪费。而统计时分复用能动态地将公共信道的时隙实行“按需分配”，即根据信号源是否需要发送数据信号和信号本身对带宽的需求情况来分配时隙，传输通道上某个用户的数据分组在时间上不占用固定的位置，以“先来先服务”的原则进行复用传送，通过标记来识别属于同一用户的各个分组，能够动态分配带宽。

分组交换技术的这种统计复用的存储转发方式，特别适合传输速率动态变化很大的数据业务。

（3）信息传送有差错控制，可靠性高

为保证数据传送的可靠性，在数据分组中通常设置 CRC 校验码对数据信息进行检错和纠错，并且采用逐段转发、出错重发的控制措施，分组交换所采用的 X.25 协议的数据链路层和分组层都设有差错控制机制。

（4）基于呼叫延迟机制的流量控制

分组交换的工作过程是存储转发，当数据流量较大时，分组被交换节点存储，排队等待处理，不像电路交换那样直接将过负荷的呼叫损失掉。

分组交换的主要缺点是需要在用户数据之外附加较多的传输控制信息，因此通信效率较低。由于网络附加的信息较多，影响了分组交换的传输效率。另外，交换机实现技术复杂。分组交换机需要对抵达的每个分组进行分析处理，以确定其特性和传输路径，必要时还需自动调整路由，因此要求交换机具有较高的处理能力。

1.3.2 帧中继

分组交换基于 X.25 协议，该协议包含 3 层，第一层为物理层，第二层为数据链路层，第三层为分组层，对应于 OSI 模型的下三层。分组交换的低速率主要是由复杂的协议处理引起的，特别是需要在各段链路上进行差错控制和流量控制。分组交换中复杂的协议处理使其难以满足高速率的数据通信，帧中继技术是在 X.25 分组交换技术基础上，在数字与光纤传输线路逐渐替代已有的模拟线路，用户终端日益智能化的条件下诞生并发展起来的一种快速分组交换传输技术。

帧中继简化了分组交换协议，只包含物理层和数据链路层，用户信息以帧（可变长）为单位进行传输，并对用户信息流进行统计复用。

帧中继仅完成 OSI 物理层和链路层的核心功能，将流量控制、纠错等功能交给智能终端去完成，大大简化了 X.25 分组交换协议。交换节点只负责传递分组，不会执行任何纠错、重发等，一旦检测出被损坏的分组，该分组就会被丢弃，检测帧丢失和请求重发是接收终端系统的工作，从而简化了交换节点机之间的处理过程。

帧中继采用虚电路技术，能充分利用网络资源，因而帧中继具有吞吐量高、时延低、适合突发性业务等特点。

帧中继使用光纤作为传输介质，因此误码率极低，能实现近似无差错传输，减少了进行差错校验的开销，提高了网络的吞吐量。帧中继主要应用在广域网（WAN）中，支持多种数据型业务，如局域网（LAN）互连、计算机辅助设计（CAD）和计算机辅助制造（CAM）、文件传送、图像业务等。

1.4 ATM 交换

随着 Internet 与多媒体技术的飞速发展，迫使电信网络向宽带综合业务数字网（Broadband Integrated Service Digital Network，B-ISDN）方向发展。这要求通信网络和交换设备既要能够传输高可靠性的数据业务，又要传输实时性的电话和电视信号业务，而电路交换和分组交换都不能够胜任这种综合的宽带高速交换任务。电路交换实时性好，但其信道带宽分配缺乏灵活性，当数据的传输速率及其突发性变化很大时，交换的控制就变得十分复杂，信道利用率低。分组交换有效地提高了信道利用率，并保证了数据的可靠性，但是当数据传输速率很高时，协议数据单元在各层的处理成为很大的开销，无法满足实时性很强的业务的时延要求，不适合于处理实时性要求高的通信业务。异步传送模式（Asynchronous Transfer Mode，ATM）是在融合了电路交换和分组交换的优点的基础上演进发展起来的一种交换技术，可以很好地进行高速宽带信息交换，能够满足 B-ISDN 传输和交换的要求，支持包括数据、话音、图像在内的各种业务的传送。

ATM 是一种采用异步时分复用方式、面向连接的信息传送模式（包括复用、传输与交换技术）。信息被组织成固定长度的信元（Cell），通过信元来传输话音、视频、数据等信息，属于同一用户信息的各个信元不需要按固定的时间间隔周期性地出现。因此，ATM 就是一种在网络中以信元为单位进行统计复用和交换、传输的技术。

下面介绍 ATM 交换技术的特点。

（1）采用固定长度的信元

ATM 网络使用固定长度的信元作为传输的基本单元，每个信元包括 53 字节，前面 5 字节为信头，主要完成寻址的功能；后面的 48 字节为信息段（净荷），用来装载来自不同用户、不同业务的信息。固定长度的信元简化了交换机对缓冲队列的管理，同时简化的信头只包含虚连接标志、优先级标志、净荷类型、信头差错校验等字段，简化了交换节点的处理，提高了交换速率。

（2）采用异步时分复用方式动态分配带宽

ATM 采用异步时分复用的方式将信息汇集到一起，以固定长度的信元为单位进行统计复用，包含同一用户信息的信元不需要在传输链路上周期性地出现，根据信头中的虚连接标识（VPI/VCI）来区分用户的信元。在 ATM 中，任何业务都按实际需要占用网络资源，可根据用户的要求和网络资源对带宽进行动态分配。

（3）采用面向连接并预约传输资源的方式工作

ATM 网络是面向连接的，采用了分组交换中的虚电路形式，并且是预约传输资源的方式，在呼叫建立过程中向网络提出传输所希望使用的资源，网络根据当前的状态决定是否接受这个呼叫。其中资源的约定并不像电路交换那样给出确定的电路或 PCM 时隙，只是用来表示该呼叫未来通信过程中可能使用的通信速率。采用预约资源的方式，能够满足数据快速传送的需要，提高了网络传输效率，保证了网络的服务质量。

（4）简化了差错控制和流量控制

ATM 运行在误码率很低的光纤传输网上，同时预约资源机制可以保证网络中的传输负载小于网络的传输能力，所以 ATM 取消了终端设备和边缘节点之间、网络内部各节点之间传输链路上的差错控制和流量控制，将差错控制和流量控制交给边缘终端设备去处理。如果 ATM 信元在传输过程中受到损坏，只是简单地将受到损伤的信元丢弃，形成信元丢失率，由终端设备通过端到端的重发控制来处理信息丢失问题，从而简化了网络的控制，提高了网络和交换节点的吞吐率。

综上所述，ATM 方式既有电路交换中支持实时业务、数据透明传输的特点，同时也具有分组交换方式中支持可变比特率业务的特点。ATM 对传输链路进行异步时分复用，动态分配带宽，可适应任意速率的业务。简化的协议处理和采用固定长度的信元，极大地提高了网络传输处理能力，能支持快速交换的实时业务。ATM 是 B-ISDN 交换、复用、传输的核心技术。

1.5 MPLS 技术

互联网的迅速发展给 Internet 服务提供商（ISP）提供了巨大的商业机会，同时也对其骨干网络提出了更高的要求。人们不仅要求IP网络能够支持高速的数据通信，也要求IP网络能传送话音、图像等实时性业务，还要求网络能够保证通信的服务质量（QoS）。从支持QoS的角度来看，ATM作为继IP之后迅速发展起来的一种快速分组交换技术具有得天独厚的技术优势，但是ATM网络的实现过于复杂，不具有IP网络路由的灵活性，并且在ATM网络发展的同时相应的业务还没有发展起来，现有ATM的使用也一般都是用来承载IP。因此就希望IP网络也能提供如ATM一样多种类型的服务。多协议标记交换（Multiprotocol Label Switching，MPLS）技术就是在这种背景下产生的，它吸收了ATM的面向连接的VPI/VCI交换思想，集成了IP路由技术的灵活性和ATM交换的快速性，在面向无连接的IP网络中增加了MPLS这种面向连接的特性，为IP网增加了管理和运营的手段。MPLS技术作为一种新兴的路由交换技术，越来越受到业界的关注。在用MPLS提供虚拟专用网（VPN）服务、实现负载均衡的网络流量工程等方面，成为ISP提供增值业务、保证IP网QoS的重要手段。

MPLS技术是将第二层交换（ATM）和第三层路由（IP）结合起来的一种集成的数据传输技术，它不仅支持网络层的多种协议，还可以兼容第二层上的多种链路层介质，在多种数据链路层媒介上进行标记交换。

下面介绍MPLS技术具有的特点。

（1）利用标记进行转发

MPLS利用标记进行数据转发。当分组进入网络时，为其分配短小且长度固定（4B）的标签，并封装在该分组中。整个转发过程中，交换节点都根据该标记进行转发，用单一的转发机制能够同时支持多种业务，并且提高了交换节点的处理能力。

（2）支持多种协议

MPLS技术可适用于任何网络层协议，目前主要用于传输IP业务。同时，多协议也表明MPLS技术的应用并不局限于某一特定的链路层媒介，网络层的数据包可以基于多种物理媒介进行传送。MPLS支持多种链路层协议，如ATM、SDH、DWDM、PPP等。

（3）边缘路由，核心交换

MPLS结合了ATM交换和IP路由的特点，第三层的路由在网络的边缘实施，而在MPLS的网络核心采用第二层交换，不同于传统的IP路由边选路边转发的工作方式，MPLS技术将报文的三层选路和报文的转发分开，实现了网络边缘选路，网络核心进行标记交换，网络交换节点不再需要分析IP报文头。

（4）采用精确匹配的寻径方式

MPLS利用4B的标签，采用精确匹配的寻径方式取代了传统路由的最长匹配寻径方式，提高了转发速率。

综上，MPLS体现了IP与ATM技术的融合，可以将网络层的IP路由映射到链路层的标记交换。这样，开销很大的最长地址前缀匹配就转变为快速的链路层定长短标记的精确匹配，大大提高了转发速率。MPLS便于实现业务流量工程和VPN，是一种在下一代网络中起到重要作用的交换技术。

1.6 光交换

现代通信网中，发展迅速的各种新业务对通信网的带宽和容量提出了更高的要求。光纤的巨大频带资源和优异的传输性能，使其成为高速大容量传输的理想媒质。随着光密集波分复用（Dense Wavelength Division Multiplexing，DWDM）技术的成熟，单根光纤的传输容量甚至可以达到 Tbit/s 的速率。然而，高质量数据业务的传输与交换仍然利用电子器件实现，必须在交换节点经过光电转换。由于电子转移速度的限制使得这样的交换技术面临着信息瓶颈问题，无法充分利用底层 DWDM 带宽资源和强大的波长路由能力。为了消除电子处理速度的"瓶颈"限制，运用光子技术实现光交换、构建全光通信网络已成为通信网交换技术的一个发展方向。

全光网络是指光信息流在网络中的传输及交换时始终以光的形式存在，而不需要经过光/电（O/E）、电/光（E/O）转换。全光网络具有如下优点：

1）提供巨大的带宽。

2）与无线或铜线比，处理速度高且误码率低。

3）采用光路交换的全光网络具有协议透明性，即对信号形式无限制。允许采用不同的速率和协议，有利于网络应用的灵活性。

4）全光网中采用了较多无源光器件，不需要庞大的光/电和电/光转换设备和处理，提高了网络交换速度，降低了成本，提高了可靠性。

全光网络以其良好的透明性、波长路由特性、兼容性和可扩展性，成为下一代宽带网络的首选。光交换是构建全光网络的关键技术，主要完成光交换节点处任意光纤端口之间的光信号交换及选路。全光网络的几大优点（如带宽优势、透明传送、降低接口成本等）都是通过光交换技术来体现的。

光交换是指对光纤传送的光信号不经过任何光/电转换，在光域直接将输入的光信号交换到不同的输出端。

相对于电交换来说，光交换具有明显的优势，采用光交换技术，光信号通过光交换单元时，无需经过 O/E 和 E/O 转换，因此不受监测器和调制器等光电器件响应速度的限制，可以大大提高交换单元的吞吐量，降低交换成本，并且光交换对比特率、信号调制方式和通信协议透明，具有良好的升级能力，支持未来不同的类型数据。在交换过程中，还能充分发挥光信号的高速、宽带和无电磁感应的优点。光交换把大量的交换业务转移到光域，实现了网络的优化与资源的合理利用。

光交换的引入可以形成带宽动态实时分配的智能型光网络，实现与数据速率、格式、协议无关的、高速的透明传送。不需要 O/E 和 E/O 转换，消除了电子处理速度的"瓶颈"限制。目前一般认为，光交换技术还在进一步发展中，大致分成如下 3 个阶段：首先是比较成熟的波长路由或波长交换，也就是光的电路交换，具有良好发展前景的是将 MPLS 控制面与光交叉连接（OXC）相结合的多协议波长交换（Multi-Protocol Label Switching，MPLS）；其次是电路交换与分组交换相结合的光突发交换（OBS）；最后的目标是较理想的光分组交换（OPS），还有一些技术难点有待解决。

1.7 软交换

随着通信网络技术的飞速发展，人们对于网络提出了更高的要求，不仅要提供话音、数据、视频业务，也要同时支持实时多媒体流的传送，并且要求网络具有更高的安全性、可靠性和高性能。为了向用户提供更加灵活、多样的现有业务和新增业务，提供给用户更加个性化的服务，下一代网络（Next Generation Network，NGN）的概念应运而生。软交换技术是下一代通信网络解决方案中的焦点之一。

软交换是下一代网络的控制功能实体，其基本含义就是将呼叫控制功能从媒体网关（传输层）中分离出来，通过软件实现呼叫传输与呼叫控制的分离，为控制、交换和软件可编程功能建立分离的平面。软交换主要提供连接控制、翻译和选路、网关管理、呼叫控制、带宽管理、信令、安全性和呼叫详细记录等功能。与此同时，软交换还将网络资源、网络能力封装起来，通过标准开放的业务接口和业务应用层相连，可方便地在网络上快速提供新的业务。

软交换的出发点是“网络就是交换”，其核心思想是基于功能分层概念，对交换所包含的各种功能进行不同程度的集成，将其分离在网络中的不同类型的网元上，再通过标准化协议将这些网元进行连接和通信，从而使业务和网络可以独立发展，灵活提供业务和应用。

软交换的最大特点是业务与控制分离，传送与接入分离。软交换技术将呼叫控制功能从媒体网关中分离出来，把应用层和控制层与核心网络完全分开。分离的目标是使业务真正独立于网络，灵活有效地实现业务的提供。

软交换采用开放式应用程序接口，简化了信令结构，降低了控制复杂性。软交换系统中各功能实体之间通过标准开放的协议进行连接和通信，屏蔽底层通信基础设施多样性，并能提供一个统一开放的、可扩展的融合服务平台，可以快速灵活地引入各种新业务。软交换集话音、数据、视频等多媒体业务于一体，实现了话音、数据和视频在传输与业务上的融合与统一。

软交换通过媒体网关、中继媒体网关、信令网关等各种网关设备，可以实现软交换网络与现有公共电话网、IP 网等网络的互通，有效地延续原有网络的业务和设备等资源。

软交换的体系结构按功能可分为 4 层，即媒体/接入层（边缘层）、传输层、控制层和业务/应用层。接入层的设备包括各种不同的网络、终端设备以及各种将它们接入软交换系统的网关设备；传输层由基于 DWDM 的光传送网连接骨干 ATM 交换机或骨干 IP 路由器构成；控制层的主要设备称为软交换设备，提供各种业务的呼叫控制、连接以及部分业务提供，软交换采用标准的、开放的接口及各种协议，与各种媒体网关、终端、应用服务器、其他软交换设备等功能实体相互通信；应用层采用开放、综合的业务应用平台，采用应用服务器灵活地为用户提供各种增值业务，同时提供相应业务的生成和维护环境。

软交换技术是下一代网络呼叫与控制的核心技术，它将在电信网的演进中发挥重要作用。

1.8 小结

交换技术源于电话通信，其基本任务是在大规模网络中支持用户之间话音、文本、数据、图像等媒体信息端到端的有效传输。交换设备是构成通信网的核心设备，通信网支持业务的能力及表现出的特性与其所采用的交换方式密切相关。通信网中的交换方式主要有电路交换、分组交换、ATM 交换、IP 交换、MPLS、光交换、软交换等。

电路交换采用面向连接的工作方式，采用同步时分复用，固定分配带宽，对所传送的信息没有差错控制，透明传输，这些特点决定了电路交换适合传输实时性要求高、恒定速率的业务，如公共电话网（PSTN）和移动网（包括 GSM 和 CDMA）采用的都是电路交换技术。电路交换方式的优点是在通信过程中可以保证为用户提供足够的带宽，并且实时性强、时延小，交换设备成本较低，但同时带来的缺点是网络的带宽利用率不高，一旦电路被建立，不管通信双方是否处于通话状态，分配的电路都一直被占用；另外，因没有差错控制不适合传输可靠性要求高的数据业务。

分组交换技术是针对数据通信和计算机通信的特点发展起来的。相对于话音业务、数据业务对时延没有严格的要求，但需要进行无差错传输。分组交换有面向连接的虚电路和无连接的数据报两种工作方式，采用统计时分复用，根据用户的要求和网络的能力来动态分配带宽，X.25 协议的数据链路层和分组层都设有差错控制机制。分组交换的这些特点适合于传送可靠性要求高的数据业务，公用分组交换网（PSPDN）采用分组交换技术。帧中继是从分组交换技术发展起来的，它采用虚电路技术，对分组交换技术进行简化，具有吞吐量大、时延小、适合突发性业务等特点，能充分利用网络资源。

ATM 是 B-ISDN 交换、复用和传输的核心技术。ATM 方式既有电路交换中支持实时业务、数据透明传输的特点，同时也具有分组交换方式中支持可变比特率业务的特点。ATM 能在单一的主干网络中携带多种信息媒体，承载多种通信业务，并且能够保证 QoS。

MPLS 将 ATM 交换的高速性和 IP 路由的灵活性结合起来，利用标记进行转发，支持多种协议、边缘路由核心交换，采用精确匹配的路径寻址方式。MPLS 便于实现业务流量工程和提供 VPN 服务，是一种在下一代网络中起到重要作用的交换技术。

光传输技术的不断进步，使交互宽带多媒体信息成为可能，但是必须解决网络传送中的电子交换瓶颈问题，从而引发了全光交换技术的研究。光交换是指对光纤传送的光信号不经过任何光/电和电/光转换，在光域直接将输入的光信号交换到不同的输出端。

软交换是一种功能实体，为下一代网络提供具有实时性要求的业务的呼叫控制和连接控制功能，是下一代网络呼叫与控制的核心。软交换的特点是业务提供与呼叫控制分离、呼叫控制和承载连接分开，采用开放的应用程序接口，便于第三方提供业务。

总之，交换技术是通信网的核心技术，交换技术还将随着应用和技术的进步而不断发展。

1.9 习题

1. 在通信网中为什么要引入交换功能？
2. 构成通信网的基本要素是什么？
3. 简述电路交换的特点。
4. 简述数据通信与话音通信的主要区别。
5. 分组交换方式包括哪两种，比较它们各自的优缺点。
6. 分组交换和帧中继有何异同？
7. 如何理解 ATM 交换方式具有电路交换和分组交换的优点？
8. 什么是同步时分复用和异步时分复用？

9．面向连接和无连接的工作方式的特点是什么？

10．简述 MPLS 技术的特点。

11．光交换技术的特点是什么？

12．什么是软交换？简述其特点。

参考文献

[1] 姚楠. 通信网[M]. 北京：人民邮电出版社，2007.

[2] 糜正琨，杨国民. 交换技术[M]. 北京：清华大学出版社，2006.

[3] 陈建亚，余浩，王振凯. 现代交换原理[M]. 北京：北京邮电大学出版社，2006.

[4] 尤克，黄静华，陈鸽. 现代电信交换技术与通信网[M]. 北京：北京航空航天大学出版社，2007.

[5] 张毅，胡庆，余翔. 电信交换原理[M]. 北京：电子工业出版社，2000.

[6] 金惠文，陈建亚，纪红，等. 现代交换原理[M]. 北京：电子工业出版社，2000.

[7] 赵慧玲，叶华. 以软交换为核心的下一代网络技术[M]. 北京：人民邮电出版社，2002.

[8] 卞佳丽. 现代交换原理与通信网技术[M]. 北京：北京邮电大学出版社，2006.

第2章

信令系统

信令是一种用于控制的信号，信令技术是交换系统的核心技术之一。信令系统是实现信息收集、转发和分配的一系列处理设备和相关协议的实体，是通信网络中的神经中枢。通信网能否正常稳定运行，在很大程度上依赖于所使用的信令系统是否完善。

2.1 信令的基本概念和分类

通信设备之间任何实际应用信息的传送总是伴随着一些控制信息的传递，它们按照既定的通信协议工作，将应用信息安全、可靠、高效地传送到目的地。这些信息在计算机网络中叫做协议控制信息，而在电信网中叫做信令。

2.1.1 信令的基本概念

在日常生活中，人们经常使用电话。当拿起话机时，就会听到拨号音，当拨出对方号码后，会听到呼叫对方的声音。看似这个过程比较简单，但交换机内部的过程却远比听到的复杂。当拿起话机时，话机便向交换机发出摘机信息；然后交换机发回给呼叫方允许拨号的信息；拨出号码后，交换局向对方发出呼叫，同时向主叫方发出呼叫对方的回铃信息。

这里所说的摘机信息、允许拨号的信息、呼叫对方的回铃信息等，主要用于建立双方的通信关系，把用以建立、维持、解除通信关系的这类信息称为信令。为了深入理解信令的含义，下面举例说明两个用户通过两个交换局通话的过程。

图 2-1a 是两个用户通信的网络结构图，用户间通话的连接是通过发端局、中继线和终端局实现的。图 2-1b 是其通信过程中使用的详细信令及流程。

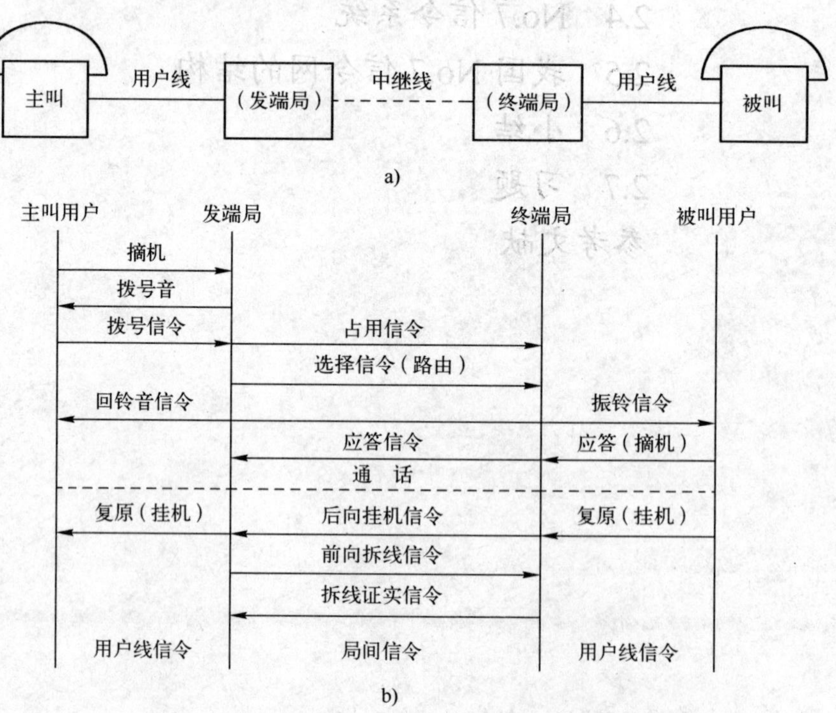

图 2-1　用户通信网络结构与用户通话信令及流程

a) 用户通信网络结构　b) 用户通信过程中使用的详细信令及流程

根据图 2-1b 所示，用户的通话步骤描述如下：

1）当主叫用户摘机时，摘机信令送到发端交换局（简称发端局）。

2）发端局立即向主叫用户送出拨号音；主叫用户听到拨号音后，开始拨号，送出拨号信令。

3）发端局根据被叫号码选择路由及中继线。如有路由可利用，发端局向终端交换局（简称终端局）发送占用信令，然后把被叫用户号码送终端局。

4）终端局根据被叫号码，将呼叫连到被叫用户，向被叫用户发送振铃信号，并向主叫用户送回铃音。

5）当被叫用户摘机应答时，此应答信令送给终端局并将应答信令转发给发端局。

6）双方开始通话。

7）通话完毕，若被叫用户先挂机，则挂机信令由终端局发送发端局，发端局通知主叫用户挂机；若主叫用户先挂机，则发端局立即拆线，并把拆线信令送给终端局通知其拆线，终端局拆线后，回送一个拆线证实信令，于是一切设备回到初始状态。

以上是电话接续中最基本的信令流程，从中可以明显地看到信令在电话接续中的重要作用。信令是终端和交换机以及交换机之间传递的一种信息，这种信息可以指导终端、交换系统、传输系统协同运行，在指定的终端间建立和拆除临时通道，并维护网路的正常运行。

随着电话通信技术的发展，信令的种类、具有的功能及传输方式都有了较大的变化。信令的定义也远远超出了上述定义的范围。在种类上，不仅包括为建立、维持、解除通信关系所使用的信令，还包括交换局间传递的网络管理、业务管理方面的信令；在功能上，不仅有监视、选择功能，还具有网络管理功能；在信令的形式上，不仅有直流脉冲信令、多音频编码信令，还有数据传送的分组消息形式的信令。

2.1.2　信令的分类

1. 按信令的传送方向划分

按信令的传送方向划分，可分为前向信令和后向信令两类。由发端局记发器或出中继电路发送，而由终端局记发器或入中继电路接收的信令，称为前向信令；反之为后向信令。在电话通信中，主叫、被叫是由发起呼叫来决定的。因此，网络中的用户及交换局的主叫、被叫地位不是固定的。

2. 按照信令的工作范围划分

按照信令的工作范围划分，可分为用户线信令和局间信令两类。

（1）用户线信令

用户线信令也称为用户信令，是用户和交换局之间使用的信令，由用户设备发出。用户线信令在用户线上传送，图 2-1b 中主叫用户与发端局、终端局与被叫用户间传送的信令就是用户线信令。用户线信令主要包括用户状态信令、选择信令、铃流和信号音。

1）用户状态信令：由话机叉簧产生，通过闭合或切断直流电路以启动或复原局内设备，包括摘机信令、挂机信令等。用户状态信令为直流信令。

2）选择信令：用户拨出的被叫用户号码数字信令。在使用号盘话机及直流脉冲按键话机的情况下，发出直流脉冲信令；在使用多频按键话机的情况下，发出的信令是由两个音频组成的双音多频信令。

3）铃流及信号音：交换机向用户设备发出的振铃信号或在话机受话器中可以听到的声音信号，如拨号音、回铃音、忙音等。

（2）局间信令

局间信令是交换机之间使用的信令，在局间中继线上传送。这种信令比较复杂，根据其功能的不同，可分为线路信令、路由信令和管理信令。

1）线路信令：具有监视功能，用于监视主叫、被叫的摘机、挂机状态及设备忙闲状态。

2）路由信令：具有选择功能，根据主叫所拨的被叫号码来选择路由。

3）管理信令：具有操作功能，用于电话网的管理和维护，如检测和传送网络拥塞信息、提供呼叫计费信息、提供远距离维护信令等。

3. 按照信令的传送信道划分

按照信令的传送信道来划分，可分为随路信令方式和公共信道信令方式两类。

（1）随路信令方式

随路信令方式是指某个通话电路所需的信令由该电路本身或者由某一固定分配的专用信令电路传送的信令方式。随路信令方式主要用于步进制、纵横制及早期的程控交换机构成的电话网络中，具有如下的基本特征：

1）信令全部或部分地在话音信道中传送，有些系统在通话期间不能传送信令。

2）信令的传播处理与其服务的话路严格对应、关联，传递与呼叫无关的信令能力有限。

3）信令在各自对应的话路或固定分配的通道中传送，不构成集中传送多个话路所利用的通道，因此也不构成与话路相对独立的信令网络。

4）信令传送速度慢。

5）信息容量有限，限制了信令系统功能。

6）各种信令系统都是为特定的应用条件而设计的，使得一个网络中共存许多不同的系统，增加了成本和管理部门的工作难度。

7）大多数系统按话路配备信令设备，成本较高。

（2）公共信道信令方式

公共信道信令方式（Common Channel Signaling，CCS）用于局间信令的传送，简称共路信令。电话网采用共路信令方式时，局间信令的传送方式及网络结构如图 2-2 和图 2-3 所示。共路信令方式具有如下基本特征及优点：

1）信令传输通道与话路完全分开，在通话期间可以随意处理信令。

2）增加了信令系统的灵活性，信令系统的发展不受话音系统的约束。

3）加快了信令传送速度，信令在信令链路上以固定长或可变长信令单元分配的形式传送。

4）呼叫的建立时间大为缩短。

5）具有提供大量信令的潜力，便于增加新的网络管理信令和维护信令，从而满足各种新业务的要求。

6）信令以统一格式的消息信令单元形式传送，从而实现了局间信令传送形式的高度统一。

7）信令设备经济合理。采用共路信令系统后，每条链路不再各自配备专用的信令设备，而是把几百条、几千条话路的信令汇集起来，共用一组高速数据链路及其信令设备传送，减少了信令设备的总投资。

8）利于向综合业务数字网过渡。

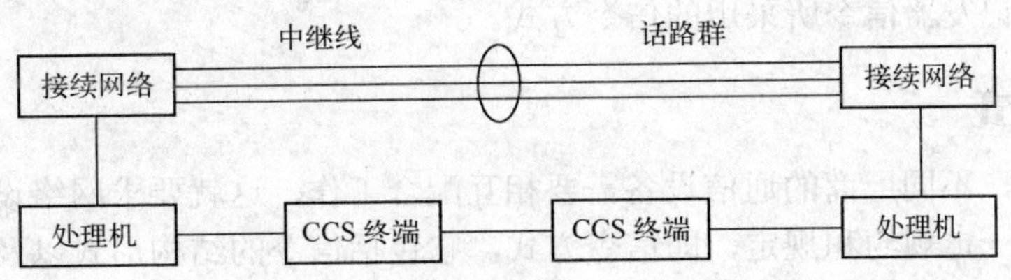

图 2-2　公共信道信令方式的信令传送示意图

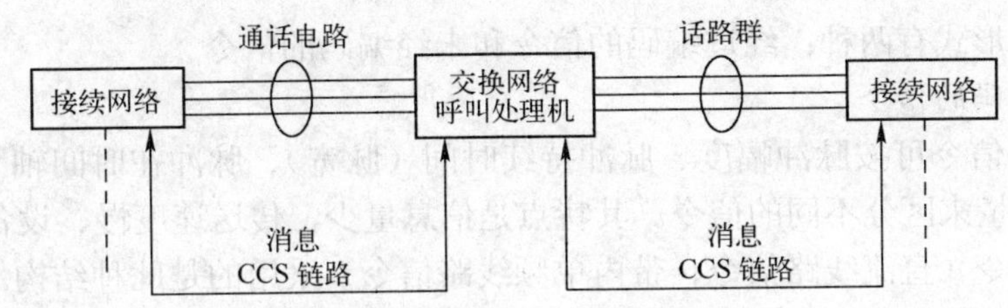

图 2-3　公共信道信令方式的网络结构

4．从功能上划分

当局间信令采用随路信令方式时，从功能上可划分为线路信令和记发器信令。

（1）线路信令

线路信令是监视中继线上呼叫状态的信令，它可以分为直流线路信令、带内（外）单脉冲线路信令和数字型线路信令。

1）直流线路信令：用直流极性标志的不同，代表不同的信令含义。主要用在纵横制电话局之间，纵横制局与步进制局之间、纵横制市话局与自动长话局和人工长话局之间、纵横制话局与特种业务台之间，其优点是结构简单、比较经济、维护方便。

2）带内（外）单脉冲线路信令：当局间采用频分多路复用的传输系统时，使用带（内）外单脉冲线路信令。带内单脉冲线路信令一般选择音频带内的 2600Hz，带外信令一般采用单频 3825Hz 或 3850Hz。由于带外信令所能利用的频带较窄等原因，线路信令一般均采用带内单脉冲线路信令。

3）数字型线路信令：当局间采用 PCM 设备时，局间的线路信令必须采用数字型线路信令。CCITT 推荐的数字型线路信令有两种：一种在 30/32 路 PCM 系统中使用；另一种在 24 路 PCM 系统中使用。

（2）记发器信令

记发器信令是电话自动接续中，在记发器之间传送的控制信令，从一个局的记发器中发出，由另一个局的记发器接收，通常由发端记发器负责全程的接续控制。主要包括选择路由所需的选择信令和网络管理信令。

记发器信令按照其承载传送方式可分为两类：一类是 DEC 方式，即采用十进制脉冲编码传送；另一类是多频编码方式。

由于多频编码方式采用多音频组合编码来实现信令的编码，因此无论是信令的容量还是传递信令的可靠性都有较大提高。目前采用最为普遍的是多频互控（Multi-Frequency Compelled，MFC）方式，其前向信令和后向信令都是连续的，对每一前向信令都需加以证实。这也是我国记发器信令所采用的信令方式。

2.1.3 信令方式

在通信网上，不同厂商的通信设备需要相互配合工作，这就要求网络设备之间信令的产生和传送要遵循一定规约和规定，即信令方式，它包括信令的结构形式以及信令在多段路由上的传送方式和控制方式。

1. 信令的结构形式

信令的结构形式有两种：经过编码的信令和未经编码的信令。

（1）未经编码的信令

未经编码的信令可按脉冲幅度、脉冲持续时间（脉宽）、脉冲在时间轴上的位置、脉冲频率以及脉冲数量来区分不同的信令。其特点是信息量少、传送速度慢、设备复杂。No.1 信令中模拟线路信令（直流线路信令、带内单频线路信令）采用的是此种结构。

（2）经编码的信令

经编码的信令一般为数字型信令，包括如下几种：

1）起止式单频二进制信令（16 种）。

2）双频二进制编码信令（No.5 信令，16 种）。

3）多频制信令（MFC，15 种）。

4）数字型线路信令（如 No.1 信令中的 TS16）。

5）由 8 位位组构成帧结构的共路信令。

2. 信令的传送方式

信令传送方式有 3 种，即端到端传送方式、逐段转发传送方式以及混合方式。

（1）端到端传送方式

端到端传送方式是指在发端局和收端局之间先建立起信令路由然后再进行透明传输，对电路传输质量要求比较高，其速度快、拨号后等待时间短、记发器使用效率高，但信令在多段路由上的类型必须相同。

（2）逐段转发方式

逐段转发方式是“逐段识别，校正后转发”的简称，对线路要求低，信令在多段路由上类型有多种，其信令传送速度慢、接续时间长、记发器使用效率相对比较低。

（3）混合方式

混合方式是端到端传送方式和逐段转发方式的组合，当电路传输质量比较高时采用端到端方式，当电路传输质量比较低时采用逐段转发方式。

3. 信令的控制方式

信令控制方式有 3 种，即非互控方式（脉冲方式）、半互控方式（前向信令受后向信令控制）和全互控方式（前向和后向互相控制）。

（1）非互控方式

非互控方式是指通信双方信息的发送和接收互不控制，即发端不断地发送信令到收端，而不管收端是否收到，也称之为死发方式。其特点是设备简单，但可靠性差。

（2）半互控方式

半互控方式指发端向收端每发一个或一组脉冲信令后，必须等接收到收端回送的接收良好的证实信令，才接着发送下一信令。

（3）互控方式

互控方式是指通信双方信息的发送和接收互相制约，即发端发前向信令不能自动中断，要等收到收端的证实信令后，才停止发送；收端发证实信令也不能自动中断，须在发端信令停发后，才能停发证实信令。其特点是抗干扰能力强、可靠，但设备复杂、传送速度慢。

2.2 模拟用户线信令

模拟线路就是承载模拟信号的线路。电信通信网是一个多层结构的复杂网络，它是模拟线路与数字线路的混合体。一般情况下，接入用户的电话线（用户线路）传送的是模拟信号，而电话局与电话局之间（局间线路）的线路有多种形式，模拟、数字线路都有。

模拟用户线路使用脉冲和双音多频（Dual Tone Multi Frequency，DTMF）来传输代表电话键的信号。脉冲是通过话机控制开关电流来形成直流脉冲而进行传送的；双音多频是由两个不同频率的信号音来组合成一个信号音而形成的。

电话网的用户信令分两部分，即由用户话机向交换机发出的用户信令和由交换机向用户发出的用户信令。

2.2.1 用户话机发出的信令

传统用户使用的话机主要有两大类，即模拟话机和数字话机。模拟话机有拨号盘（Dial Pulse，DP）话机和按键（Push Button，PB）话机两种。话机发出的用户信令按其功能分为监视信令和选择信令。

1．DP话机发出的用户信令

（1）DP话机发出的监视信令

DP话机发出的监视信令包括主叫/被叫的摘机/挂机信令，它们由直流环路信号构成。摘机信号为接通直流环路信号，挂机信号为断开直流环路信号。交换机根据直流环路信号的有、无来判断话机的摘机、挂机状态。

程控交换机的直流环路供电电压为−48V，馈电电流不小于18mA，因此用户环路电阻（包括话机电阻）允许达到1.8kΩ，特殊情况下允许达到3kΩ。

（2）DP话机发出的选择信令

DP话机发出的选择信令是主叫用户话机送出的拨号信号（被叫用户号码），其信令结构为直流脉冲。直流脉冲的速度为10±1脉冲/秒，脉冲断续比为（1.6±0.2）∶1，脉冲间隔≥500ms。直流脉冲是通过对直流环路进行规则断续而产生的。

各种交换机在接收直流脉冲时的接收范围不同，如步进制交换机的接收脉冲速度为10±1 脉冲/秒，脉冲断续比为（1.6+0.2）：1；而纵横制交换机和程控交换机的接收脉冲速度为8～14 脉冲/秒，脉冲断续比为（1.3～2.5）：1，脉冲间隔≥350ms。

2. PB 话机发出的用户信令

（1）PB 话机发出的监视信令

PB 话机发出的监视信令与 DP 话机的完全一样，也是包括摘机、挂机信令的直流环路信号。

（2）PB 话机发出的选择信令

PB 话机发出的选择信令是 DTMF 信号，最初由美国 AT&T 贝尔公司实验室研制，用于音频电话网络中的拨号信号。这种信号一方面有非常高的拨号速度，另一方面它便于自动检测识别及电话业务的扩展。每位号码用两个不同单音频组成，单音频率分成高频段与低频段两组，低频段为 679Hz、770Hz、852Hz、941Hz；高频段为 1209Hz、l336Hz、1477Hz、1633Hz。8 个单音频率信号两两组合形成 l6 个不同的 DTMF 信号。PB 话机发出的选择信令的 DTMF 编码见表 2-1。

表 2-1 PB 话机发出的选择信令的 DTMF 编码

频率/Hz	1209	1336	1477	1633
697	1	2	3	A
770	4	5	6	B
852	7	8	9	C
941	*	0	#	D

PB 话机比 DP 话机的信令发送速度快、误比特率低、使用方便，但相应交换机必须具备 PB 信令的接收设备。

2.2.2 交换机发出的信令

由交换机向用户话机发出的信令主要包括铃流和信号音。铃流和信号音一般采用正弦交流信号，通过不同的频率和不同的断续间隔来区分不同的信令。

1. 铃流

铃流的信号源为（25±3）Hz 的正弦波，谐波失真≤10%，输出电压有效值为（90±15）V；振铃采用 5s 断续（1s 送，4s 断）的传送方式，断续时间各允许偏差范围为±10%。

2. 信号音

信号音的音源为（450±25）Hz 和（950±50）Hz 的正弦波，谐波失真≤10%。各种信号音的断续时间偏差范围为±10%。各种信号音的含义及结构见表 2-2。

表 2-2 各种信号音的含义及结构

信号音频率/Hz	信号音名称	含 义	时间结构（“重复周期”或“连续”）	电平 (−10±3)dBm0	电平 (−20±3)dBm0	电平 0→+3dBm0
450	拨号音	通知主叫用户可以开始拨号	连续	√		
450	特种拨号音	对用户起提示作用的拨号音（如提醒用户撤销原来登记的转移呼叫）	4, 0.4, 4.4s	√		
450	忙音	表示被叫用户忙	0.35, 0.35, 0.7s	√		
450	拥塞音	表示机线拥塞	0.7, 0.7, 1.4s	√		
450	回铃音	表示被叫用户处于振铃状态	1, 4, 5s	√		
450	空号音	表示所拨被叫号码为空号	0.1, 0.1, 0.4, 0.4, 1.4s	√		
450	长途通知音	人工长途呼叫遇到被叫用户忙时自动插入的通知音	0.2, 0.2, 0.6, 1.2s		√	
450	排队等待音	用于具有排队性能的接续，以通知主叫用户等待应答	可用回铃音代替或采用录音通知	√		
450	呼入等待音	用于“呼叫等待”服务，表示有第三方等待呼入	0.4, 4, 4.4s		√	
950	提醒音（三方通话）	用于三方通话的接续状态（仅指用户），表示接续中存在第三方	0.4, 10, 10.4s			
950	证实音	由立去台话务员自发自收，用以证实主叫用户号码的正确性	连续		√	
	催挂音	用于催请用户挂机	1. 连续式；2. 采用 5 级响度逐级上升			√

注：dBm0 指相对功率电平，表示测试点绝对电平和相对传输电平之差，即任何测试点的绝对电平、相对传输电平和相对功率电平三者之间有以下关系：z(dBm0)=Y(dBm 绝对电平) − X(dBr 相对传输电平)。

2.3 中国 No.1 信令

按照信令的信道来分类，信令可以分为随路信令和共路信令。随路信令（Channel Associated Signaling，CAS）是信令和话音在同一条话路中传送的信令方式。目前，我国采用的随路信令称为中国一号信令系统（简称 No.1 信令）。

2.3.1 线路信令

线路信令主要用于监视中继的占用、空闲、闭塞的状态。下面将分别从线路信令的分类、编码及传输方式等方面对其进行介绍。

1. 线路信令的分类

按信令传输的方向，可分为前向信令和后向信令，见表2-3。

表2-3 线路信令的前向信令和后向信令

信令分类	信令	功能描述
前向信令	占用	请求被叫端接收后续信令
	前向释放	用于释放呼叫占用的所有交换和传输设备
	示闲	表示主叫端（被叫端）已处于空闲状态
后向信令	占用确认	是对占用信令的响应
	应答	表示被叫话机或终端已经应答
	后向释放	表示被叫终端已经终止通信，释放了通信网络链路
	释放保护	是对前向释放信令的响应，表示被叫端的线路及交换设备已经完全恢复到空闲态。在被叫端尚未结束释放保护过程之前，系统将保护该线路不被再次占用
	闭塞	通知主叫端将该线路置于闭塞状态，禁止此后主叫端出局呼叫占用该线路
	示闲	表示主叫端（被叫端）已处于空闲状态

2. 线路信令的编码

根据编码方式，线路信令可分为模拟型线路信令和数字型线路信令（Digital Line，DL）。模拟线路信令利用通过中继线的电流或某一单音频脉冲信号表示；数字型线路信令用数字编码表示，通过PCM系统的第16时隙传输。线路信令在多段路由上的传送方式采用逐段转发方式，控制方式为非互控，即脉冲方式。

（1）模拟型线路信令

模拟型线路信令又分为直流线路信令（Direct Current，DC）和带内单频线路信令（Single Frequency，SF）。

1）直流线路信令。直流线路信令用中继线上的电位变化来表示各种信号。直流线路信令共有19种，主要用于纵横制与步进制交换机间的配合，也有部分用于与程控交换机的配合。直流线路信令表现为各种直流极性标志，分为如下4种：

- 高阻＋：经过9000Ω电阻接地。
- 一：经过800Ω电阻接负电源。
- ＋：经过800Ω电阻接地。
- 0：断路。

2）带内单频线路信令（SF）。当使用载波电路作为局间传输媒介时，就要采用带内单频线路信令。它采用的单频为2600Hz，基本脉冲为600ms长脉冲、150ms短脉冲，发送两信令之间的最小标称间隔为300ms。由基本脉冲的不同组合来表示各种接续状态。

（2）数字型线路信令

1）30/32 路 PCM 系统传输信号的编码格式。当局间中继使用 PCM 传输线时，则采用数字型线路信令。在 No.1 信令数字传输线路上，一个复帧由 16 个子帧组成，记为 F0～F15，每一个子帧有 32 个时隙，记为 TS0～TS31；每一时隙包含 8 位二进制码字。32 个时隙中，TS0 用于收发端同步，称为帧同步时隙；TS16 用来传送复帧同步及数字型线路信令，称为信令时隙；TS1～TS15、TS17～TS31 是话音时隙。一路话音信号的线路信令只需用 4 位来表示，因此每个帧的 TS16 时隙的 8 位二进制码字可分为高 4 位和低 4 位，同时传送两路话音的线路信令。16 个子帧 F0～F15 的 TS16 时隙所传送的内容见表 2-4。

表 2-4　16 个子帧 F0～F15 的 TS16 时隙所传送的内容

	高位				低位			
	7	6	5	4	3	2	1	0
	d	c	b	a	d	c	b	a
F0	0	0	0	0	X	Y	X	X
F1	话音话路 1 的线路信令				话音话路 17 的线路信令			
F2	话音话路 2 的线路信令				话音话路 18 的线路信令			
⋮	⋮				⋮			
F15	话音话路 15 的线路信令				话音话路 31 的线路信令			
备注	F0 为复帧同步；X 为备用比特，未用时置 1；Y 为复帧失步对告比特，Y=0 表示正常，Y=1 表示复帧失步对告；当 c、d 比特未用时，应置 c=1，d=1							

2）30/32 路 PCM 系统传输信号的编码含义。数字型线路信令分为前向信令和后向信令。前向信令采用 af、bf、cf 3 位码，后向信令采用 ab、bb、cb 3 位码来表示（df、db 置 1）。我国国家标准 GB 3971.2—1983《电话自动交换网局间中继数字型线路信号方式》规定了具体的技术指标，每个话路双向各占用 4 位码（a、b、c、d）传送其线路信号，其含义见表 2-5。

表 2-5　编码含义

前 向 信 令		
af　发话局状态	bf　故障状态	cf　话务员再振铃或强拆
0　主叫摘机（占用）	0　正常	0　再振铃或强拆
1　主叫挂机（拆线）	1　故障	1　未进行再振铃或强拆
后 向 信 令		
ab　被叫用户状态	bb　受话局状态	cb　话务员回振铃
0　被叫摘机（应答）	0　示闲	0　回振铃
1　被叫挂机（拆线）	1　占用或闭塞	1　未进行回振铃

3）30/32 路 PCM 系统传输信号的标志编码。市话局至市话局呼叫局间中继的信号标志编码见表 2-6。市话及长话全自动局至程控交换机（Private Automatic Branch eXchange，PABX）间 PCM 信号标志编码的部分规定见表 2-7。

表 2-6 市话局至市话局呼叫局间中继信号标志编码

接续状态			编码			
			前向		后向	
			af	bf	ab	bb
示闲			1	0	1	0
占用			0	0	1	0
占用确认			0	0	1	1
被叫应答			0	0	0	1
复原	主叫控制	被叫先挂机	0	0	1	1
		主叫后挂机	1	0	1 1	1 0
		主叫先挂机	1	0	0 1 1	1 1 0
	互不控制	被叫先挂机	0 1	0 0	1 1	1 0
		主叫先挂机	1	0	0 1 1	1 1 0
	被叫控制	被叫先挂机	0 1	0 0	1 1	1 0
		主叫先挂机	1	0	0	1
		被叫后挂机	1	0	1 1	1 0
		闭塞	1	0	1	1

表 2-7 市话及长话全自动局至 PABX 间 PCM 信号标志编码

接续状态	编码					
	前向			后向		
	af	bf	cf	ab	bb	cb
示闲	1	0	1	1	0	1
占用	0	0	1	1	0	1
占用确认	0	0	1	1	1	1
被叫应答	0	0	1	0	1	1

（续）

接续状态			编码					
			前向			后向		
			af	bf	cf	ab	bb	cb
复原	主叫控制	被叫先挂机	0	0	1	1	1	1
		主叫后挂机	1	0	1	1	1	1
			1	0	1	1	0	1
		主叫先挂机	1	0	1	0	1	1
			1	0	1	1	1	1
			1	0	1	1	0	1
	互不控制	被叫先挂机	0	0	1	1	1	1
			1	0	1	1	1	1
			1	0	1	1	0	1
		主叫先挂机	1	0	1	0	1	1
			1	0	1	1	1	1
			1	0	1	1	0	1
	被叫控制	被叫先挂机	0	0	1	1	1	1
			1	0	1	1	1	1
			1	0	1	1	0	1
		主叫先挂机	1	0	1	0	1	1
		被叫后挂机	1	0	1	1	1	1
			1	0	1	1	0	1

3. 信令的传输方式

模拟线路信令一般通过话音通道传输，数字型线路信令则通过 PCM 系统的第 16 时隙传输。

2.3.2 记发器信令

记发器信令主要完成主叫、被叫号码的发送和请求，以及主叫用户类别、被叫用户状态及呼叫业务类别的传送。

1. 记发器信令的特点、分类及基本含义

记发器信令主要用于电话自动接续、选择路由、选择被叫用户、管理电话网等。其特点是信令数量多，但信令设备数量少且结构较复杂。

为了加快接续速度，减少主叫用户拨号的等待时间，以及保证信令的正确传送；另外考虑到记发器信令在用户通话前利用话音电路传送，整个话音频带可以作为传送记发器信令的频带，所以记发器广泛采用具有传送速度快、具有一定检错能力、信令容量大的带内多频编码记发器信令（简称多频记发器信令）。

按传输的方向分类，可分为前向信令和后向信令。前向信令又分Ⅰ、Ⅱ两组；后向信令

分 A、B 两组。它们的定义见表 2-8。

表 2-8 记发器信令的基本含义

前向信令			
组别	名称	基本含义	容量
I	KA	主叫用户类别	15
	KC	长途接续类别	5
	KE	长市（市内）接续类别	5
	数字信令	数字 0～9	10
II	KD	发端呼叫业务类别	6
后向信令			
组别	名称	基本含义	容量
A	A 信令	收码状态和接续状态的回控证实	6
B	B 信令	被叫用户状态	6

（1）前向 I 组信令

前向 I 组信令由接续控制信令和数字信令组成。

1）KA 信令。KA 信令是发端市话局向发端长途局或发端国际局前向发送的主叫用户类别信令，提供本次接续的计费种类（定期、立即、免费）和用户等级（普通、优先）。这两种信令的相关组合用一位 KA 编码表示，KA 信令中有关用户等级和通信业务类别信息由发端长途局译成相应的 KC 信令，KA 信令的含义见表 2-9。

表 2-9 KA 信令的含义

KA 信令编码	信 令 含 义
1	普通，定期
2	普通，用户表，立即
3	普通，打印机，立即
4	备用
5	普通，免费
6	备用
7	备用
8	优先，定期
9	备用
10	优先，免费
11	备用
12	备用
13	测试呼叫
14	备用
15	—

2）KC 信令。KC 信令是长话局间前向发送的接续控制信令，具有保证优先用户通话、

控制卫星电路段数等功能。KC 信令的含义见表 2-10。

表 2-10 KC 信令的含义

KC 信令编码	信 令 含 义
11	备用
12	指定电路呼叫
13	测试呼叫
14	优先呼叫
15	控制卫星电路段数，表示已选用了一段卫星电路

3）数字信令。数字信令“0～9”用来表示主、被叫用户号码。此外，数字“15”信令表示主叫用户号码已发完。

（2）前向Ⅱ组信令（KD）

KD 信令是发端业务类别，其含义见表 2-11。

表 2-11 KD 信令的含义

KD 信令编码	信 令 含 义
1	长途话务员半自动呼叫
2	长途自动呼叫（电话通信或用户传真，用户数据通信）
3	市内电话
4	市内用户传真或用户数据通信、优先用户
5	半自动核对主叫号码
6	测试呼叫

（3）后向 A 组信令

后向 A 组信令是前向Ⅰ组信令的互控信令，起控制和证实前向Ⅰ组信令的作用。A 组信令的含义见表 2-12。

表 2-12 A 组信令的含义

A 组信令编码	信 令 含 义
1	A1：发下一位号码
2	A2：由第一位发起
3	A3：转至 B 组信令
4	A4：机键拥塞
5	A5：空号
6	A6：发 KA 和主叫用户号码

（4）后向 B 组信令（KB）

KB 信令是表示被叫用户状态的信令，起证实 KD 信令和控制接续的作用，其含义见表 2-13。

表 2-13 KB 信令含义

KB 信令编码	信令含义	
	长途接续或测试接续时（当 KD=1、2 或 6 时）	市话接续时（当 KD=3 或 4 时）
1	被叫用户空闲	被叫用户空闲，互不控制复原
2	被叫用户“市忙”	备用
3	被叫用户“长忙”	备用
4	机键拥塞	被叫用户忙或机键拥塞
5	被叫用户空号	被叫用户空号
6	备用	被叫用户空闲，主叫控制复原

2. 记发器信令的编码

采用互控方式的带内多频编码记发器信令简称多频互控记发器信令。欧洲采用的 R2 记发器信令和我国采用的记发器信令均为互控带内多频编码信令方式。在这种信令方式中，前向信令和后向信令都是连续的，每一个前向信令都用一个后向信令加以证实。多频互控方式的传送过程分 4 拍进行。

1）第一拍：发端局发送第一位前向信令。

2）第二拍：收端局接收并识别此前向信令，即回送第一位后向证实信令，它不仅证实已收到了前向信令，并向发端局提供信息，以决定下一次发送什么前向信令。

3）第三拍：发端局接收并识别到该后向信令后，立即停止发送前向信令。

4）第四拍：收端局识别前向信令已停发后，立即停止发送后向信令。

当发端局识别后向信令已停发后，即可根据所接收的后向信令的要求，发送下一位前向信令，开始下一个互控过程。互控方式的信令能适应有不同响应时间和识别时间的各种接收器，具有传输可靠、适应性较强等优点。

本节仅介绍我国多频记发器信令的编码。我国采用的多频互控记发器信令，前向信令采用 1380Hz、1500Hz、1620Hz、1740Hz、1860Hz、1980Hz 的高频群，按 6 中取 2 的方法编码，可组成 15 种信令；后向信令采用 1140Hz、1020Hz、900Hz、780Hz 的低频群，按 4 中取 2 的方法编码，可组成 6 种信令。信令编码组合见表 2-14。

表 2-14 信令编码组合

数码	前向信令/Hz						后向信令/Hz			
	1380	1500	1620	1740	1860	1980	1140	1020	900	780
	f0	f1	f2	f4	f7	f11	f0	f1	f2	f4
1	●	●					●	●		
2	●		●				●		●	
3		●	●					●	●	
4	●			●			●			●
5		●		●				●		●
6			●	●					●	●

（续）

数码	前向信令/Hz						后向信令/Hz			
	1380	1500	1620	1740	1860	1980	1140	1020	900	780
	f0	f1	f2	f4	f7	f11	f0	f1	f2	f4
7	●				●					
8		●			●					
9			●		●					
10				●	●					
11	●					●				
12		●				●				
13			●			●				
14				●		●				
15					●	●				

前向记发器信令包括数字 0～9，用以表示主、被叫号码，数字 11～15 用来表示测试连续呼叫、优先呼叫、控制卫星电路段数等。在不同的应用场合或接续阶段，前向记发器信令有不同的含义。后向记发器信令是对前向记发器信令的控制和证实。

3．记发器信令的传送方式

记发器信令经过多段电路时，其传送方式有 3 种，即逐段转发传送方式、端到端传送方式和混合传送方式。

（1）逐段转发传送方式

逐段转发的记发器信令只在两个交换局间一段电路上进行传送，转接局记发器则必须接收上一局传送来的全部数字信令，并向下一局转发必要的数字信令。

优点：信令只经过一段电路传送，信令识别容易，对记发器的收、发码器和对电路的传输质量要求较低。

缺点：在多段电路上采用逐段转发传送方式，其信令传送速度较慢，转接局记发器占用时间较长。

（2）端到端传送方式

终端局记发器接收由发端局记发器沿转接局通过已接通的电路直接发送来的信令；转接

局记发器只接收用以选择路由的数字信令，不转发任何信令，且在接通转接电路后立即释放；发端局记发器在信令传送过程中自始至终地工作。

优点：在多段电路接续中，从全程来看，信令传送速度快，转接局记发器被占用时间较短。

缺点：信令经多段电路传送，对记发器的收、发码器和电路传输质量要求较高。

（3）混合传送方式

在电话网络庞大而复杂、有些电路的传输质量不高时，多频互控记发器信令若采用完全端到端传送方式，则将使信令传送不可靠；若完全采用逐段转发传送方式，则全程传送信令速度将很慢，各转接局记发器和局间中继电路被占用时间将相当长。为了解决这一矛盾，混合传送方式应运而生。

混合传送方式指的是原则上仍采用端到端传送方式，但当转接局所连接的两条电路中只要存在一条劣质电路（传输质量指标达不到规定要求的电路），转接局的记发器就必须要求发端局（或上一局）的记发器向它发送全部数字信令，并向下一局转发必要的数字信令。

混合传送方式不仅适用于长途电话网，也适用于本地电话网。我国的带内多频编码记发器信令就采用这种混合方式。

2.4 No.7 信令系统

No.7 信令是局间共路信令，No.7 信令系统也称为 7 号信令系统。共路信令技术的基本特征是将通话信道与信令信道分离，在单独的数据链路上以信令消息单元的形式集中传送若干话路的信令信息。No.7 信令通常采用逻辑上独立于信令所服务的信息通信网络的专用网络传输，并且本质上采用模块分层化的功能结构和消息通信机制，具有信令传输速度快、分层模块改变灵活、可扩展以及适应新业务要求等优点。

2.4.1 No.7 信令概述

信令系统由信令点（Signaling Point，SP）、信令转接点（Signaling Transfer Point，STP）和信令链路（Signaling Link，SL）3 部分组成。

SP：处理控制消息的节点，产生消息的信令点为该消息的起源点，消息到达的信令点为该消息的目的地节点。

STP：具有信令转发功能，能将信令消息从一条信令链路转送到另一条信令链路的信令节点。它分为独立型和综合型，前者只有消息传递部分和信令连接控制部分（Signaling Connection Control Part，SCCP）功能；后者除了具有消息传递部分（Message Transfer Part，MTP）和 SCCP 的功能外，还具有用户部分功能。

SL：在两个信令点之间传送信令消息的链路。直接连接两个信令点的一束信令链路，构成一个信令链组。

1. No.7 信令的特点

No.7 信令系统是一种国际性标准化的通用共路信令系统，其特点如下：

1）使用公共信道传送信令，利用分组交换技术，确保信号可靠传输。由于信令信道与话路分开，从而避免了话音干扰。在信号传输中利用分组交换技术提供可靠的差错控制手段，进行无差错传送，从而提高了信号传输的可靠性，特别适合由数字程控交换机和数字传输设备所组成的现代综合业务数字网。

2）采用可变信号单元，信号传输速度快，呼叫建立时间短，能满足现在和将来传送呼叫控制、遥控、维护管理信令及处理机之间事务处理信息的要求。

3）信号容量大，且可以随需要改变，能适应各种新业务的要求，可提供多种网络集中服务信号。

4）功能模块化，使用方便，易扩展。No.7 信令系统由一个公共的消息传递部分和各种应用部分组成，它在公共的消息传递部分的基础上叠加各种各样的应用部分，各种功能模块具有一定联系但又相互独立。

5）应用范围广，适用于各种网络的互联。

2．信令传送方式

No.7 信令有 3 种传送方式，即直联方式、非直联方式和准直联方式。

（1）直联方式

信令消息沿着消息源点和目的地点间的直达信令链路传送。

（2）非直联方式

信令消息沿着两条或多条串接的链路由源点发往目的地点。一般来说，从一个源点到一个目的地点之间有多条传送路由，其路由的选择是随机的，根据当时的信令负荷和信令网运行情况动态确定。

从理论上说，此种方式可以最有效地利用网络资源，但是它使路由选择和网络管理十分复杂。

（3）准直联方式

准直联方式是非直联方式中的一种特殊情况。在这种方式中，消息路由是预先确定的。

No.7 信令规定只采用直联和准直联两种传送方式。在准直联方式中，消息需经 STP 转送。

3．No.7 信令消息格式

（1）基本单元信号格式

No.7 信号采用可变长度的信号单元，其信号单元的类型有 3 种，它们由单元中所包含的长度表示语来区分。

1）消息信号单元（Message Signalling Unit，MSU）：用于传送用户所需要的消息，如图 2-4a 所示。

2）链路状态信号单元（Link Statues Signal Unit，LSSU）：用于传送信令链路的状态，如图 2-4b 所示。

3）填充（插入）信号单元（Full Insert Signal Unit，FISU）：在无消息时传送，以维持链路正常运行，如图 2-4c 所示。

（2）信号单元中各字段的意义

1）F：标志码，每个信号单元的开始和结束都有标志码，它是两个信号单元的分界，标志码为 8 位，码型为“0111 1110”。为防止将虚假的信号误作为标志码，发送端在要发送的消息中，每遇到连续 5 个 1 就插入一个 0，在接收端则应将连续 5 个 1 后的 0 删除。

2）BSN：后向序号，是被证实信号单元的序号，由 7 位构成，取值为 0～127，表示被证实的消息信号单元的序号。接收端对每个接收到的信号单元分配一个 BSN，作为接收端向发送端回送的被证实的（已正确接收的）消息信号单元的序列。

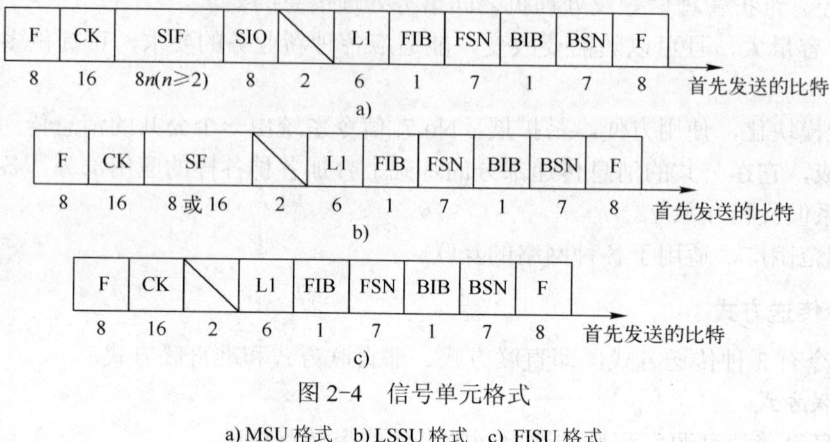

图 2-4 信号单元格式

a) MSU 格式 b) LSSU 格式 c) FISU 格式

3）BIB：后向指示位，1 位，用于对收到的错误信号单元提供重发请求。若收到的消息信号单元正确，则在发送被证实的信号单元时保持其值不变；若收到的消息信号单元有错误，则该比特反转（即由“0”变为“1”或由“1”变为“0”）发送，要求对端重发有错误的消息信号单元。

4）FSN：前向序号，是信号单元本身的序号，由 7 位构成，取值为 0～127，表示被传递的消息信号单元的序号。在发送端，每个被传送的消息信号单元都被分配一个 FSN，并按 0～127 的顺序连续循环编号。在接收端，用 FSN 来检测消息信号单元的顺序，并作为证实功能的一部分。在需要重发时，也用它来识别需要重发的信号单元。

5）FIB：前向指示位，1 位，在消息信号单元的重发程序中使用。在无差错工作期间，它与 BIB 的状态一致。当 BIB 值发生变化时，说明接收端请求重发。发送端在重发消息信号单元时，改变 FIB 的值（由“0”变为“1”或由“1”变为“0”），使其与 BIB 的值保持一致。

BSN、BIB、FSN 和 FIB 相互配合，在信号发送正常时，作为顺序控制；当信号发送出错时，一起用于差错控制中的校正。

6）LI：长度指示，用于区分信号单元类型，为 6 位，取值范围为 0~63。当 LI=0 时，信号单元为 FISU；当 LI=1 或 2 时，信号单元为 LSSU；当 LI>2 时，信号单元为 MSU。

7）CK：校验位，用于差错控制中的检错，为 16 位循环冗余校验码（CRC），由发端信令终端产生。

以上 7 个固定长度的字段是所有信号单元必备的字段。

8）SF：状态字段，表示链路的状态，仅 LSSU 具有。SF 字段的长度可以是 1 字节（8 位）或 2 字节（16 位）。

9）SIO：业务信息字段，表示信息所属的用户类别，该字段占用 8 位，仅消息信号单元具有。SIO 分为业务指示语（SI）和子业务字段（SSF），各占 4 位。SI 用来指示所传送的消息属于哪一类用户部分，SSF 中的 A、B 两位码为备用，C、D 两位码用来区分不同的网路，如国际网或国内网等。

10）SIF：信令信息字段，仅消息信号单元具有。这是要传送的信号本身，由用户部分规定。不同用户部分及同一用户部分的不同消息的长度不同，但必须是 8 位的倍数，最长可达 272 个 8 位组。No.7 信令系统的可变长信号单元就体现在 SIF 中，不同用户部分的 SIF 内容、长度不同。

2.4.2　No.7 信令系统的功能结构

No.7 信令网参考开放系统互连（OSI）参考模型的 7 层结构，分为 4 级结构，其基本功能结构图 2-5 所示。由图可知，No.7 信令系统从功能上可以分为公用的消息传递部分（MTP）和适合不同用户的独立的用户部分（User Part，UP）。

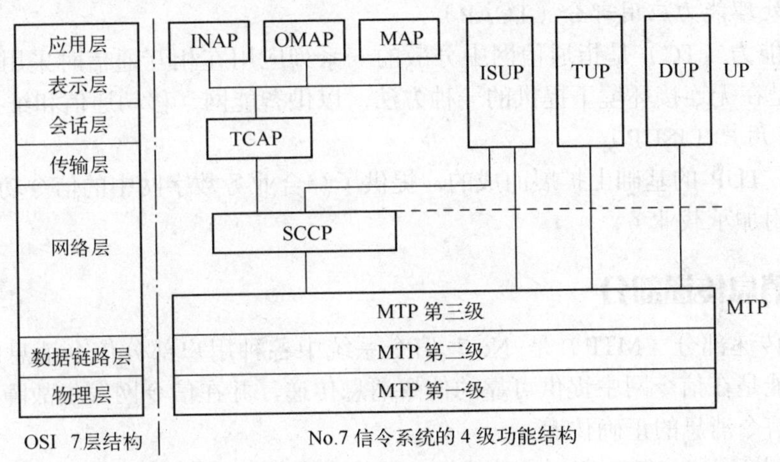

图 2-5　No.7 信令系统的功能结构

1．消息传递部分（MTP）

MTP 对应于 OSI 参考模型的 1～3 层，是 No.7 信令系统的基础部分，为各种用户部分所公用。MTP 的主要功能是在信令网中提供可靠的信令消息传递，保证各用户部分的信息正确传递。MTP 又分为 3 个功能级：信令数据链路功能级是 No.7 信令系统的第一级，对应于 OSI 参考模型中的物理层功能；信令链路控制级是 No.7 信令系统的第二级，对应于 OSI 参考模型中的数据链路层功能；信令网功能级是 No.7 信令系统的第三级，规定在信令点之间传送管理消息的功能和程序，包括信令消息处理和信令网络管理两部分。

2．用户部分（UP）

UP 是 No.7 信令系统的第 4 级，对应于 OSI 参考模型的 4～7 层，是信令功能实体，定义了各种用户和应用的功能和程序，利用 MTP 的传递能力来传送信令消息。

根据各种不同的业务类型，可以构成不同的 UP，包括电话用户（Telephone User Part，TUP）、数据用户（Data User Part，DUP）、ISDN 用户（ISDN User Part，ISUP）、信令连接控制部分（SCCP）、事务处理能力应用部分（Transaction Capacity Application，TCAP Part）等用户部分。不同的用户部分是并列的关系，可按需要设置。

（1）电话用户（TUP）

TUP 规定有关电话呼叫的建立和释放的信令程序及实现这些程序的消息和消息编码，并能支持部分用户的补充业务。TUP 的呼叫处理程序与随路信令方式相同，其信令的内容比随路信令方式丰富得多，信令消息的表现形式和传送方式与随路信令方式不同。

（2）数据用户（DUP）

DUP 是用来传送采用电路交换方式的数据通信网的信令消息。由于我国的数据通信采用的是分组交换方式，因此不使用 DUP。

（3）信令连接控制部分（SCCP）

SCCP 是为了满足新的用户部分对消息传递的进一步需求而增加的，用于弥补 MTP 在网络层功能的不足。SCCP 提供了较强的路由和寻址功能，叠加在 MTP 上，与 MTP 中的第三级共同完成 OSI 中网络层的功能。

（4）事务处理能力应用部分（TCAP）

事务处理能力（TC）是指通信网中分散的一系列应用在相互通信时采用的一组规约和功能。TCAP 是在无连接环境下提供的一种方法，以供智能网、移动通信和维护管理应用。

（5）ISDN 用户（ISUP）

ISUP 是在 TUP 的基础上扩展而成的，提供了综合业务数字网中的信令功能，以支持基本承载业务和附加承载业务。

2.4.3 信令消息传递部分

信令消息传递部分（MTP）是 No.7 信令系统中各种用户部分信令消息的公共传递系统。其主要功能是在信令网中提供可靠的信令消息传递，并在信令网发生故障时采取必要的措施，以保持信令消息的正确传递。

根据 2.4.2 节所述，MTP 有 3 个功能级，即信令数据链路级（第一级或 MTP1），信令链路控制级（第二级或 MTP2）和信令网功能级（第三级或 MTP3）。

1. MTP1

MTP1 提供信令数据传输的双向数据通道，规定信令数据链路的物理特性、电气特性、功能特点，包括传输速率、占用时隙及连接方法。信令数据链路是传递信号的双向数据通路，由采用同一数据速率在相反方向工作的两个数据通路组成。

2. MTP2

MTP2 规定一条信令链路上消息的传递以及与其传递有关的功能和程序。在此级中信号划分为信号单元，将 MTP3 送来的信号消息转变成不同长度的信号单元，然后送至信令链路。MPT2 和 MTP1 一起为在两点间进行信令消息的可靠传递提供信令链路。

MTP2 具有以下功能:

（1）信号单元定界、定位（F）

该功能依靠标志码（F）来实现。每个信号单元的开始和结束都有标志码，是两个信号单元的分界，标志码占用 8 位，码型为 0111 1110。

（2）差错检出（CK）

该功能通过信号单元末端的校验位（CK）来实现。CK 为 16 位循环冗余校验码

（CRC），由发送端根据信令内容按照一定的算法计算产生。CK 和需要发送的数据一起送到接收端，接收端则根据收到的信令单元内容和 CK 值按同样的算法进行计算，来判别信令单元传送的正确性。

（3）差错校正（FSN、FIB、BSN、BIB）

该功能由前向序号（FSN）、前向指示位（FIB）、后向序号（BSN）和后向指示位（BIB）4 个字段共同实现。目前差错校正常采用基本差错校正和预防性循环重发两种方法。

1）基本差错校正。基本差错校正是一种非互控重发，既有正（肯定）证实又有负（否定）证实的校正方法。正证实表示信令单元已正确接收，负证实表示收到的信令单元有误而要求重发。非互控指信令点可以连续发送 MSU，而不必等待收到上一个 MSU 的正证实后再发送下一个。纠错程序在两个传输方向上独立工作，即一个方向的 FSN 和 FIB 和另一个方向的 BSN 和 BIB 一起负责控制这个方向上消息信令单元的差错校正。基本差错校正法用于传输时延小于 15ms 的情况。

2）预防性循环重发。预防性循环重发是一种非互控，只有正证实、没有负证实的系统。它采用循环重发、前向纠错，差错校正由发送端主动进行。预防性循环重发仅使用 FSN 和 BSN。发送端发出 MSU 时，将所发的 MSU 存储在重发缓冲器（RTB）中，直到收到该 MSU 的正证实后才释放。在等待正证实期间，为了预防传输差错，当无新的 MSU 发送时，发送端将自动从 RTB 中取出所有未被证实的 MSU 进行循环重发。在重发过程中，若有新的 MSU 请求发送时，需中断重发过程，优先发送新的 MSU；当无新的 MSU 发送且 RTB 中也无未证实的 MSU 发送时，发送 FISU。预防性循环重发用于时延大于或等于 15ms 的情况，特别适于卫星电路。

（4）初始定位程序（SF）

初始定位也叫起始定位，在信令链路首次启动或发生故障恢复时使用，通过在信令链路两端交换链路状态信号单元（LSSU）实现。No.7 信令系统提供了两种初始定位程序，即正常初始定位和紧急初始定位。正常初始定位的验收周期较长（使用 64kbit/s 信号速率时，周期为 8.2s）；紧急初始定位的验收周期较短（0.5s）。由信令网 MTP3 决定使用哪种初始定位程序。

（5）处理机故障（SIPO）

处理机故障是指 MTP2 以上的功能级发生错误而造成信令链路不能正常使用。当 MTP2 收到了 MTP3 发来的指示或识别到 MTP3 发生故障时，则判定为本地处理机故障。向对端发具有处理机故障状态指示（SIPO）的 LSSU，将其后收到的 MSU 舍弃。若对端的 MTP2 处于正常工作状态，则收到 SIPO 后通知 MTP3 停发 MSU，并连续发送填充单元（FISU）。当处理机故障恢复后停发 SIPO，改发 FISU 或 MSU，信令链路进入正常状态。

（6）MTP2 流量控制（SIB）

MTP2 流量控制是当信令链路发生拥塞时所采用的处理程序，若拥塞时间过长，则判为故障。当信令负荷过大，接收端的 MTP2 检测出链路拥塞时，需启动拥塞控制程序。

（7）信令链路差错率监视

信令链路差错率监视是指监视信令链路的差错情况，包括信号单元差错率监视和定位差错率监视。前者在信令链路处于正常业务状态下使用，利用统计差错的信号单元来判断信令链路的工作是否正常；后者在初始定位程序的验收周期中使用，即在信令链路首次启动或信令链路发生故障后恢复时进行定位程序中使用。

3. MTP3

MTP3 定义了传递信令网管理消息的功能和程序，保证 No.7 信令网中的任意两个信令点之间可靠地完成信令消息的传送，这些功能和程序对于每条信号链路都是公共的。

MTP3 功能分为信令网管理和信令消息处理两个部分。

1）信令网管理功能：以信令网中的已知数据和目前状态信息为基础，控制目前消息的路由和信令网设备的组合。在状态发生改变的情况下，它还控制重新组合和其他活动，以维持或恢复正常的消息传递能力。

2）信令消息处理功能：在一条消息实际传递时，引导它到达适当的信号链路或用户部分。它由消息识别、消息分配和消息路由 3 部分组成，利用路由标记来进行消息的路由识别、选择和分配。

（1）信令网管理消息

信令网管理消息属于 MSU 种类，其格式符合 MSU 的共同特征，其中业务信息字段（SIO）的业务指示语（SI）为 0000。SIF 由路由标记、标题码和管理信息 3 部分组成，如图 2-6 所示。

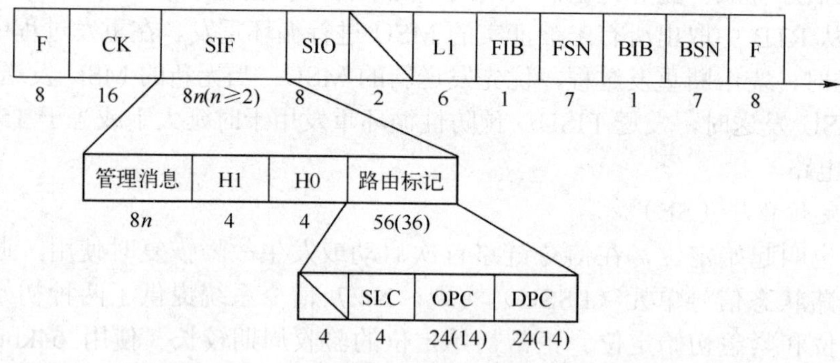

图 2-6 信令网管理消息格式

H0—标题码（消息组） H1—标题码（消息类型）
DPC—目的地信令点编码 OPC—源信令点编码 SLC—信令链路编码

路由标记由 DPC、OPC 和 SLC 3 部分组成，对于 DPC 和 OPC，我国均采用 24 位编码，SLC 采用 4 位编码。标题码包括 H0 和 H1，分别用 4 位表示。信令网管理消息有 9 个消息组，共计 27 种消息。

1）倒换和倒回消息（CHM）：有 4 种，其中倒换消息两种，分别为倒换命令信号（COO）和倒换证实信号（COA），其格式相同，如图 2-7 所示。其中，COO：H0 = 0001，H1 = 0001；COA：H0 = 0001，H1 = 0010。

倒回消息两种，分别为倒回说明信号（CBD）和倒回证实信号（CBA），其格式相同，如图 2-8 所示。其中，CBD：H0 = 0001，H1 = 0101；CBA：H0 = 0001，H1 = 0110。

图 2-7 倒换消息格式

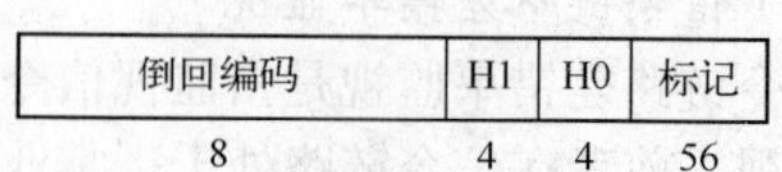

图 2-8 倒回消息格式

2）紧急倒换消息（ECM）：有两种，分别为紧急倒换命令信号（ECO）和紧急倒换证实信号（ECA），其格式相同，如图 2-9 所示。其中，ECO：H0 = 0010，H1 = 0001，ECA：H0 = 0010，H1 = 0010。

3）信令流量控制消息（FCM）：有两种，分别为信令路由组拥塞测试信号（RCT，其格式如图 2-9 所示）和受控传递信号（TFC，其格式如图 2-10 所示）。其中，RCT：H0 = 0011，H1 = 0001；TFC：H0 = 0011，H1 = 0010。

H1	H0	标记
4	4	56

图 2-9　紧急倒换消息格式

备用	拥塞等级	目的地	H1	H0	标记
6	2	24	4	4	56

图 2-10　信令流量控制消息格式

4）禁止传递、允许传递、限制传递消息（TFM）：有 3 种，分别为禁止传递信号（TFP）、限制传递信号（TFR）和允许传递信号（TFA），其格式相同，如图 2-11 所示。其中，TFP：H0 = 0100，H1 = 0001；TFR：H0 = 0100，H1 = 0011；TFA：H0 = 0100，H1 = 0101。

目的地	H1	H0	标记
24	4	14	56

图 2-11　禁止传递、允许传递、限制传递消息格式

5）信令路由组测试消息（RSM）：有两种，分别为禁止目的地的信令路由组测试信号（RST）和限制目的地的信令路由组测试信号（RSR），其格式如图 2-10 所示。其中，RST：H0 = 0101，H1 = 0001；RSR：H0 = 0101，H1 = 0010。

6）管理阻断消息（MIM）：有 8 种，分别为链路阻断信号（LIN）、链路解除阻断信号（LUN）、链路阻断证实信号（LIA）、链路解除阻断证实信号（LUA）、链路阻断拒绝信号（LID）、链路强迫解除阻断信号（LFU）、本地阻断链路测试信号（LLT）、远端阻断链路测试信号（LRT），其格式如图 2-9 所示。其中，LIN：H0 = 0110，H1 = 0001；LUN：H0 = 0110，H1 = 0010；LIA：H0 = 0110，H1 = 0011；LUA：H0 = 0110，H1 = 0100；LID：H0 = 0110，H1 = 0101；LFU：H0 = 0110，H1 = 0110；LLT：H0 = 0110，H1 = 0111；LRT：H0 = 0110，H1 = 1000。

7）业务再启动允许消息（TRM）：消息为业务再启动允许信号（TRA），其格式如图 2-9 所示，H0 = 0111，H1 = 0001。

8）信令数据链路连接命令消息（DLM）：有 4 种，分别为信号数据链路连接命令信号（DLC，其格式如图 2-12 所示）、连接成功信号（CSS）、连接不成功信号（CNS）和连接不可能信号（CNP）（CSS、CNS 和 CNP 的格式如图 2-9 所示）。其中，DLC：H0 = 1000，H1 = 0001；CSS：H0 = 1000，H1 = 0010；CNS：H0 = 1000，H1 = 0011；CNP：H0 = 1000，H1 = 0100。

9）用户部分流量控制消息（UFC）：消息为用户部分不可用信号（UPU），其格式如图 2-13 所示，H0 = 0001，H1 = 0001。

0000	信令数据链路标识	H1	H0	标记
备用 4	12	4	4	56

图 2-12　信令数据链路连接命令消息格式

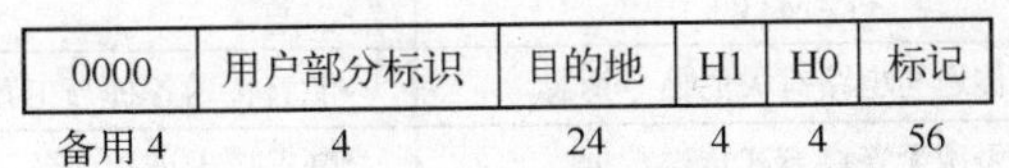

图 2-13　用户部分流量控制消息格式

（2）信令消息处理

信令消息处理由消息识别、消息分配和消息路 3 部分组成，它利用路由标记来进行消息的路由识别、选择和分配。消息识别用于识别信号消息的目的地以决定信号消息的去向，通过分析信号消息路由标记中的 DPC 来实现；消息分配用于把信号消息分配给本信令点的相应用户部分，通过分析业务信号 SIO 的 SI 来实现；消息路由利用路由标记中的 DPC 和 SLC 以及 SIO 中的 SI 和 SF 来实现，分 3 个步骤：第一步，根据 SIO 的 SI 选择信号业务使用的路由表；第二步，根据 DPC 选择使用的信令链路组；第三步，根据 SLC 在信令链路组内选择一条信令链路。

（3）信令网管理

信令网管理在信令网故障时能具有信令网重组结构的能力，包括启用、定位新的信令链路和控制拥塞功能。信令网管理功能可划分为信令业务管理、信令链路管理和信令路由管理 3 部分。

1）信令业务管理：目的是在信令网发生故障时用于将信号流从一条链路或路由转递到另一条或多条不同的链路或路由，或在发生拥塞的情况下临时减少信号流量。其实现程序主要有倒换（COO、COA）、倒回（CBD、CBA）、强制重选路由（TFP）、受控重选路由（TFA）、信号流量控制（TFC）、管理阻断（MIM）和信令点再启动（TRA）。其中，COO、COA、CBD 和 CBA 是信令业务管理最基本的、不可缺少的程序，无论两信令点采用什么工作方式都必须采用；TFP 和 TFA 仅在两信令点间采用准直联工作方式，从 STP 收到信令路由管理时使用；TFC 在信令网因故障或拥塞不能传递用户提供的信号流量时使用；MIM 在进行信令网的维护和测试时使用；CCITT 规定，对短时间的信令点处理故障造成的与相邻信令点的隔绝情况下不使用 TRA。

2）信令路由管理：其目的是保证信令点间可靠传递有关信令网状态的信息，与信令业务管理程序配合使用，用于闭塞或解除闭塞信令路由，仅在准直联信令网中使用。其实现的程序主要有禁止传递（TFP）、允许传递（TFA）、信令路由组测试工具（RSM）、受限传递（TFR）、受控传递（TPC）和信令路由组拥塞测试（RTC）。

3）信令链路管理：其目的是控制本地连接的信令链路，以保证建立和维持某一预定的链路组能力，主要在信令点开通业务及信令网发生故障时，配合信令业务管理和信令路由管理使用。其实现的程序主要有基本信令链路管理、自动分配信号终端和信令数据链路（DLM）。

2.4.4 信令连接控制部分

信令连接控制部分（SCCP）是 No.7 用户部分的一种补充功能，位于 MTP 之上，为 MTP 提供附加功能，即在信令网中建立逻辑信令连接，以传送与电路无关的消息。SCCP 对 MTP 的改进见表 2-15。

表 2-15　SCCP 对 MTP 的改进

MTP	SCCP
仅传送与电路有关的信令消息	能够传送各种与电路无关的信令消息
仅采用无连接方式传送数据	既支持无连接业务，又支持面向连接业务
最多只能有 16 种业务	具有增强的寻址功能，扩大了业务范围，SCCP 可定义 256 个不同的子系统

（续）

MTP	SCCP
信令点编码无全局意义	具有地址翻译功能，可在全球互联的不同 No.7 信令网间实现信令的直接传输
	具有管理功能，可以管理 SCCP 子系统状态

1. SCCP 提供的业务

SCCP 提供 4 类业务：两类无连接业务，类似于分组交换网中的数据报业务；两类面向连接业务，类似于分组交换网中的虚电路业务。

（1）无连接业务

不需要预先建立连接即可在信令网中传送信令消息，分为基本无连接业务（0 类）和有序的无连接业务（1 类）。0 类业务不保证消息的顺序传输，各个消息独立进行传送，互不相干。1 类业务经由同一信令链路传送，可以保证按照传送的顺序将信息送到目的地信令点。当使用无连接业务时，在两个 SP 间使用呼叫参数，即呼叫标记和信令点编码。

（2）面向连接业务

在传送消息之前，需在源点和目的地点间建立一条消息传送路径，即逻辑连接，适合传送大批量数据，分为基本面向连接业务（2 类）和流量控制面向连接业务（3 类）。2 类业务不带顺序号，不能完成顺序控制和流量控制；3 类业务带有顺序号，具有流量控制功能、消息丢失及错序的检测功能等。

2. SCCP 的消息

SCCP 的消息属于 MSU 种类，其格式符合 MSU 的共同特征，如图 2-14 所示。其中 SIO 的 SI 为 0011，SIF 由路由标记、消息类型、必备固定部分（F）、必备可变部分（V）和任选部分（O）5 部分组成。

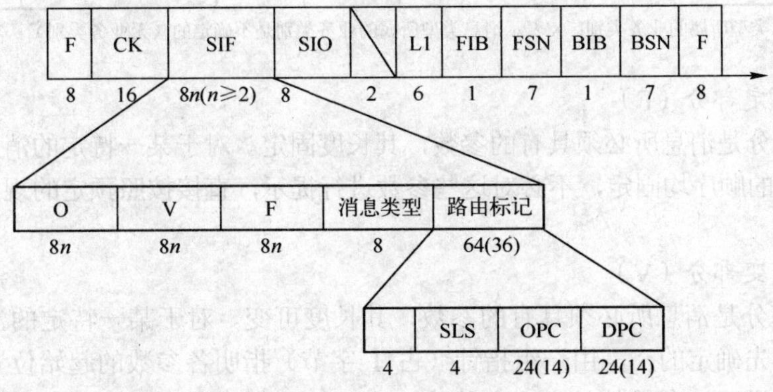

图 2-14　SCCP 消息信号单元格式

（1）路由标记

路由标记由目的地信令点编码（DPC）、源信令点编码（OPC）和信令链路选择（SLS）3 部分组成。我国电信网的 DPC 和 OPC 采用 24 位编码，SLS 采用 4 位编码。

（2）消息类型

SCCP 的消息类型采用 8 位编码，见表 2-16。

表 2-16　SCCP 消息类型编码

消息类型			协议类别				消息类型编码
缩　写	意　义	功能分类	0	1	2	3	
CR	连接请求	连接建立			X	X	0000 0001
CC	连接确认				X	X	0000 0010
CREF	拒绝连接				X	X	0000 0011
RLSD	释放连接	连接释放					0000 0100
RLC	释放完成						0000 0101
DT1	数据形式 1	数据			X		0000 0110
DT2	数据形式 2					X	0000 0111
AK	数据证实					X	0000 1000
UDT	单位数据		X	X			0000 1001
UDTS	单位数据业务		X'	X'			0000 1010
ED	加速数据					X	0000 1011
EA	加速数据证实					X	0000 1100
RSR	复原请求	初始化				X	0000 1101
RSC	复原确认					X	0000 1110
ERR	协议数据单元错误	差错检测			X	X	0000 1111
IT	不活动性测试				X	X	0001 0000
XUDT	增强的单位数据	无连接业务	X	X			0001 0001
XUDTS	增强的单位数据业务		X'	X'			0001 0010
LUDT	长单位数据		X	X			0001 0011
LUDTS	长单位数据业务		X'	X'			0001 0100

注：X 表示消息类型所属的业务类别；X'表示消息类型所属的业务类别是不确定的（无业务类别）。

（3）必备固定部分（F）

必备固定部分是消息所必须具有的参数，其长度固定。对于某一特定的消息，其参数的名称、长度及出现的顺序均固定，不必对这些参数进行提示，直接按照预定的规则给出参数内容即可。

（4）必备可变部分（V）

必备可变部分是消息所必须具有的参数，其长度可变。对于某一特定的消息，其参数的名称和顺序是事先确定的，需由一组指针（占 1 字节）指明各参数的起始位置，并用每个参数的第一个字节说明该参数的长度（字节数），随后才是参数的内容。

（5）任选部分（O）

任选部分是消息的可选参数，具体内容根据不同的情况确定，必须包括参数名称、内容，如长度可变，还必须包括参数长度。其起始位置由 V 的最后一个指针指明，结束后还需一个结束标志。若某个消息任选部分无参数，则置“任选参数部分起始指示字”为零，不需设置“任选参数结束”字段。

3. SCCP 消息的编码

SCCP 消息的编码见表 2-17。

表 2-17 SCCP 消息的编码

参数名	编码	长度/B	说明
任选参数结束	0000 0000	1	表示任选参数结束
目的本地参考	0000 0001	3	节点用它为输出消息识别连接段
源本地参考	0000 0010	3	节点用它为输入消息识别连接段
被叫用户地址	0000 0011	可变	参见 SCCP 寻址
主叫用户地址	0000 0100	可变	
协议类别	0000 0101	1	1~4 位分别代表类别 0~3
分段/重装	0000 0110	1	最低位为 M，M=0 表示无更多数据；M=1 表示有更多数据
接收序号	0000 0111	1	2~8 为 P（R），期望的下一个消息序号
排序/分段	0000 1000	2	
信用量	0000 1001	1	用于具有流量控制功能的协议类别
释放原因	0000 1010	1	表示连接释放的原因
返回原因	0000 1011	1	UDTS、XUDTS 消息中返回的原因
复原原因	0000 1100	1	表示复原原因
错误原因	0000 1101	1	指出协议错误
拒绝原因	0000 1110	1	指出拒绝连接的原因
数据	0000 1111	可变	包含 SCCP 用户功能间透明传递的用户数据
分段	0001 0000	4	当数据大于规定值时对数据进行分段
跳计数器	0001 0001	1	在每个全局码翻译时递减，范围从 15 到 1
重要性	0001 0010	1	
长数据	0001 0011	3~3954	

4. SCCP 的寻址

SCCP 具有增强的寻址功能，体现在 SCCP 的主/被叫用户地址上（见表 2-17）。主/被叫用户地址结构由地址指示（1 字节）和 SCCP 地址（可变长）两部分组成，如图 2-15 所示。

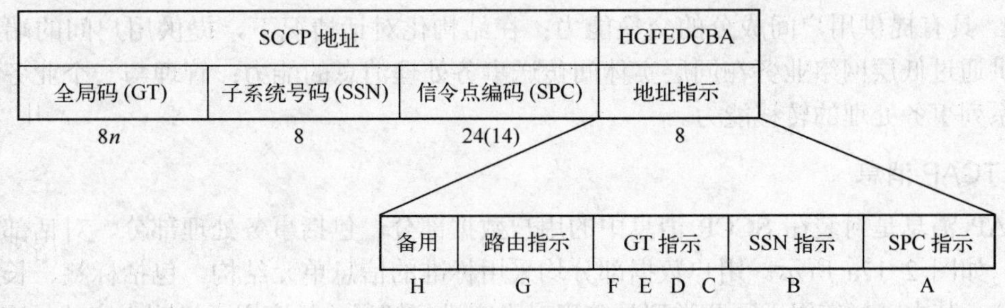

图 2-15 主/被叫用户地址结构

（1）地址指示编码

地址指示由 8 位组成（从高到低用 HGFEDCBA 表示），各位的取值不同表示不同的含义。

（2）SCCP 地址

SCCP 地址由 SPC、SSN 和 GT 组成。

- SPC 是 MTP 使用的地址，只在其所定义的 No.7 信令网内有意义，不是全球统一的编码。
- SSN 是 SCCP 使用的本地寻址信息，用于识别一个节点内的各个 SCCP 用户，采用 8 位编码，最多可识别 256 个不同的子系统。
- GT 是某种编号计划的号码，为可变长编码，能标识全球任意一个信令点和子系统，一般在源节点不清楚目的地信令点编码的情况下使用。

2.4.5 事务处理能力部分

事务处理能力部分（TCAP）是指在 TC 用户（各种业务用户）和网络层业务之间提供一系列通信能力，如 TCAP 提供了交换局与各种处理中心之间进行各种业务处理所需的信息转移控制功能，具有转移、管理事务处理的能力。

1. TCAP 的构成

TCAP 由成分子层（CSL）和事务处理子层（TSL）组成，如图 2-16 所示。CSL 和 TSL 位于 SCCP 之上，SCCP 和 MTP 为 TCAP 提供服务。

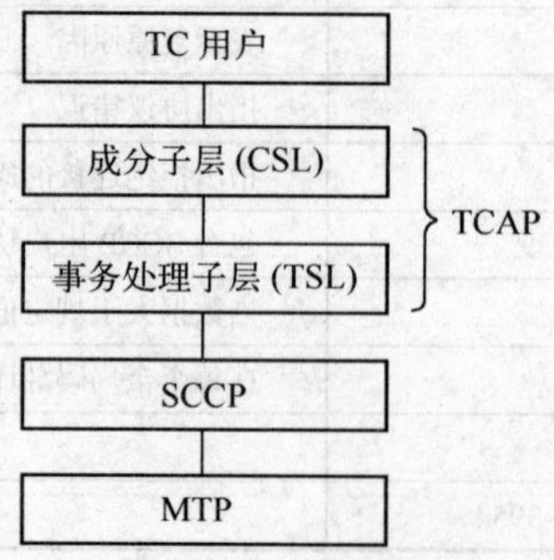

图 2-16　TCAP 的组成

CSL 的基本功能是处理成分，管理为实现业务而进行的各种操作。成分是 TCAP 消息的基本单元，用于传送执行一个操作的请求或响应。

TSL 具有提供用户间成分的交换能力；在结构化对话情况下，提供用户间的端到端连接；提供通过低层网络业务在同层实体间传送事务处理消息的能力；管理与一个业务处理有关的一系列事务处理的转移能力。

2. TCAP 消息

TCAP 消息是封装在 SCCP 消息中的用户数据部分，包括事务处理部分、对话部分和成分部分，如图 2-17a 所示。用户数据部分均采用标准的信息单元结构，包括标签、长度和内容 3 部分。其中，标签用于区分类型且负责对内容进行解释；长度用于说明内容的长度；内容是信息单元的实体，包含了信息单元需要传送的信息。内容部分可分为两种类型（如图 2-17b 所示）：一种是基本式，只有一个值；另一种是构成式，嵌套一个或多个信息单元，嵌套深度无限制。

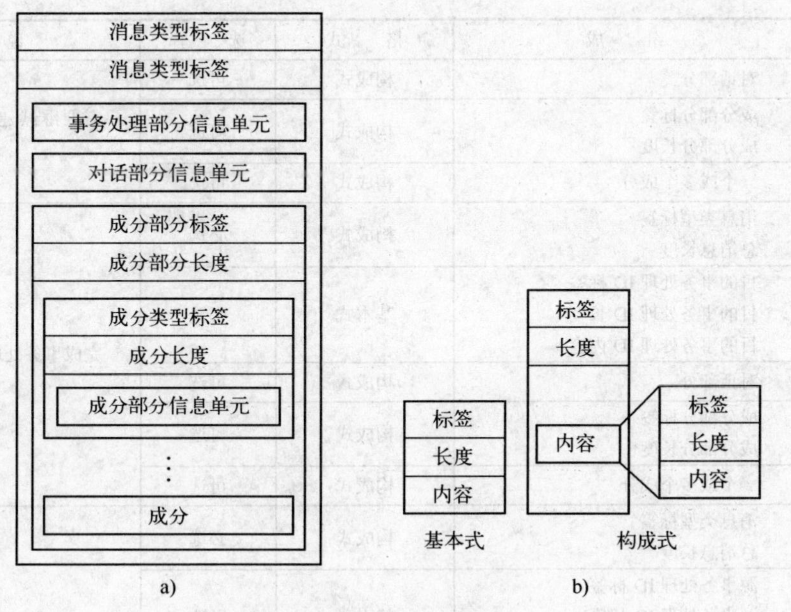

图 2-17　TCAP 消息格式

a) 消息组成结构　b) 信息单元类型

TCAP 的消息有单向消息、开始消息、继续消息、结束消息、中止消息 5 种类型，各种类型的 TCAP 消息字段格式见表 2-18。

表 2-18　各种类型的 TCAP 消息字段的格式

类　型	组　成	格　式	选　择	说　明
单向消息	消息类型标签 总消息长度	构成式	必选	不需要建立事务处理时发送
	对话部分	构成式	可选	
	成分部分标签 成分部分长度	构成式	必选	
	一个或多个成分	构成式	必选	
开始消息	消息类型标签 总消息长度	构成式	必选	不需要建立事务处理时发送
	源事务处理 ID 标签 事务处理 ID 长度 事务处理 ID 内容	基本式	必选	
	对话部分	构成式	可选	
	成分部分标签 成分部分长度	构成式	可选	
	一个或多个成分	构成式	可选	
继续消息	消息类型标签 总消息长度	构成式	必选	需要继续建立事务处理时发送
	源事务处理 ID 标签 源事务处理 ID 长度 源事务处理 ID 内容	基本式	必选	
	目的事务处理 ID 标签 目的事务处理 ID 长度 目的事务处理 ID 内容	基本式	必选	

（续）

类　型	组　成	格　式	选　择	说　明
继续消息	对话部分	构成式	可选	需要继续建立事务处理时发送
	成分部分标签 成分部分长度	构成式	可选	
	一个或多个成分	构成式	可选	
结束消息	消息类型标签 总消息长度	构成式	必选	完成事务处理时发送
	目的事务处理 ID 标签 目的事务处理 ID 长度 目的事务处理 ID 内容	基本式	必选	
	对话部分	构成式	可选	
	成分部分标签 成分部分长度	构成式	可选	
	一个或多个成分	构成式	可选	
中止消息	消息类型标签 总消息长度	构成式	必选	出现故障且需要中止事务处理时发送
	源事务处理 ID 标签 源事务处理 ID 长度 源事务处理 ID 内容	基本式	必选	
	中止原因标签 中止原因长度 中止原因内容	基本式	可选	
	对话部分	构成式	可选	

2.4.6 电话用户部分

电话用户部分（TUP）的任务是提供电话呼叫的控制信令，完成电话呼叫的各种接续和控制，主要规定了电话信号消息和电话通信中应具备的各种信号程序。

1. TUP 消息格式和编码

TUP 消息属于 MSU 种类，其格式符合 MSU 的共同特征，其中 SIO 的 SI 为 0100，SIF 由电话标记、标题码和信息内容 3 部分组成，如图 2-18 所示。

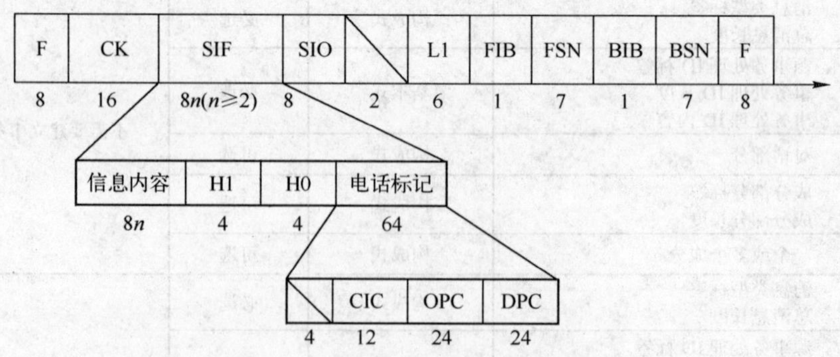

图 2-18　TUP 消息信号单元格式

H0—标题码（消息组）　H1—标题码（消息类型）　DPC—目的地信令点编码

OPC—源信令点编码　CIC—电路识别码

每个信号单元都包含一个电话标记。电话标记由 DPC、OPC 和 CIC 3 部分组成，我国电信网对于 DPC 和 OPC 均采用 24 位编码，CIC 采用 12 位编码。CIC 的设定需由双方协商设定。

标题码包括 H0 和 H1，分别用 4 位表示，组合起来可表示 256 种不同类型的消息。H0 识别消息组，H1 识别每个消息组中的具体消息。TUP 现有 13 个消息组，共计 57 个消息。

2．TUP 消息内容

（1）前向地址消息（FAM）组

FAM 主要用于前向传送地址信息，H0＝0001。

1）初始地址消息（IAM）和带有附加信息的初始地址消息（IAI）。根据呼叫类型的不同，初始地址消息分为初始地址消息（IAM，H1 ＝ 0001）和带有附加信息的初始地址消息（IAI，H1=0010）两种。IAM 和 IAI 的消息格式如图 2-19 所示，IAI 是在 IAM 的基础上添加了 8 个字段。IAI 是 No.7 信令的 TUP 中包含信令内容最丰富、最复杂的电话信令消息。

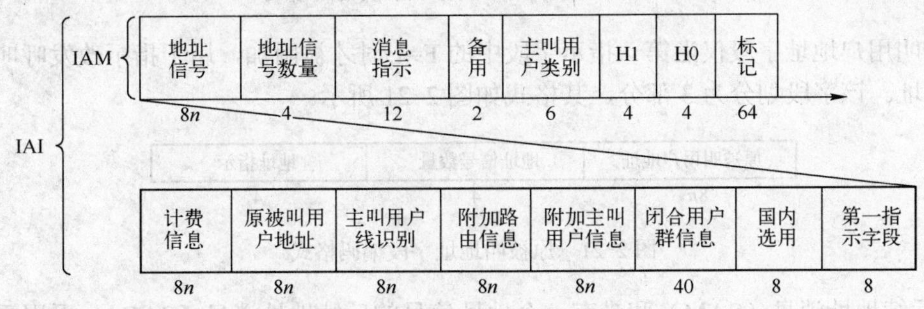

图 2-19 IAM/IAI 消息格式

IAM 是为建立呼叫而发出的第一个消息，它包括下一个交换局为了建立呼叫而确定路由所需要的全部信息，另外还表示占用的意思。收端一收到 IAM 即将所选的 CIC 中继改为忙状态。

主叫用户类别占用 8 位，其中 6 位用来编码，2 位备用；消息指示占用 12 位，不同位的不同取值表示初始地址消息的不同性质；地址信号数量表示初始地址信号中地址信号的数字位数；地址信号占用 8*n* 位，被叫号码以 BCD 码（四位二进制码）的形式传送。

IAM 不能发主叫号码，IAI 可以发主叫号码。

第一指示字段是 IAI 中的第一个字段，用 8 位表示 IAI 的后续字段是否带有某种附加信息（见表 2-19），前 7 位分别对应 7 个附加信息，1 位备用。在国内电话网的应用中，只使用附加“主叫用户线标识”及“原被叫用户地址”两部分，即除 E、F 位外其他位均取 0。

表 2-19 第一指示字段功能

代 码	功 能
A	网络能力或用户性能信息指示（0 为无，1 为有）
B	闭合用户群信息指示（0 为无，1 为有）
C	附加主叫用户信息指示（0 为无，1 为有）
D	附加路由信息指示（0 为无，1 为有）

（续）

代　码	功　　能
E	主叫用户线标识指示（0 为无，1 为有）
F	原被叫地址指示（0 为无，1 为有）
G	计费信息指示（0 为无，1 为有）
H	备用

国内选用字段表示网络能力或用户性能信息。

主叫用户线标识字段仅当第一指示字段中的 E=1 时才被附加，用于标识国内主叫用户的有效号码。该字段划分为 3 部分，其格式如图 2-20 所示。

图 2-20　主叫用户线标识字段编码格式

原被叫用户地址字段仅当第一指示字段中的 F=1 时才被附加，用于指示改发呼叫前的被叫用户地址。该字段划分为 3 部分，其格式如图 2-21 所示。

原被叫用户地址	地址信号数量	地址指示
8*n*	4	4

图 2-21　原被叫地址字段编码格式

2）后续地址消息（SAM）和带有一个地址信号的后续地址消息（SAO）。采用重选地址发送方式时，初始地址消息（IAM、IAI）发送后，剩余的地址信号用 SAM（H1=0011）或 SAO（H1=0100）发送。SAM 消息格式如图 2-22 所示，其中填充码是为使信息长度为 8 位的整数倍而设置的一个字段，取值为 0000。

地址信号	地址信号数量	填充码	H1	H0	标记
8*n*	4	4	4	4	64

图 2-22　SAM 消息格式

SAO 是后续地址消息的一种特例，当发送初始地址消息或在发送后续地址消息之后需要再发送一个地址信号时使用。消息格式如图 2-23 所示。

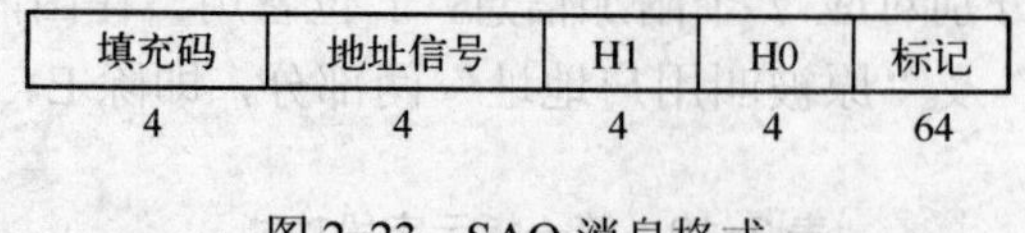

图 2-23　SAO 消息格式

（2）前向建立消息（FSM）组

FSM 是在地址消息后前向发送的消息，提供建立呼叫所需的信息，H0=0010。

1）一般前向建立信息消息（GSM）。H1=0001，包含了为建立呼叫所需的与主叫用户相关的一些信息，一般是在后向发出一般请求消息后提供。其格式如图 2-24 所示。

原被叫用户地址	来话中继和转接交换局标识	主叫用户线识别	备用	主叫用户类别	响应类型指示	H1	H0	标记
8*n*	8*n*	8*n*	2	6	8	4	4	64

图 2-24　GSM 消息格式

响应类型指示由 8 位（HGFEDCBA）构成，每一位表示一种响应类型（见表 2-20）。

表 2-20　响应类型指示编码

代　码	功　能
A	主叫用户类别指示（0 为无，1 为有）
B	主叫用户线标识指示（0 为无，1 为有）
C	来话中继和转接交换局标识指示（0 为无，1 为有）
D	原被叫地址指示（0 为无，1 为有）
E	去话回声抑制器指示（0 为无，1 为有）
F	恶意呼叫识别指示（0 为无，1 为有）
G	保持指示（0 为无，1 为有）
H	备用

主叫用户类别由 6 位构成，编码同 IAM；主叫用户线识别编码和原被叫地址编码均与 IAM 相同。

来话中继和转接交换局标识字段的基本格式如图 2-25 所示，其中各字段的编码及意义见表 2-21。

来话中继标识	字段长度指示	备用	转接交换局标识	交换局标识长度指示	标识类型指示
8*n*	4	4	8*n*	4	4

图 2-25　来话中继和转接交换局标识字段的基本格式

表 2-21　来话中断和转接交换局标识字段编码

字　段	代　码	编　码	意　义
标识类型指示	BA	00	备用
		01	信号点编码
		10	主叫用户线标识的可用部分
		11	备用
交换局标识长度指示	0000	用信号点编码标识	
	0001~1111	当用主叫用户线标识的一部分来标识转接交换局时，以二进制编码表示包含在转接交换局标识字段中的地址信号的数量	
转接交换局标识	交换局的信号点编码或主叫用户线识别的一部分编码，其中每一地址信号与 IAM 中的“地址信号”编码相同		
字段长度指示	0000	不提供来话中继标识	
	0001~1111	以二进制编码表示来话中继标识字段中字节的数量	
来话中继标识	包含最多 15 字节内的编码用于识别来话中继		

2）导通信号（COT）和导通故障信号（CCF）。COT（H1=0011）和 CCF（H1=0100）为导通检验消息，用于交换局前向传送导通结果信息。若导通检验结果证明话路正常，则发送 COT；若导通检验结果证明话路有故障，则发送 CCF。其格式如图 2-26 所示。

H1	H0	标记
4	4	64

图 2-26　COT 和 CCF 消息格式

（3）后向建立消息（BSM）

BSM 是后向发送的建立呼叫所需的消息，H0=0011。只有一个一般请求消息（GRQ，H1=0001），GRQ 的格式如图 2-27 所示。请求类型指示编码及功能见表 2-22。GRQ 消息的响应消息是前向发送的 GSM。

请求类型指示	H1	H0	标记
8	4	4	64

图 2-27　GRQ 的格式

表 2-22　请求类型指示编码及功能

代　码	功　能
A	主叫用户类别指示（0 为无，1 为有）
B	主叫用户线标识指示（0 为无，1 为有）
C	原被叫地址指示（0 为无，1 为有）
D	恶意呼叫识别指示（0 为无，1 为有）
E	请求保持指示（0 为无，1 为有）
F	回声抑制器请求指示（0 为无，1 为有）
G	备用
H	

（4）后向建立成功信息消息（SBM）组

SBM 是后向发送的，表示呼叫已成功建立，H0=0100。

1）地址全消息（ACM）。收到 ACM 表明来话交换局收到了到达被叫用户的全部地址信号及其附加信息，其格式如图 2-28 所示。ACM 消息指示的编码及意义见表 2-23。

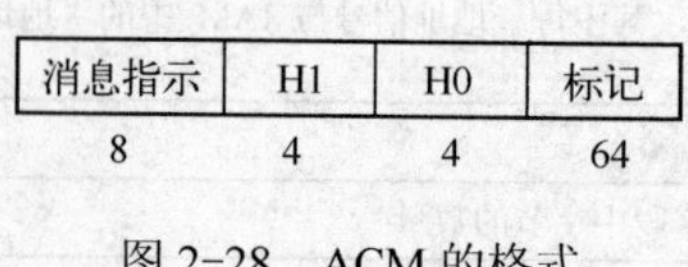

图 2-28　ACM 的格式

表 2-23　ACM 消息指示编码

代　码	编码及意义	
BA	00	地址全信号
	01	地址全信号，计费
	10	地址全信号，免费
	11	地址全信号，投币式用户
C	0	未指示
	1	用户空闲
D	0	未包括来话半回声抑制器
	1	包括来话半回声抑制器
E	0	呼叫不转移
	1	呼叫转移
F	0	任何通道
	1	全部是 No.7 信令方式通道
G	备用	
H		

2）计费消息（CHG）：我国暂不使用该消息。

（5）后向建立不成功消息（UBM）

UBM（H0=0101）向去话交换局说明不能成功建立呼叫的原因，包括简单后向建立不成功消息（交换设备拥塞信号 SEC、电路群拥塞信号 CGC、国内网拥塞信号 NNC、地址不全消息 ADI、呼叫故障信号 CFL、用户忙信号 SSB、空号 UNN、线路不工作信号 LOS、发送专用信息音信号 SST、接入拒绝信号 ACB 及不提供数字通路信号 DPN，其格式如图 2-26 所示）和扩充后向建立不成功消息（扩充后向建立不成功信息消息 EUM，其格式如图 2-29 所示）。EUM 的 8 位位组指示编码见表 2-24。信号点编码为消息源信号点的编码。

图 2-29　EUM 消息格式

表 2-24　8 位位组指示编码

代　码	编码及意义	
DCBA	0000	备用
	0001	用户忙
	0010~1111	备用
HGFE	备用	

（6）呼叫监视消息（CSM）

CSM（H0=0110）用于监视呼叫的进行，包括后向发送和前向发送的呼叫信号。其格式如图 2-26 所示，包括应答信号、计费未说明 ANU、应答信号、计费 ANC、应答信号、免费 ANN、挂机信号 CBK、前向拆线信号 CLF、再应答信号 RAN、前向转移信号 FOT 及主叫用户挂机信号 CCL。

（7）电路监视消息（CCM）

CCM（H0=0111）用于监视电路的状态。其格式如图 2-26 所示，包括释放监视信号 RLG、闭塞信号 BLO、闭塞证实信号 BLA、解除闭塞信号 UBL、解除闭塞证实信号 UBA、请求导通检验信号 CCR 及电路复原信号 RSC。

（8）电路群监视消息（GRM）

GRM（H0=1000）是一组关于电路群状态监视的消息，用于一组电路群的闭塞、解除闭塞及电路群的复原。其格式如图 2-30 所示，包括面向维护的群闭塞消息 MGB、面向维护的群闭塞证实消息 MBA、面向维护的群闭塞解除消息 MGU、面向维护的群闭塞解除证实消息 MUA、面向硬件故障的群闭塞消息 HGB、面向硬件故障的群闭塞证实消息 HBA、面向硬件故障的群闭塞解除消息 HGU、面向硬件故障的群闭塞解除证实消息 HUA、电路群复原消息 GRS、电路群复原证实消息 GRA、软件产生的群闭塞消息 SGB、软件产生的群闭塞证实消息 SBA、软件产生的群闭塞解除消息 SGU 及软件产生的群闭塞解除证实消息 SUA。

状态	范围	H1	H0	标记
$8n(0 \leqslant n \leqslant 32)$	8	4	4	64

图 2-30　GRM 消息格式

若范围字段的编码是全零，则电路群监视消息不包括状态字段；若编码范围字段的编码非全零，则除 GRS 外，则各消息都包含状态字段，消息与整个电路群或它的一部分有关。状态字段的长度必须是 8 位的整数倍。

（9）电路网管理消息（CNM）

CNM 目前只有一个自动拥塞控制消息（ACC），H0=1010，H1=0001，用于当一个交换机出现过负荷状态时，向拥塞交换局的邻接局送出表明本交换局的交换机已达到的拥塞级（拥塞 1 级或拥塞 2 级）的信息。该消息在国内网中暂不使用。

（10）国内后向建立成功消息（NSB）

NSB 只有一个计次脉冲（MPM）消息，其格式如图 2-31 所示，H0=1100，H1=0010，其中计费信息以二进制的形式表示单位时间脉冲数，最大计次脉冲数为 216。

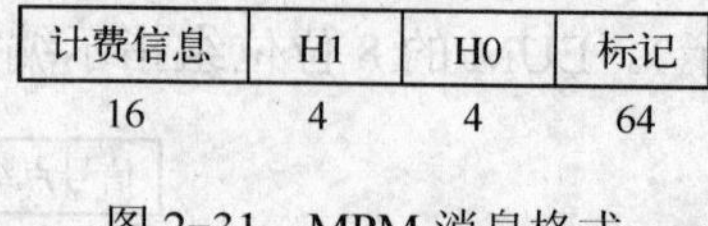

计费信息	H1	H0	标记
16	4	4	64

图 2-31　MPM 消息格式

（11）国内呼叫监视消息（NCB）

NCB 只有一个话务员信号（OPR）消息，其格式如图 2-26 所示，H0=1101，H1=0001。OPR 包括再振铃和回振铃信号，前者是前向发送的话务员信号，当发端长话局的话务员与被叫用户建立连接和被叫应答后，若被叫用户挂机而话务员仍需呼叫该用户时发送；后者是后向发送的话务员信号，仅在话务员回叫主叫用户时使用。

（12）国内后向建立不成功消息（NUB）

NUB（H0=1110）包括用户市话忙（SLB）和用户长途忙信号（STB）消息，其格式如图 2-26 所示。SLB 和 STB 用于区别对普通用户市话忙允许插入和普通用户长途忙不允许插入的情况，用于国内网，包括与国际接续的国内段。

（13）国内地区使用消息（NAM）

NAM 仅有恶意呼叫识别信号（MAL）消息，用于在恶意呼叫中保持接续，其格式如图 2-26 所示，H0=1111，H1=0001。

综上所述，TUP 消息分为 13 组。其中（1）～（9）组是 ITU-TQ.723 建议的国际通用消息；（10）～（13）组是国内网专用的信令消息，是为了配合中国现有电话网利用 No.7 信令方式规定的国内备用标题码部分而设置的。

2.4.7　综合业务数字用户部分

综合业务数字用户部分（ISUP）是 ISDN 用户部分的简称，是 No.7 信令系统中几个平行用户部分中的一种，是在 TUP 的基础上扩展而成的。ISUP 提供 ISDN 中的信令功能，以支持基本的承载业务和附加的承载业务。

1．ISUP 的功能

目前我国 No.7 信令方式使用的 TUP 不能满足非话音业务的要求。为了满足多种业务的需求，在 ISDN 中必须引入 ISUP。ISUP 除了能完成 TUP 的全部功能外，还具有以下功能。

（1）对不同承载业务选择电路提供信令支持

对于基本的承载业务，ISUP 的主要功能是为建立、监视和拆除发端交换机和终端交换机之间 64kbit/s 的电路连接提供信令支持；对于附加的承载业务，由于 ISDN 的承载业务包括多种类型的信息传送，不同的信息传送对传输电路的要求不同，ISDN 交换机必须根据要求来选择电路，并且在业务类型转换时还必须控制电路的转换。因此，ISUP 必须提供一些信令支持实现这些功能。

（2）与用户-网络接口的 D 信道信令配合工作

由于 ISDN 用户对承载业务的要求是通过用户-网络接口的 D 信道信令（Q.931 建议）传送到网络的，因此 ISUP 必须和 D 信道信令配合工作，根据接收到的 D 信道信令消息，重组并发送 ISUP 消息，控制网络中的电路连接，同时将 D 信道信令中的部分内容透明地穿过网络，送到另一端的用户-网络接口，以完成用户到用户的信令传送。

（3）支持端到端信令

端到端信令支持在信令终点间直接传送信令信息的能力，向用户提供基本业务和补充业务。ISUP 的一部分信令需要在网络中逐段传送，一部分信令直接在发端交换机和终端交换机之间传送。

ISUP 既能满足 ITU-T 规定的国际自动与半自动电话业务和电路交换数据业务的要求，又能满足国内自动与半自动电话业务和电路交换数据业务的要求；既可利用 MTP 传递信息，也可利用 SCCP 在 ISUP 之间传递信息；ISUP 可以完成 TUP 和 DUP 的全部功能。

2. ISUP 支持的业务

ISUP 支持的业务可分为国际使用和国内使用两大类，见表 2-25。

表 2-25 ISUP 支持的业务

功能/业务	国内使用	国际使用
基本呼叫		
话音/3.1kHz 音频	/	/
不受限的 64kbit/s 电路交换	/	/
多速率连接类型	/	/
对连接类型允许低效运行性能的信令程序	/	/
兼容性程序	/	/
混乱程序	/	/
简单分段	/	/
用户部分有效性控制	/	/
传播时延确定程序	/	/
动态回声控制程序	/	/
音与通知	/	/
MTP 暂停和恢复	/	/
接入传递信息	/	/
用户终端信息的传送	/	/
补充业务的普通信令程序		
端到端信令——传递方法	/	—
端到端信令——面向连接的 SCCP	/	/
端到端信令——无连接的 SCCP	/	—
普通号码转移	/	/
普通数字转移	/	—
普通通知程序	/	/
简单业务激活程序	/	—
远端操作程序	/	—

（续）

功能/业务	国 内 使 用	国 际 使 用
网络专用程序	/	
补充业务		
直接拨入	/	/
多用户号码	/	/
主叫用户线标识显示/主叫用户线标识限制	/	/
被叫用户线标识显示/被叫用户线标识限制	/	/
恶意呼叫识别	/	/
子地址寻址	/	/
可携式终端	/	/
呼叫前转	/	/
呼叫转移	/	/
呼叫等待	/	/
呼叫保持	/	/
会议电话	/	/
三方通话业务	/	/
闭合用户群	/	/
多级优先和预占	/	/
用户到用户间信令，业务 1（隐式）	/	/
用户到用户间信令，业务 1（显式）	/	/
用户到用户间信令，业务 2	/	/
用户到用户间信令，业务 3	/	/

注：“/”表示支持；“—”表示不支持。

3. ISUP 消息格式

ISUP 消息种类齐全，消息所携带的信息量也相当丰富。ISUP 消息属于 MSU 种类，其格式符合 MSU 的共同特征，SIO 的 SI 为 0101。ISUP 消息格式如图 2-32 所示。SIF 由路由标记、电路识别码（CIC）、消息类型、必备固定部分（F）、必备可变部分（V）和任选部分（O）6 部分组成。ISUP 的 SIF 格式与 SCCP 相似，由整数倍的 8 位位组构成，但比 SCCP 的 SIF 多了一个 CIC 部分。

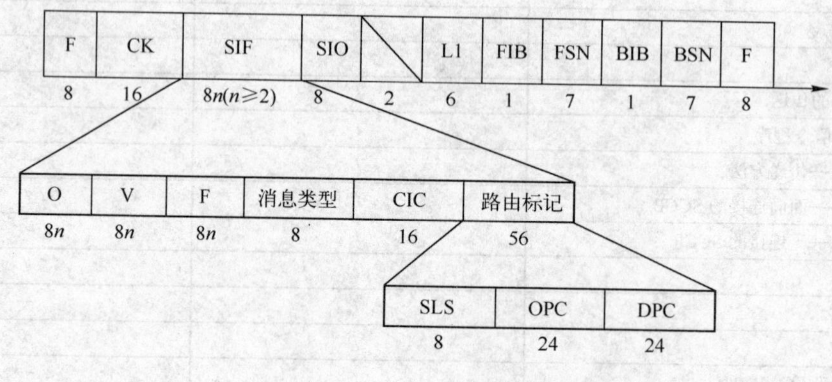

图 2-32　ISUP 消息格式

路由标记由 DPC、OPC 和 SLS 3 部分组成，我国电信网的 DPC 和 OPC 采用 24 位编码，SLS 采用 8 位编码，目前仅使用低 4 位。

消息类型采用 8 位编码（见表 2-26），对于全部 ISUP 消息都是必需的，它唯一地确定每一个 ISUP 消息的功能格式。

表 2-26 消息类型编码

编 码	消 息	意 义	编 码	消 息	意 义
0000 0110	ACM	地址全消息	0011 0111	IRS	识别响应
0000 1001	ANM	应答	0000 0100	INF	信息
0001 0011	BLO	阻断/闭塞消息	0000 0011	INR	信息请求
0001 0101	BLA	阻断确认	0000 0001	IAM	初始地址
0001 1101	CMC	呼叫改变完成	0010 0100	LPA	环回确认
0010 1100	CPG	呼叫进行	0011 0010	NRM	网络资源管理
0001 1000	CGB	电路群阻断	0011 0000	OLM	过负荷
0001 1010	CGBA	电路群阻断确认	0010 1000	PAM	传递
0010 1010	CQM	电路群询问	0001 0010	RSC	电路复原
0010 1011	CQR	电路群询问响应	0000 1100	REL	释放电路
0001 0111	GRS	电路群复原	0000 1110	RES	恢复
0010 1001	GRA	电路群复原确认	0011 1000	SGM	分段
0001 1001	CGU	电路群阻断解除	0001 0000	RLC	释放完成
0001 1011	CGUA	电路群阻断解除确认	0000 0010	SAM	后续地址
0011 0001	CRG	计费信息	0000 1101	SUS	暂停
0010 1111	CFN	混淆	0001 0100	UBL	阻断解除
0000 0111	CON	接续	0001 0110	UBA	阻断解除确认
0000 0101	COT	导通	0010 1110	UCIC	未分配的 CIC
0001 0001	CCR	导通检验请求	0011 0101	UPA	用户部分可用
0010 0000	FAA	性能接受	0011 0100	UPT	用户部分测试
0011 0011	FAC	性能	0010 1101	USR	用户-用户信息
0010 0001	FRJ	性能拒绝	1111 1110	OPR	话务员消息
0001 1111	FAR	性能请求	1111 1101	MPM	计次脉冲消息
0000 1000	FOT	前向转移	1111 1100	CCL	主叫用户挂机
0011 0110	IDR	识别请求			

2.5 我国 No.7 信令网的结构

1. No.7 信令网的组成

No.7 信令网由以下基本部分组成。

（1）信令点（SP）

SP 具有处理控制消息的功能，包括信令消息的源点和目的点。两个信令点所对应的用户部分之间如果有直接通信的可能，就称这两个信令点之间有信令关系。在信令网中，常常把产生消息的信令点称为源信令点。显然，源信令点是信令消息的始发点；把信令消息最终到达的信令点称为目的信令点；把信令链路直接连接的两个信令点称为相邻信令点；同理，将非直接连接的两个信令点称为非邻近信令点。

在信令网中，下列节点可作为信令点：交换局、操作管理和维护中心、服务控制点、信令转接点。

（2）信令转接点（STP）

STP 具有转接信令的功能，能将信令消息从一条信令链路转送到另一条信令链路。在信令网中，STP 包括独立 STP 和综合 STP：前者仅具有转发信令的功能；后者除了具有转发信令的功能外，还具有产生信令和处理信令的功能。

（3）信令链路（SL）

连接两个 SP（或 STP）的信令数据链路及其传送控制功能组成的传输工具称为信令链路。每条运行的 SL 都分配一条信令数据链路和位于此信令数据链路两端的两个信令终端。直接连接两个信令点的一束 SL 构成一个信令链路组，每个信令链路组中至少应包括两条 SL。

2．No.7 信令网的结构

No.7 信令网按网络结构的等级可分为无级信令网和分级信令网两类。

（1）无级信令网

无级信令网是未引入 STP 的信令网。在无级网中 SP 间都采用直联方式，所有 SP 均处于同一等级。

（2）分级信令网

分级信令网也叫水平分级信令网，是引入 STP 的信令网。信令网一般分为二级结构（见图 2-33a）和三级结构（见图 2-33b）。二级信令网由 SP 和一级 STP 构成；三级信令网由 SP 和二级 STP 构成（第一级 STP 称为高级信令转接点 HSTP 或主信令转接点，第二级 STP 称为低级信令转接点 LSTP 或次信令转接点）。

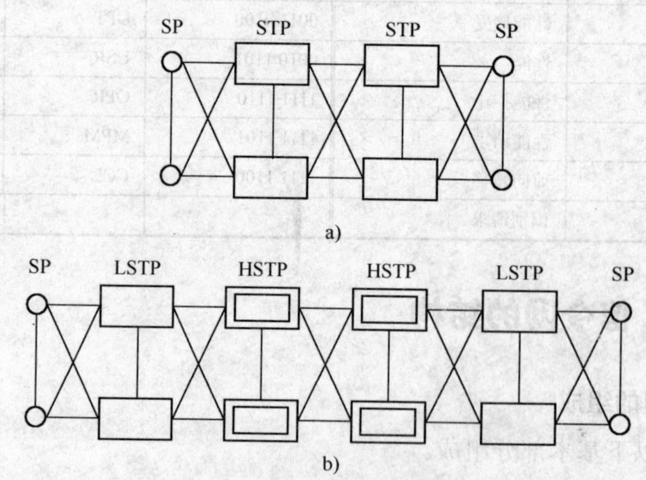

图 2-33 信令网分级结构图
a) 二级信令网结构图 b) 三级信令网结构图

在二级结构下，STP 可分省/大区设立，STP 之间组成网状网，同时 SP 之间也可设立直联链路。省/区内信令业务由直联链路疏通，省际/大区间信令业务由准直联网疏通。这种结构适用于容量大、节点少的网络。

三级结构下 LSTP 分省/地区设立，HSTP 设立于大区中心，HSTP 之间组成网状网。省内、省际信令业务都由准直联网疏通。这种结构适用于网络规模大、节点多的网络。

（3）不同结构信令网的优缺点

与无级信令网相比，分级信令网具有如下的优点：网络所容纳的信令点数多；增加信令点容易；信令路由多、传号传递时延相对较短。因此，分级信令网是国际、国内信令网常采用的网络形式。

与三级结构信令网相比，二级结构信令网的主要优点是结构层次少，信令转接次数相对三级结构少，因此信令的转接时延也小；缺点是扩展性较差，对于大型网络支持的能力有限。它与目前的 TDM 信令网的结构不一致，不利于固定、移动信令网的统一组网。三级结构的主要优点是结构和目前的 TDM 信令网的结构一致，利于信令网的统一组网，扩展性好；缺点是结构层次多，省际通信时信令转接次数相对二级结构多，因此信令的转接时延大。

3. 我国 No.7 信令网的结构

我国电话网具有覆盖地域广阔、交换局数量大等特点，因此信令网采用三级结构（如图 2-34 所示）：第一级是信令网的最高级，称为高级信令转接点（HSTP），第二级是低级信令转接点（LSTP）；第三级为信令点（SP），SP 由各种交换局和特种服务中心（业务控制点、网管中心等）组成。

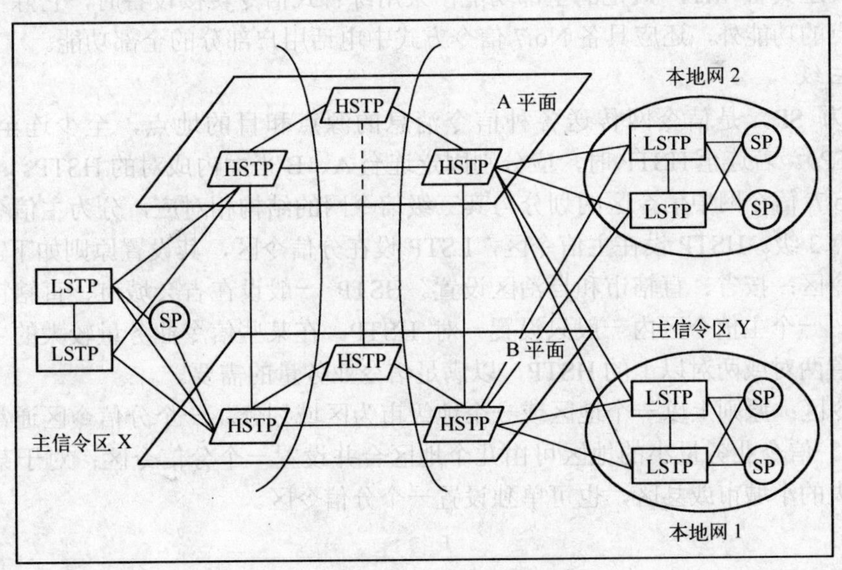

图 2-34 我国 No.7 信令网的结构

（1）第一级 HSTP

HSTP 采用两个平行的 A、B 平面网，A、B 平面内部的各个 HSTP 间分别为网状相连，A、B 平面之间成对的 HSTP 间相连。

HSTP 负责转接它所汇接的第二级低级信令转接点（LSTP）和第三级 SP 的信令消息。HSTP 采用独立型信令转接点设备，且必须具有 No.7 信令系统中 MTP 的功能，以完成电话网和 ISDN 与电路接续有关的信令消息传送。同时，如果在电话网、ISDN 中开放智能网业务和移动通信业务，并传送各种信令网管理信息，则 STP 还应具有 SCCP 的功能，以传送各种与电路无关的信令信息。若该 SP 要执行信令网运行、维护和管理程序，那么还应具有 TCAP 和运行管理应用部分（OMAP）的功能。

（2）第二级 LSTP

LSTP 通过信令链至少要分别连接至 A、B 平面内成对的 HSTP。第二级以下各级中 SP 与 STP 间信令链路的连接方式有固定连接方式和自由连接方式两种。

- 固定连接方式：本信令区内的 SP 采用准直联工作方式，必须连接至本信令区的两个 STP。在工作中，本信令区内一个 STP 出现故障时，它的信令业务负荷全部倒换至本信令区内的另一个 STP 中。如果两个 STP 同时出现故障，则会中断该信令区的全部业务。
- 自由连接方式：随机地按信令业务量大小自由连接的方式。其特点是本信令区内的 SP 可以根据它至各个 SP 的业务量，按业务量的大小自由连至两个 STP（本信令区的或其他信令区的），两个信令区间的 SP 可以只经过一个 STP 转接。当信令区内的一个 STP 发生故障时，它的信令业务负荷可以均匀地分配到多个 STP 上，两个 STP 同时发生故障，也不会中断该信令区的全部信令业务。

LSTP 设置在本地网内，负责转接它所汇接的第三级 SP 的信令消息。LSTP 采用独立信令转接设备时，也可采用与交换局（SP）合设在一起的综合式信令转接设备。采用独立信令转接设备时，应具备 MTP 规定的全部功能；采用综合式信令转接设备时，它除了必须具备独立式转接点的功能外，还应具备 No.7 信令方式中电话用户部分的全部功能。

（3）第三级

第三级为 SP，是信令网传送各种信令消息的源点和目的地点，至少连至两个 STP（HSTP、LSTP）。若连至 HSTP 时，应分别固定连至 A、B 平面内成对的 HSTP。

我国 No.7 信令网中信令区的划分与其三级信令网的结构相对应，分为主信令区、分信令区和信令点 3 级。HSTP 设在主信令区，LSTP 设在分信令区，其设置原则如下。

- 主信令区：按省、直辖市和自治区设置。HSTP 一般设在省会城市、直辖市和自治区首府。一个主信令区内一般只设置一对 HSTP。在某些信令业务量较大的主信令区，可设置两对或两对以上的 HSTP，以满足信令业务量的需要。
- 分信令区：原则上以一个地区或一个地级市为区域划分。一个分信令区通常设置一对 LSTP。信令业务量小的地区可由几个地区合并设置一个分信令区；对于某些信令业务量大的小城市或县区，也可单独设置一个分信令区。

2.6 小结

本章介绍了信令的基本概念、分类、信令方式、中国一号信令系统、No.7 信令及我国 No.7 信令网结构。

信令是一种用于控制的信号，信令技术是交换系统的核心技术之一。信令有多种分类方法：按信令的传送方向来划分，可分为前向信令和后向信令两类；按信令的工作范围划分，可分为用户线信令和局间信令两类；按信令的传送信道来划分，可分为随路信令方式和公共信道信令方式两类；当局间信令采用随路信令方式时，从功能上可划分为线路信令和记发器信令。

信令方式包括信令的结构形式以及信令在多段路由上的传送方式和控制方式。信令的结构形式有经过编码的和未经编码的两种；信令的传送方式有端到端传送方式、逐段转发传送方式以及混合方式；信令的控制方式有非互控方式、半互控方式和全互控方式。

目前，我国采用的随路信令称为中国一号信令系统（简称 No.1 信令）。No.1 信令有线路信令和记发器信令两种。线路信令主要用于监视中继的占用、空闲、闭塞状态，本章对其分类、编码及传输方式进行了详细介绍；记发器信令主要完成主叫、被叫号码的发送和请求，主叫用户类别、被叫用户状态及呼叫业务类别的传送，主要用于电话自动接续、选择路由、选择被叫用户、管理电话网等。

No.7 信令是局间共路信令，通常采用逻辑上独立于信令所服务的信息通信网络的专用网传输，并且本质上采用模块分层化的功能结构和消息通信机制，具有信令传输速度快、分层模块改变灵活、可扩展以适应新业务要求等优点。No.7 信令系统由信令点、信令转接点和信令链路 3 部分组成，具有如下特点：使用公共信道传送信令，利用分组交换技术，确保信号可靠传输；采用可变信号单元，信号传输速度快，呼叫建立时间短；信号容量大，且易随需要改变，可适应各种新业务的要求；采用功能模块化，使用方便，易扩展；应用范围广，适用于各种网络的互联。

No.7 信令网参考开放系统互连（OSI）参考模型的 7 层结构，分为 4 级结构：第一级为信令数据链路功能级，是 No.7 信令系统的基础部分，为各个用户部分所公用；第二级为信令链路控制级；第三级为信令网功能级，规定在信令点之间传送管理消息的功能和程序，包括信令消息处理和信令网络管理两部分；第四级为用户部分，是信令功能实体，定义了各种用户和应用的功能和程序，利用 MTP 的传递能力来传送信令消息。

根据各种不同的业务类型，可以构成不同的 UP，包括电话用户（TUP）、数据用户（DUP）、ISDN 用户（ISUP）、信令连接控制部分（SCCP）、事务处理能力应用部分（TCAP）等用户部分。不同的用户部分是并列的关系，可按需要设置。本章对 SCCP、TCAP、TUP、ISUP 进行了详细的介绍：SCCP 是 No.7 用户部分的一种补充功能，为 MTP 提供附加功能；TCAP 在 TC 用户（各种业务用户）和网络层业务之间提供一系列通信能力；TUP 提供电话呼叫的控制信令，完成电话呼叫的各种接续和控制，主要规定了电话信号消息和电话通信中应具备的各种信号程序；ISUP 提供 ISDN 中的信令功能，以支持基本的承载业务和附加的承载业务。

我国电话网具有覆盖地域广阔、交换局数量大等特点。我国 No.7 信令网采用三级结构，信令网中信令区的划分与其三级信令网的结构相对应，分为 3 个信令区：第一级是高级信令转接点（HSTP），HSTP 设在主信令区（主信令区按省、直辖市和自治区设置）；第二级是低级信令转接点（LSTP），设在分信令区（分信令区原则上以一个地区或一个地级市为区域划分）；第三级为信令点（SP），SP 由各种交换局和特种服务中心组成。

2.7 习题

1．简述信令的分类。

2．信令的传送方式有哪几种？有什么区别？

3．信令的控制方式有哪几种？有什么区别？

4．中国 No.1 信令的记发器信令有哪几种分类？

5．简述 No.7 信令的特点。

6．No.7 信令的传送方式有哪几种？

7．简述 No. 7 信令网的功能结构。

8．MTP2 中的差错纠正方式主要有哪几种？如何进行工作？

9．简述 MTP3 的功能。

10．SCCP 能提供哪几类业务？各有什么特点？

11．简述 TCAP 的消息类型。

12．TUP 有多少组消息？哪些是为了配合中国现有电话网利用 No.7 信令方式规定的国内备用标题码部分设置？

13．简述 TUP 的 FAM 消息格式。

14．简述 ISUP 可支持的业务。

15．什么是二级信令网和三级信令网？其区别是什么？

16．我国 No.7 信令网采用什么结构？其信令区如何划分？

参考文献

[1] Modarressi A R, Skoog R A. An Overview of Signaling System No.7 [C]. Proc. IEEE, 1992, 80(4):590-606.

[2] Clarke P G, Wadsworth C A. CCITT Signaling System No.7: Signaling Connection Control Part [J]. British Telecom: Engineering, 1988, 7: 32-45.

[3] Johnson T W, Law B, Anius P. CCITT Signaling System No.7: Transaction Capabilities [J]. British Telecom: Engineering, 1988, 7: 56-65.

[4] CCITT Recommendations. Signaling System No.7[S]. CCITT Blue Book, 1988, 01: 7-9.

[5] 中华人民共和国邮电部. 中国国内电话网 No.7 信号方式技术规范（暂行规定）[S]. 1990.

[6] 桂海源，骆亚国. No.7 信令系统[M]. 北京：北京邮电大学出版社，1999.

[7] 杨晋儒，吴立贞，等. No.7 信令系统技术手册（修订本）[M]. 北京：人民邮电出版社，2001.

第3章

电路交换技术

电路交换（Circuit Switching，CS）方式，是通信网最早出现的一种交换方式，也是应用最普遍的一种交换方式。它是基于电话话音通信业务而产生的，主要应用于电话通信网中。电路交换方式由分布在电话网中的交换节点——程控交换机实现节点的交换控制功能。本章主要介绍电路交换技术及数字程控交换技术系统的基本原理。

3.1 电路交换概述

电路交换技术中，双方占用的电路是指承载用户信息的物理层媒质，可以是一对铜线、一个频段或时分复用电路的一个时隙，是物理存在的。电路交换技术采用面向连接的交换方式，为通信双方建立透明的通路连接，不对用户信息进行任何检测、识别或处理，因此能够保证话音业务传输的实时性强、时延小的要求。电路交换设备常称做程控交换机，在软件控制下，接收和处理用户呼叫信令，分配资源，提供双向通信电路。

1. 电路交换技术的实现过程

电路交换技术是基于面向连接的交换方式，即在电话通信的双方话音传输之前预先建立起一条物理链路，并且在整个通信过程中，这条链路被独占，直到通信结束再释放链路资源。因此电路交换技术的实现过程分为建立连接、传送信息和拆除连接 3 个阶段，如图 3-1 所示。

（1）建立连接阶段

电话通信双方先要通过拨号建立起一条通路连接。首先主叫摘机，听到拨号音后开始拨被叫号码，这时由信令从主叫端向被叫方向发起链路连接请求，该请求通过中间节点的转发一直传输至终点。如果该过程有空闲的物理链路可以使用，则接受请求，在主叫与被叫之间分配链路连接，被叫振铃，主叫此时收到回铃音；如果没有空闲的物理链路则连接将无法实现。仅当通信的两个站点之间建立起物理链路之后，才允许进入数据传输阶段。这个过程在拨打电话时可以感受到，从拨出号码到听到被叫端回铃音有明显的延时等待时间。

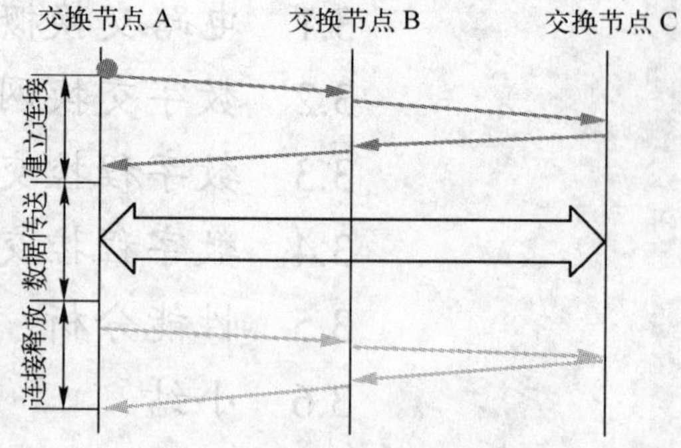

图 3-1 电路交换技术的实现过程

（2）传送信息阶段

如果呼叫建立成功，则通话双方进行正常的话音信息传输，且在整个通话过程中，建立的电路连接必须始终保持，并被通话双方所独占，其他用户将不能使用该连接资源，即使某一时刻链路上并没有数据传输。

（3）拆除连接阶段

当通话双方有任何一方挂机则结束通话，进入拆除连接、释放电路的阶段。该过程由信令在一方挂机后向连接对方发出释放链路请求，对方响应后即拆除链路资源。被拆除的链路资源释放后，就可被其他通信使用。

2. 电路交换技术的特点

电路交换技术产生于话音业务，也完全匹配话音数据传输所具备的实时性强、固定比特率的传输特点，从而保证了业务传输的质量。

（1）面向连接方式

双方传输信息之前预先建立专用的物理连接通路，申请网络链路资源，直到呼叫结束时释放该通路。如果申请不到资源则呼叫无法建立，发生呼叫损失。

（2）实时性好，时延小

当通信链路连接建立后，通信双方的所有链路资源均用于本次通信，除了少量的传输延迟之外，不再有其他延迟，具有较好的实时性。

（3）同步时分复用

双方通信过程中一直保持链路资源的独占，即使全双工通话过程中一般有 50%以上的链路空闲状态也不能被其他用户话音数据所占用。因此，该方式能够保证话音数据的快速传递，支持实时的、交互的通信，但链路利用率低，而且只能以固定分配带宽的形式，提供 64kbit/s 的传输速率。

图 3-2 给出了电路交换过程中同步时分复用的传输过程。在一个传输周期内以帧为基本数据单位，每帧被划分成多个等长的小时间片用来传输不同的用户数据，这个小时间片称为时隙。时隙是同步时分复用的最小传输单元，每个时隙用来传输一路用户数据，用时隙位置来区分每一路用户数据，这样不同的用户数据就会严格按照时隙位置依次传输，并且是按照一定时间间隔周期性地出现。图 3-2 中，一帧被划分成 TS_0～TS_n 个时隙单元，分别用来传输各路用户信息，且每帧的 TS_0 时隙都对应传输 A 用户的信息，TS_i 时隙对应传输 B 用户的信息，TS_n 时隙对应传输 C 用户的信息。

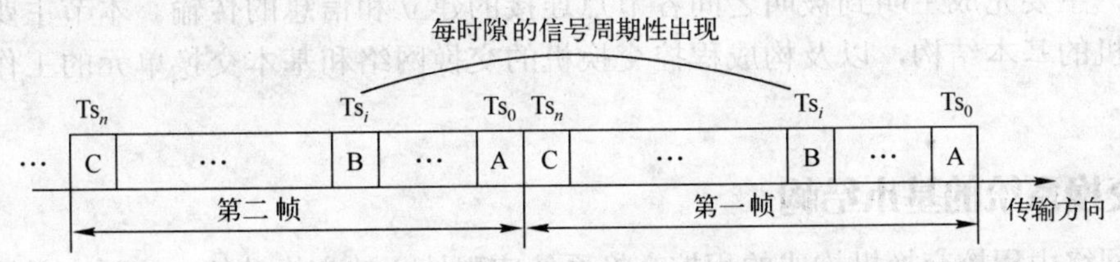

图 3-2　同步时分复用的传输过程

在电路交换系统中，话音信息在端局交换节点处进行模拟信号到数字信号的转换，最终采用脉冲编码调制（Pulse Code Modulation，PCM）以数字时分复用方式在各个交换节点中进行传输。每路用户话音信息占用一个时隙空间。时隙是电路交换传输、复用和交换的最小单位，且长度固定。PCM 脉冲编码调制的具体过程如下：首先对模拟的话音信号每隔一定时间进行抽样，根据奈奎斯特抽样定理，“一个频带限制在（0, f_H）内的时间连续信号 $m(t)$，如果以 $T_s \leqslant 1/2f_H$ 的间隔或 $f_s \geqslant 2f_H$ 频率对它进行等间隔抽样，则 $m(t)$将被所得到的抽样值完全确定”。已知话音的最高频率 f_H 为 4kHz，由此确定 PCM 的最低抽样频率 f_s 等于 $2f_H$，即 8kHz，从而实现对话音信号每秒钟抽样 8000 次；然后将每个抽样值编为 8 位的二进制码组，所以可得话音数据的基本传输速率是 64kbit/s。多路用户传输采用时分复用的方式，目前世界上流行两种 PCM 制式，一种是美国、日本等国应用的 PCM24 路一次群设备，称为 T1；另一种是西欧国家采用的 PCM30/32 路一次群设备，称为 E1，目前我国也采用 E1 制式。

E1 制式的 PCM 一次群的帧结构在 $T = 125\mu s$（即 1/8000Hz）的一个周期内共有 32 个时隙，其中有 30 个话路时隙（Ts_1～Ts_{15},Ts_{17}～Ts_{31}）用来传输 30 路用户的话音编码，另外还

有一个同步时隙 Ts_0 和一个信令时隙 Ts_{16}。每个时隙时间为 3.9μs，放置 8 位 PCM 码，基本传输速率是 64kbit/s，所以在一帧 30/32 路 PCM 时分复用系统提供的传输速率为 64kbit/s×32=2.048Mbit/s，即为一次群速率。如果信道带宽允许，则 4 个一次群信号进行二次复用，合成为 8.448Mbit/s 的二次群码率，4 个二次群复用可合成 34.368Mbit/s 的三次群码率，4 个三次群合成 139.264Mbit/s 的四次群码率。

（4）只提供透明传输，交换设备控制均较简单

电路交换过程中对话音提供透明传输，即对话音数据不作处理，交换系统不进行差错控制校验，也不进行速率、码型的变换等。

综上所述，电路交换方式的优点是保证了话音数据的实时性强、时延小、控制设备简单，通信质量有保证。缺点是只能采用同步时分复用方式，即使不传信息时也占用资源，链路资源的利用率低；每个连接带宽固定分配，因此不能适应不同传输速率的业务；通信之前预先建立连接，有一定的连接时延；对信息不能进行差错控制，不适合应用于突发性强和差错敏感的数据业务；流量控制是基于呼叫损失控制的，超过网络负荷的呼叫会因为不能建立新连接而被损失，但不影响已建立的呼叫连接。因此，电路交换技术适合于传输实时性强、恒定速率、可靠性要求不高的话音业务，主要用于电话通信网中。

3.2 数字交换网络

交换设备是通信网的核心设备。在电话通信网络中完成节点交换功能的设备是数字程控交换机，主要完成主叫到被叫之间各节点连接的建立和信息的传输。本节主要介绍数字程控交换机的基本结构，以及构成程控交换机的交换网络和基本交换单元的工作原理和连接特性。

3.2.1 交换系统的基本结构

电话网络由程控交换机构成的程控交换系统实现核心的交换功能，实质上是通过计算机的存储程序控制来实现话音的内部交换电路接续，及控制、维护管理等功能，它由信息传送子系统和控制子系统两部分组成，其基本结构如图 3-3 所示。

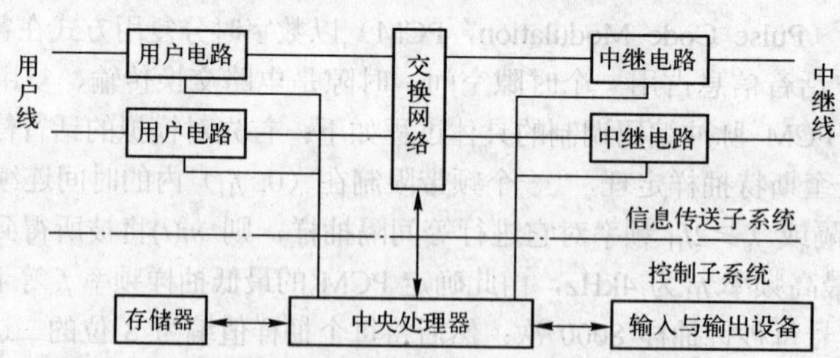

图 3-3 数字程控交换系统的基本结构框图

控制子系统是交换机的“指挥系统”，交换机的所有动作都是在控制系统的控制下完成的，控制系统完成对交换机系统全部资源的管理和控制，实时监测资源的使用和工作状态，为呼叫连接请求分配资源和建立连接等，包括存储器、中央处理器和输入输出设备等信息传

送子系统实现数据信息在交换节点内部的传输，包括交换网络以及各种用户电路模块、中继电路等各种接口设备。

交换网络是数字程控交换系统的核心，连接外围的各种模块和接口设备，主要实现在控制系统的命令下实现话音和数据在交换系统内部的传输，完成交换网络内部任意入线到出线的连接；接口设备是数字程控交换机与外部连接的接口，其功能主要是实现各种外部线路与交换网络之间的连接，完成外部信号与交换机内部信号的转换。数字程控交换机的接口设备包括模拟用户电路、数字用户电路以及模拟中继电路和数字中继电路、信令收发设备等。

本节主要介绍数字交换网络的基本结构和原理，交换系统的硬件结构部分在 3.3 节讲述。

3.2.2　交换网络的构成和分类

1．交换网络的基本概念

图 3-4 所示是交换网络的一般结构，外部由一组入线和一组出线构成。从交换网络的内部连接功能来看，实现信息的交换就是在交换网络的入线和出线之间建立连接，因此在交换系统中，交换网络就是完成这一基本功能的部件。交换网络是由若干交换单元按照一定的拓扑结构和控制方式构成的网络。交换单元是交换网络的最基本组成元素，若干交换单元按照一定的方式连接起来就可以构成各种各样的交换网络。由此可见，构成交换网络的 3 个基本要素是交换单元、不同交换单元间的拓扑连接和控制方式。

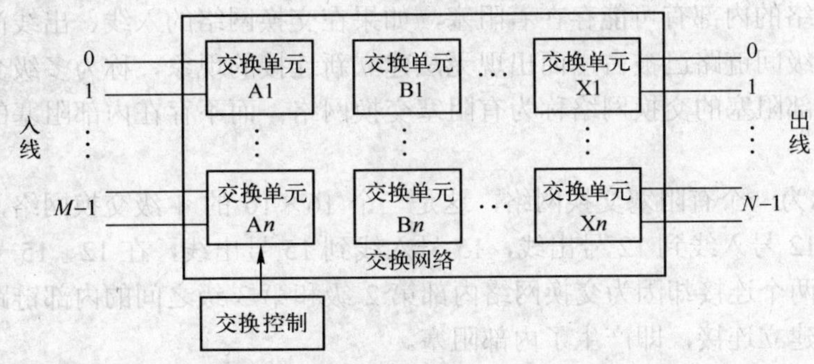

图 3-4　$M \times N$ 交换网络的一般结构

2．交换网络的分类

交换网络有多种分类方式，可主要概括为以下 3 种。

（1）按拓扑结构分类

根据拓扑结构的不同，交换网络可划分为单级交换网络和多级交换网络两种形式。单级交换网络的交换单元只有一级，即信息从交换网络的入线到出线只经过一个交换单元，并且当同一级由多个交换单元构成时，不同交换单元的入线与出线之间可建立连接，图 3-5 为 6×6 的单级交换网络的一般结构，由 A_1、A_2、A_3 三个 2×2 的交换单元构成。

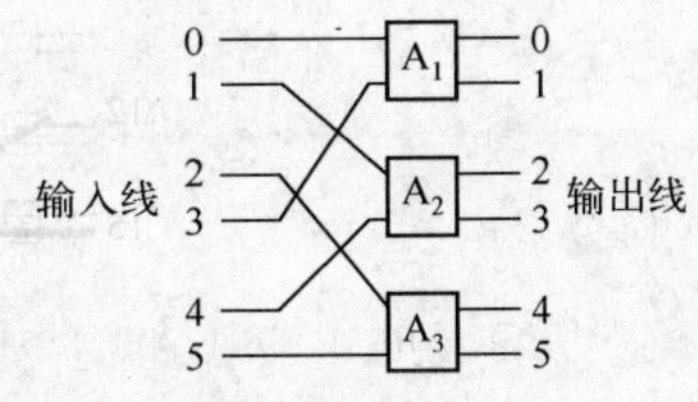

图 3-5　单级交换网络的一般结构

多级交换网络的信息输入端到输出端需要经过两个以上的交换单元。图 3-6 所示是 8×6 的三级交换网络结构示意图。如果有一个 N 级交换网络，其各级交换单元分别为第 1,2…N 级，并且满足：

1）所有交换网络的入线都只与第 1 级交换单元的入线相连；

2）所有第 1 级交换单元的出线都只与第 2 级交换单元的入线连接；

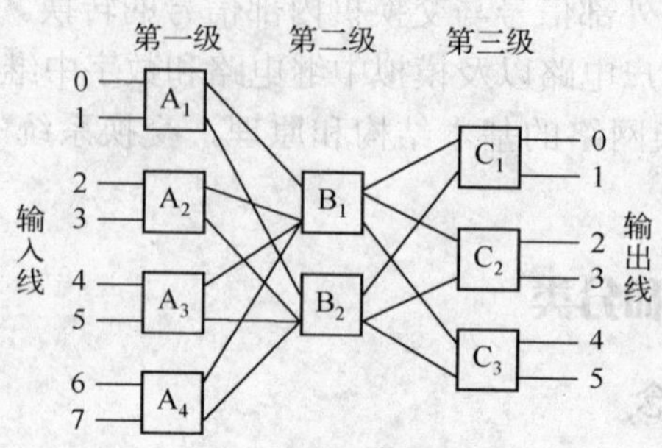

图 3-6　8×6 的三级交换网络结构

3）所有第 2 级交换单元的出线都只与第 3 级交换单元的入线连接；

4）依此类推，所有第 N-1 级交换单元的出线都只与第 N 级交换单元的入线连接；则称这样的交换网络为多级交换网络，或 N 级交换网络。

（2）按阻塞方式分类

多级交换网络的内部有可能存在着阻塞，如果在交换网络的入线、出线尚有空闲的状态下，因交换网络级间链路已被占用而出现无法建立新连接的现象，称为多级交换网络的内部阻塞。把存在内部阻塞的交换网络称为有阻塞交换网络；而不存在内部阻塞的交换网络称为无阻塞交换网络。

图 3-7 所示为一个有阻塞交换网络，这是一个 16×16 的 4 级交换网络，如果要同时建立两个新连接，12 号入线到 12 号出线，15 号入线到 15 号出线，在 12、15 号入线和出线都空闲的情况下，两个连接却因为交换网络内部第 2 级和第 3 级之间的内部链路共用而产生冲突导致无法同时建立连接，即产生了内部阻塞。

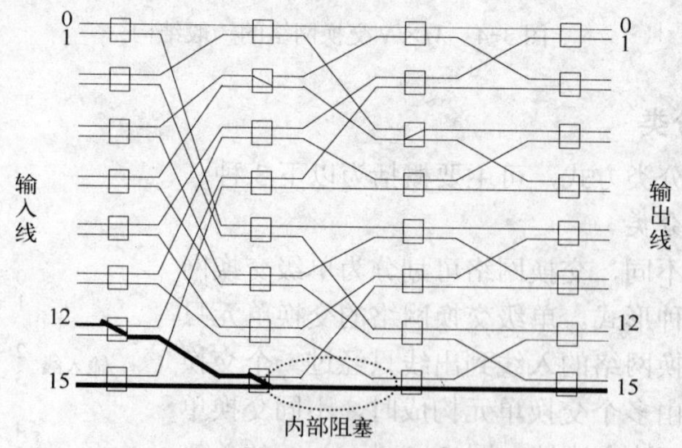

图 3-7　有阻塞交换网络

对于无阻塞交换网络，存在严格无阻塞交换网络、可重排无阻塞交换网络、广义无阻塞交换网络3种不同意义的无阻塞交换网络类型，在本章3.2.4节中将通过具体的网络实例来说明。

1）严格无阻塞交换网络：不管网络处于何种状态，只要连接的起点和终点是空闲的，在任何时刻都可以在交换网络中建立一个新连接，且不会影响网络中已存在的其他连接。

2）可重排无阻塞交换网络：不管网络处于何种状态，只要连接的起点和终点是空闲的，任何时刻都可以在交换网络中直接或间接地对已有的连接进行重新选路来建立一个新连接。

3）广义无阻塞交换网络：一个给定的网络存在着有阻塞的可能，但又存在着一种精巧的选路方法，使得所有的阻塞均可避免，而不必重新安排网络中已建立起来的连接。

（3）按复用连接方式分类

按照交换网络的复用连接方式将交换网络分为空分交换网络、时分交换网络和时分-空分结合交换网络。如果交换网络在多对入线和出线之间同时并行地建立多对连接，具有空间交换的功能，则这种交换网络就是空分交换网络，如后面介绍的CLOS、Banyan网络等；如果交换网络在入线和出线之间分时共享共用的内部链路，并进行时隙交换，则这种交换网络就是时分交换网络；而时分-空分结合交换网络同时具有空分交换和时分交换的功能，如中、大容量的程控交换机几乎都采用时空结合的交换网络结构，如TST、STS和DSN网络等。

3.2.3 交换单元

1．交换单元的基本概念

交换单元是构成交换网络最基本的组成元素，若干交换单元按照一定的拓扑结构连接起来构成交换网络，因此交换单元是实现交换功能最基本的部件。

交换单元的基本结构如图3-8所示。一个交换单元对外的特性有一组入线（可以编号为0～M）和一组出线（可以编号为0～N），还有对交换单元进行动作指令的控制端和用来查询交换单元内部连接情况的状态端。

2．交换单元的连接特性

交换功能就是通过在内部建立入线和出线的连接实现的，这个内部的连接用连接特性来表达。连接特性是交换单元的基本特性，它反映了交换单元由入线到出线的连接能力，通常用连接集合和连接函数两种方式来描述交换单元的连接特性。

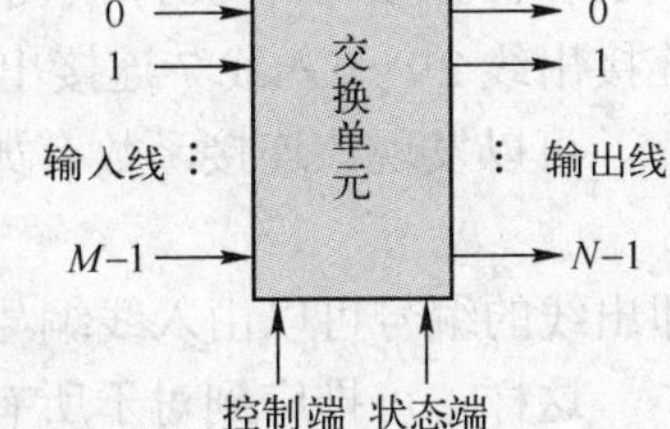

图3-8 交换单元的基本结构

（1）用连接集合方式描述

把交换单元的入线和出线用集合的形式表示为：

入线集合 $I=\{0,1,2\cdots M-1\}$；出线集合 $O=\{0,1,2\cdots N-1\}$。

如果交换单元内部存在一个连接 $c_1=\{i,o\}$，且 $i\in I$，$o\in O$，即 i 和 o 分别是入线和出线集合中的元素，则 c_1 表示点对点的一个连接，i 为连接的起点，o 为连接的终点。

如果交换单元内部存在一个连接 $c_2=\{i,O_n\}$，且 $i\in I$，O_n 是出线集合 O 的子集，即 O_n 集合中含有多条出线元素，则 c_2 表示一点到多点的一个连接，i 为连接的起点，O_n 为连接的终点集合。在点对多点的连接方式中，如果 $O_n\neq O$，则称其具有同发功能，也可称为多播或组播连接方式；若 $O_n=O$，则该交换单元具有广播功能。需要注意的是，在交换单元内部只能建立点对点或者点对多点的连接，绝对不允许建立多条入线到一条出线的连接，否则会发生出线冲突的情况。

显然，一个交换单元同时存在多个连接，可以用连接集合来表示交换单元的当前连接状态。

定义连接集合 $C=\{c_1,c_2,c_3,\cdots\}$，其中起点集合为 $I_c=\{i,i\in c_i,\ c_i\in C\}$，终点集合为 $O_c=\{o,\ o\in c_i,\ c_i\in C\}$。还可以通过交换单元的状态端查询在当前连接状态 C 的情况下，如果某条入线 $i\in I_c$，显然该入线是处于占用状态，否则就是空闲的；如果某条出线 $o\in O_c$，显然该出线是处于占用状态，否则就是空闲的。

当然，交换单元的内部连接状态是通过连接的建立和拆除不断调整的，因此一个连接集合是对应某一时刻下的，它是随时间不断变换的。可以通过状态端查询当前时刻出线和入线的占用情况，通过控制端输入命令在交换单元内部建立新连接。

（2）用连接函数方式描述

还可以把交换单元的多个连接表示为函数的映射关系，一种连接对应一个连接函数，连接函数表示相互连接的入线编号和出线编号之间的一一对应关系，即存在连接函数 f，表示入线 x 与出线 $f(x)$相连接，$0\leqslant x\leqslant M-1$，$0\leqslant f(x)\leqslant N-1$。连接函数实际上也反映了入线编号构成的数组和出线编号构成的数组之间的置换关系或排列关系，故连接函数也被称做置换函数或排列函数。

如果用 x 表示入线编号，这里用二进制编码表示，则 $f(x)$表示连接函数，即表示的是出线的编号。如图 3-9 所示的 8×8 交换单元采用均匀洗牌连接方式（典型连接的一种，取名与扑克牌洗牌时，把所有牌先分成两组，然后相互交叠，对应于交换单元的入线也分成两组后交替和出线连接），如果把入线和出线都展开成二进制编码形式，描述每个连接的映射为：$f(000)=000$，$f(001)=010$，$f(010)=100$，$f(011)=110$，$f(100)=001$，$f(101)=011$，$f(110)=101$，$f(111)=111$，即入线 0 连接出线 0，入线 1 连接出线 2……入线 7 连接出线 7。

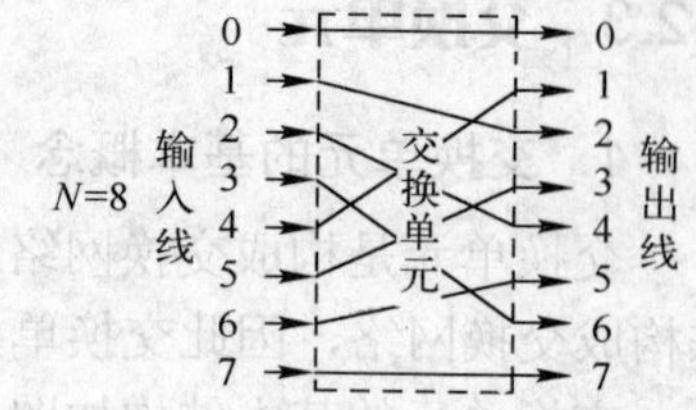

图 3-9　8×8 交换单元的基本结构

可以发现该连接函数有如下规律：

$$f(x_2\ x_1\ x_0)=x_1\ x_0\ x_2 \tag{3-1}$$

即出线的编号可以由入线编号循环左移一位构成。

这样，可推广到对于所有 $N\times N$ 均匀洗牌连接方式的交换单元，即

$$f(x_{n-1}x_{n-2}\cdots x_k\ \cdots\ x_1x_0)=x_{n-2}\ \cdots\ x_k\ \cdots\ x_1x_0\ x_{n-1} \tag{3-2}$$

当然，除了以上分析的均匀洗牌连接方式之外，交换单元还有直线连接、交叉连接、蝶式连接等多种连接方式，它们都可以用连接函数方式来表达，这里不再赘述。

3. 交换单元的交换方式

交换单元按照交换方式可分为空分交换单元与时分交换单元。

（1）空分交换单元

空分交换单元也称为空间交换单元，它是由空间上分离的多个小的交换部件或开关部件及控制信号器件按照一定的规律连接构成的，主要用来实现多条输入线与多条输出线之间信

号的空间交换，而不改变原信号的时隙位置。典型的空分交换单元有开关阵列和 S 接线器。下面分别介绍它们的内部结构、工作原理、控制方式和特点。

1）开关阵列。

① 开关阵列的结构。开关阵列的结构非常简单，在每条入线和每条出线之间都接上一个开关，由控制端口控制各开关的断开和接通，即当某条入线和出线的开关处于接通状态时则建立连接，开关断开时则连接断开。这样，所有开关就构成了交换单元内部的开关阵列，从而实现任意入线和任意出线之间的连接，如图 3-10 所示。

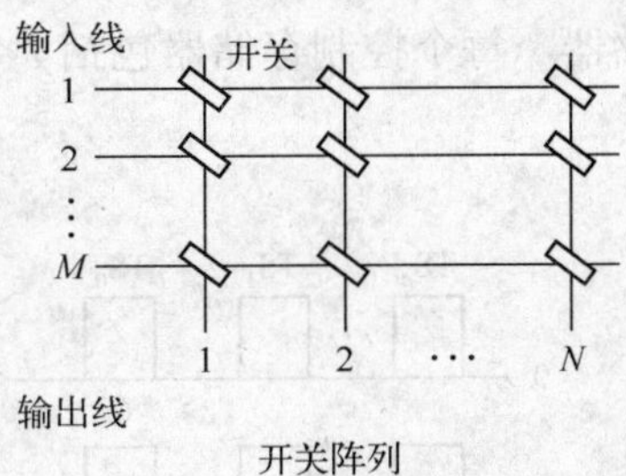

图 3-10 M×N 开关阵列的基本结构

② 开关阵列的特点。开关阵列具有如下特点：

- 开关控制简单，从入线到出线具有均匀的单位延迟时间。信息从任意入线到任意出线都经过同样的开关，因此延迟时间相同。
- 开关阵列适合于构成较小的交换单元，如果交换单元的规模比较大，随之交叉点数会很多，相应的控制开关数就多，导致设备的成本和控制的复杂程度增加，实现困难。
- 交换单元的性能依赖于所使用的开关的材料特性。在实际使用中，一般有继电器、模拟电子开关和数字电子开关 3 种。继电器属于传统的开关设备，它的操作动作慢、体积大、噪声干扰大；模拟电子开关弥补了这些缺点，但其优势有限，由于它的衰耗和延时仍比较大，更多地被数字电子开关所取代；数字电子开关由简单的逻辑门构成，开关动作快，对信号交换没有损失，因此得到广泛的应用。
- 控制信号简单。开关阵列的每个交叉点开关都有一个控制端和状态端，通过控制端输入控制命令，从状态端查询开关当前的通断状态。
- 容易实现同发和广播功能。如果一条入线上的信息要同时交换到多条出线上，只要把该入线与对应出线相连的开关接通即可，从而实现了同发和广播功能；并且还要控制同一条出线在同一时刻不能有多于一个开关处于接通状态的情况，否则会产生出线冲突。

2）S 接线器。空间接线器（Space Switch）简称为 S 单元或 S 接线器，用来实现多条输入复用线与多条输出复用线之间同一时隙内容的空间交换，即交换了信息所在的不同的入线和出线，而其所在的时隙位置并不发生变化。

① S 接线器的基本结构。S 接线器是由交叉点矩阵和控制存储器（Control Memory，CM）构成的，交叉点矩阵就是开关阵列，控制存储器是用于控制每条输入复用线与输出复用线上的各个交叉点开关在何时闭合或打开，从而实现由入线到出线的连接建立和释放，其中，控制数据是由交换机的 CPU 在呼叫连接建立过程中写入表格中的。S 接线器的一般结构如图 3-11 所示。

S 接线器包括 M 条输入复用线和 N 条输出复用线（每条入线和出线都复用了多个时隙）以及它们交叉连接的 $M\times N$ 个开关阵列和控制存储器。因为控制存储器的内容包含了任一条输入线上某个时隙的数据被交换到输出线的地址，因此控制存储器的个数与输入线或者输出线的个数匹配；控制存储器的单元数匹配于输入线或者输出线的时隙个数；控制存储器的每个单元的最小容量取决于输入线或者输出线的个数，具体是取决于输入线还是输出线由S接线器的控制方式来决定。

② S接线器的控制方式。S接线器有两种控制方式，分别为输出控制方式和输入控制方式。输入控制方式是指控制存储器按照输入复用线进行配置，控制存储器的个数与输入线的条数对应，控制存储器的单元数与输入线的复用时隙个数对应；控制存储器的每个单元存放了该条输入复用线对应时隙的信息数据被交换到哪条输出线的地址。因此，如果该S接线器有M条入线和N条出线，且都复用了I个时隙，则在输入控制方式下，必须配置M个控制存储器，每个控制存储器包括I个单元，每个单元的最小容量为T比特，满足$2^T \geqslant M$。

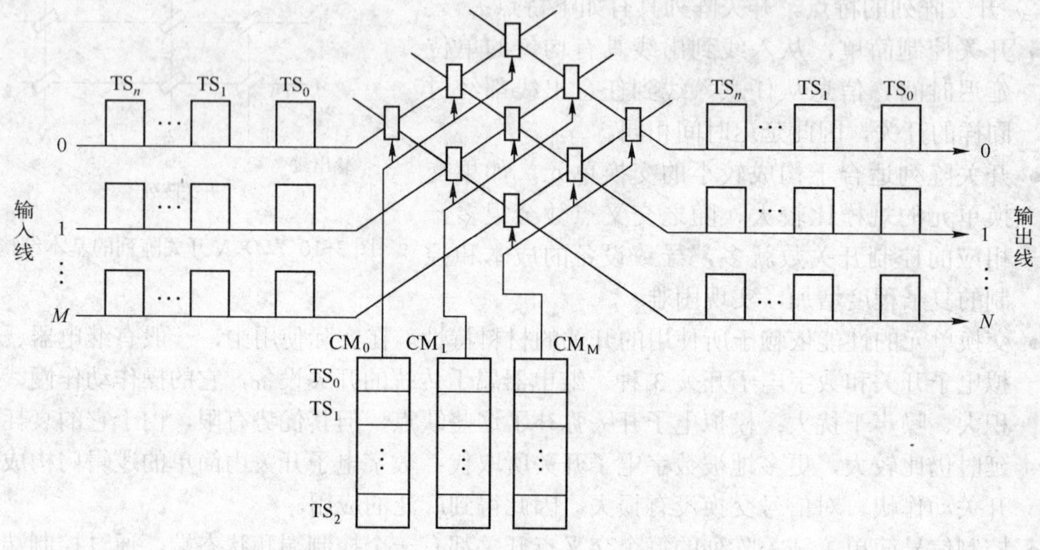

图3-11 S接线器的一般结构

同理，输出控制方式是指控制存储器按照输出复用线进行配置，控制存储器的个数与输出线的条数对应，控制存储器的单元数与输出线的复用时隙个数对应；控制存储器的每个单元存放了该条输出复用线的对应时隙的信息数据是来源于哪条输入线的时隙单元。因此，如果该S接线器有M条入线和N条出线，且都复用了I个时隙，则在输出控制方式下，必须配置N个控制存储器，每个控制存储器包括I个单元，每个单元的最小容量为X比特，满足$2^X \geqslant N$。

③ S接线器的工作原理。如图3-12所示，S接线器工作在输入控制方式下，共配置了3条入线和3条出线，它们都复用了32个时隙单元，其控制存储器按照入线数目配置了3个，每个控制存储器对应时隙数有32个单元，每个单元存放着该时隙数据被交换到哪条出线的地址，图3-12中的交换单元的内容已在连接建立时被写入了数据。如图第2条入线的数据，在TS_8时隙内，在其对应位置查找CM_2控制存储器TS_8单元内容为“2”，应该打开入线2与出线2相交叉的开关，则该数据立即被输出到第2条出线上。

同理，如图3-13所示，S接线器工作在输出控制方式下，共配置了3条入线和3条出线，它们都复用了32个时隙单元，其控制存储器按照入线数目配置了3个，每个控制存储器对应时隙数有32个单元，每个单元存放着该时隙数据是来自于哪条出线上，图3-13中的交换单元的内容已在连接建立时被写入了数据。在TS_8时隙到来时第1条出线的数据，在其

对应位置查找 CM_1 控制存储器 TS_8 单元内容为“0”，则此时应该立即打开入线 0 与出线 1 相交叉的开关，则来自 0 入线的数据立即被输出到第 1 条出线上。

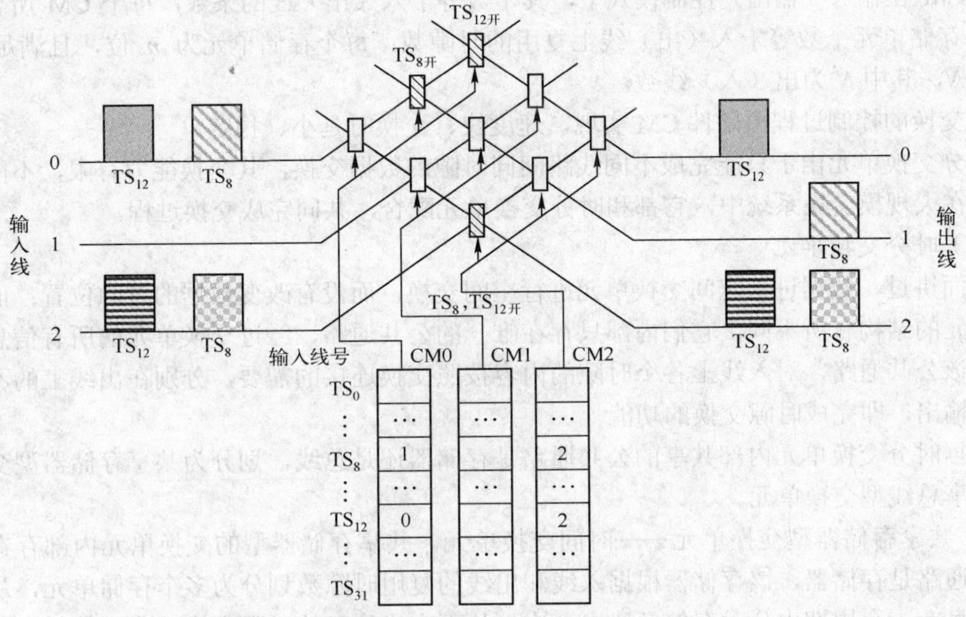

图 3-12　S 接线器在输入控制方式下的交换过程

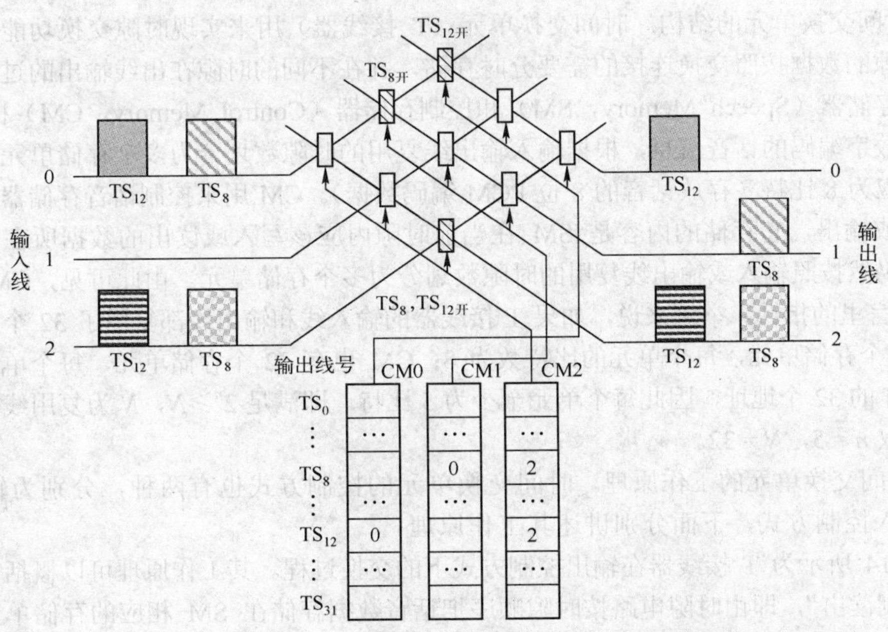

图 3-13　S 接线器在输出控制方式下的交换过程

④ S 接线器的特点。S 接线器具有以下几个特点：

- S 接线器只在同一时隙下完成空间交换，即实现不同输入线到不同输出线之间的数据传输，而不能改变传输的时隙。

- 控制存储器按照时分复用方式工作，即由其单元内容控制会当前时隙下的对应输入和输出复用线的交叉开关的连接和断开。
- CM 在输入（输出）控制模式下，其个数等于入（出）线的条数，每个 CM 所含有的存储单元个数等于入（出）线上复用的时隙数；每个存储单元为 n 位，且满足 $2^n \geq N$，其中 N 为出（入）线数。
- 交换的控制过程由硬件 CM 实现，速度快、交换时延小、稳定。

空分交换单元由于只能完成不同线路间同时隙的数据交换，其交换能力有限，不能单独使用，在大规模交换系统中，它都和时分交换单元配合，共同完成交换过程。

（2）时分交换单元

前面讲过，数据进入空间交换单元进行空间交换，而没有改变数据的时隙位置；而时分交换单元的结构有所不同，它们内部只存在唯一的公共通路，经过交换单元的所有信息都分时共享该公共通路，对入线上各个时隙的内容按照交换连接的需要，分别在出线上的不同时隙位置输出，即完成时隙交换的功能。

根据时分交换单元内部共享的公共通路是存储器还是总线，划分为共享存储器型交换单元和共享总线型交换单元。

1）共享存储器型交换单元——时间交换单元。共享存储器型的交换单元内部存在唯一的公共通路是存储器，该存储器根据入线和出线的复用时隙数划分为多个存储单元，从入线来的信息在一个周期内分时存储及读出一次，从而完成信息的时隙交换。典型的共享存储器型的交换单元为时间交换单元（Time Switch），简称 T 接线器。

① 时间交换单元的结构。时间交换单元（T 接线器）用来实现时隙交换功能，即入线上各个时隙的数据按照交换连接的需要分时存储，并在不同的时隙在出线输出的过程。它主要由话音存储器（Speech Memory，SM）和控制存储器（Control Memory，CM）构成。SM 用来暂存数字编码的话音信息，根据输入输出线复用的时隙数划分为多个存储单元，且每个单元至少应为 8 比特（存放话音的 8 位 PCM 编码数据）。CM 用来控制话音存储器各单元内容的输入或输出，它存储的内容是 SM 在当前时隙内应该写入或读出的数据所在的单元地址，所以仍然按照输入或输出线复用的时隙数划分为多个存储单元。由此可见，CM 的功能很像 C 语言里的指针。举例来说，如果 T 接线器的输入线和输出线都复用了 32 个时隙，则 SM 有 32 个存储单元，每个单元的比特数为 8；CM 也有 32 个存储单元，每个单元分别存放指示 SM 的 32 个地址，因此每个单元至少为 5 比特，即满足 $2^n \geq N$，N 为复用线上的时隙数，这里取 $n=5$，$N=32$。

② 时间交换单元的工作原理。时间交换单元的控制方式也有两种，分别为输出控制方式和输入控制方式，下面分别讲述其工作原理。

图 3-14 所示为 T 接线器在输出控制方式下的交换过程。其工作原理可以概括为“顺序写入，控制读出”，即由时隙电路按时隙顺序把话音数据存储在 SM 相应的存储单元中，再由控制存储器在当前输出时隙对应的存储单元中提取话音存储单元的地址，从而决定输出话音存储器的哪个单元的内容。图中，在 TS_q 时刻到来时话音 a 被存储在 SM 的 TS_q 单元中，在 TS_p 时隙由 CM 的 TS_p 单元的内容“q”来指示输出 SM 的 TS_q 时隙单元的话音数据 a，从而完成话音 a 从入线 TS_q 时隙到出线 TS_p 时隙的交换。如果时隙 $TS_p > TS_q$，则在当前这个周期 TS_p 时隙就可以输出话音数据 a；反之，如果时隙 $TS_p < TS_q$，则需要等待到下个周期

的 TS_p 时隙才可以输出话音数据 a。

可以发现，对话音数据如何被交换起决定作用的是控制存储器的单元中的内容，该内容是在呼叫建立时由控制程序写入的，在呼叫持续阶段，该内容一直保持不变。

图 3-15 所示为 T 接线器在输入控制方式下的交换过程。其工作原理可以概括为“控制写入，顺序读出”。与输出控制方式不同的是，输入复用线的某个时隙的话音数据不是按时序顺序被写入在 SM 中的存储单元的，而是由 CM 在该时隙单元的内容——SM 的地址信息来决定话音被存储在 SM 中的哪个存储单元，再由时钟电路按时隙顺序依次输出 SM 相应的存储内容即可完成交换过程。图中，在 TS_q 时刻话音数据 a 到来时根据 CM 的 TS_q 单元的内容“p”来指示 a 要写入到 SM 的 TS_p 时隙单元进行存储，然后等到 TS_p 时隙到来时，SM 中对应单元的话音数据 a 被输出到出线上，从而完成了话音 a 从入线 TS_q 时隙到出线 TS_p 时隙的交换。如果时隙 $TS_p > TS_q$，则在当前这个周期 TS_p 时隙就可以输出话音数据 a；反之如果时隙 $TS_p < TS_q$，则需要等待到下个周期的 TS_p 时隙才可以输出话音数据 a。完成该数据时隙交换起决定作用的仍是控制存储器的单元内容，该内容是在呼叫建立时由控制程序写入的，并在呼叫持续阶段一直保持不变。

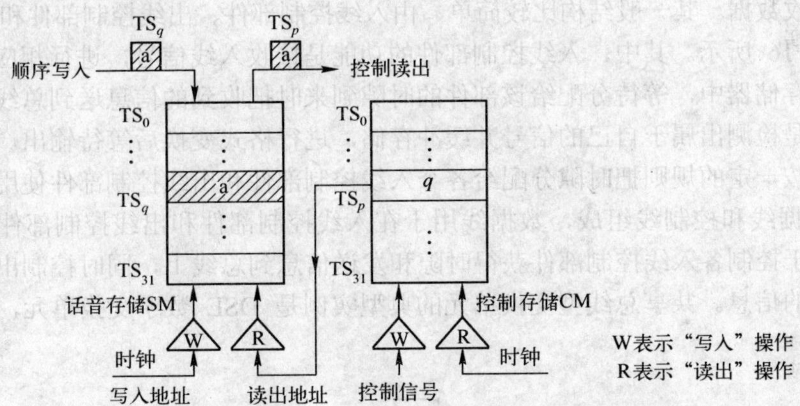

图 3-14　T 接线器在输出控制方式下的交换过程

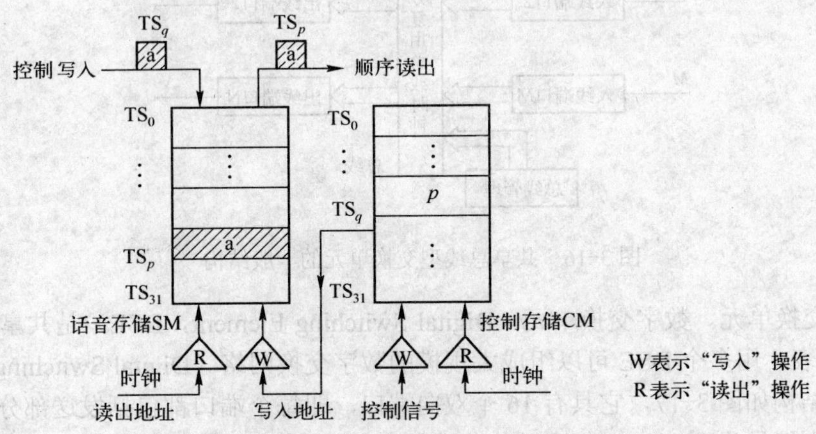

图 3-15　T 接线器在输入控制方式下的交换过程

③ 时间交换单元的特点。时间交换单元具有如下特点：

- 基于时分交换，实现信号从输入复用线到输出复用线的时隙交换。
- SM 划分为 N 个存储单元，每个单元 8 比特，存放一个话音数据。
- 交换的控制过程由硬件 CM 实现，速度快。
- 建立连接时实现严格无阻塞交换，可避免出线冲突。
- 用于交换同步时分复用的信号，速率（带宽）固定为 64kbit/s。
- CM 在一个时隙内至少完成一次读操作（提取控制读出或写入的存储地址）；SM 在一个时隙内完成一次读操作（话音数据输出）和一次写操作（话音数据存储）。
- 交换信息的过程存在着时延。时延最小的情况是在 TS_i 时隙时由入线上来的信息被立即交换到出线的 TS_i 时隙输出，这时没有延时；时延最大的情况是在 TS_i 时隙时由入线上来的信息需要交换到 TS_{i-1} 时隙输出，那么需要等到时序电路在下一个周期的 TS_{i-1} 时隙才能输出，这时相当于延时 $N-1$ 个时隙（N 是输入输出线复用的时隙数）。

2）共享总线型交换单元。

① 共享总线型交换单元的一般结构。共享总线型交换单元通常将输入/输出数据缓存在入线和出线的存储单元中，再通过内部公共的总线信道，提供所有入线和出线之间的连接，进行转发和接收数据。其一般结构比较简单，由入线控制部件、出线控制部件和总线 3 部分组成，如图 3-16 所示。其中，入线控制部件的功能是接收入线信号，进行相应的信号格式变换并缓存在存储器中，等待分配给该部件的时隙到来时把收到的信息送到总线上。出线控制部件的功能是检测出属于自己的信号并缓冲存储，进行格式变换后等待输出。总线划分成多个时隙，并按一定的规则把时隙分配给各个入线控制部件和出线控制部件使用传递信号。总线由多条数据线和控制线组成，数据线用于在入线控制部件和出线控制部件之间传递信号；控制线用于控制各入线控制部件获得时隙和发送信息到总线上，同时控制出线控制部件读取属于自己的信息。共享总线型交换单元的典型实例是 DSE 数字交换单元，下面重点介绍其工作原理。

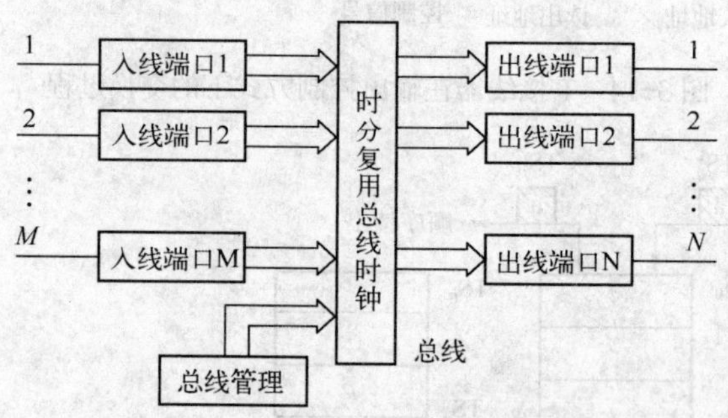

图 3-16　共享总线型交换单元的一般结构

② 数字交换单元。数字交换单元（Digital Switching Element，DSE）是共享总线型交换单元的典型代表，用多个 DSE 可以组成大规模的数字交换网络（Digital Switching Network，DSN）。DSE 结构如图 3-17，它具有 16 个双向端口，即每个端口都包括发送部分 TX 和接收部分 RX（分别编号为 0～15），每个端口都连接一条速率为 4096kbit/s 的双向 PCM 时分复用总线，PCM 复用了 32 个时隙，每个时隙 3.9μs，传输 16 位信息（包括 8 位的用户话音/数据信息和 8 位用于选路的控制信息，把这 16 位的信息称为信道字，DSE 根据从 PCM 链路接

收到的信道字进行工作），所以一条 PCM 线路的速率为 8000×16×32=4096kbit/s，其中 8000 为一帧的抽样速率，通过它可以实现 16 个端口之间 32 个时隙中的任何时隙的交换。

接收部分 RX 由输入同步器、端口存储器与信道存储器 3 个部分组成；发送部分 TX 由话音存储器、端口比较器与发送控制器 3 个部分构成，如图 3-17 所示。RX 的输入同步器用于完成输入信息的帧同步和位同步；端口存储器有 32 个单元，每个单元与该 RX 上入线的 32 个时隙相对应，用来存储和按时序顺序转发目的端口地址，每个单元大小为 4 位（目的端口有 16 个）；信道存储器有 32 个单元，用来存储和按时序转发目的信道地址，每个单元大小为 5 位。TX 话音存储器有 32 个单元，每个单元与该 TX 上入线的 32 个时隙相对应，用来存储 TX 上 PCM 线路相应时隙所要输出的数据，每个单元大小为 16 位；端口比较器将端口地址总线上的端口号与本端口号相比较，以确定数据总线上的数据是否属于本端口当两者匹配时将数据存入话音存储器的对应单元。发送控制器用于 TX 内部控制。

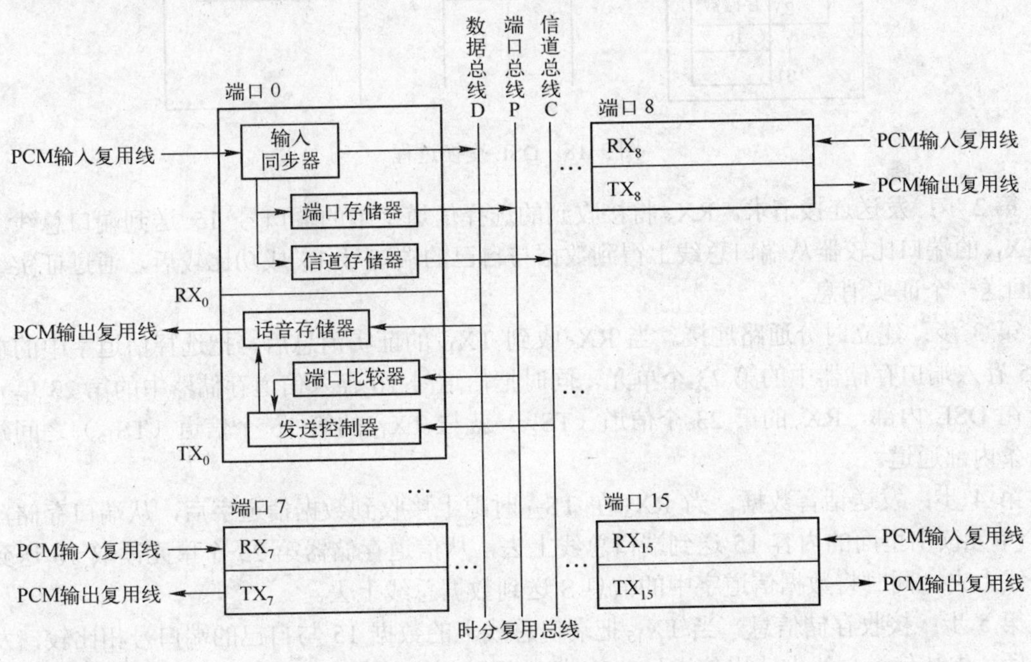

图 3-17　DSE 的一般结构

DSE 中的复用总线主要有数据总线、端口地址总线和信道地址总线 3 种。数据总线用来传输 PCM 线路相应时隙所要输出的 16 位数据，它与 TX 的话音存储器和 RX 的输入同步器相连；端口地址总线与 TX 的端口比较器、RX 的端口存储器连接，传输 4 位端口信息；信道地址总线连接 TX 的发送控制器和 RX 的信道存储器，用来传输 5 位信道信息。总线还包括控制总线、证实线、返回信道总线和时钟线。这样，16 个交换端口在时钟操作下，分时将流入的 PCM 数据和接收端口标识放在总线上，与标识匹配的端口接收数据、缓存，随后经 TX 转送给下一级。

下面通过一个实例说明 DSE 的交换过程。假设入线 5 的 TS_{23} 时隙的信息 S 要交换到出线 15 的第 TS_{16} 时隙上输出，如图 3-18 所示，其过程如下：

第 1 步：接收目的端口和信道的地址。当 RX_5 的 TS_{23} 时隙处于空闲状态的时候，从 PCM

链路 TS_{23} 上收到选择信道字，其中包含了该信道上的信息要交换到的目的地址，即端口 15 的 TS_{26} 时隙。

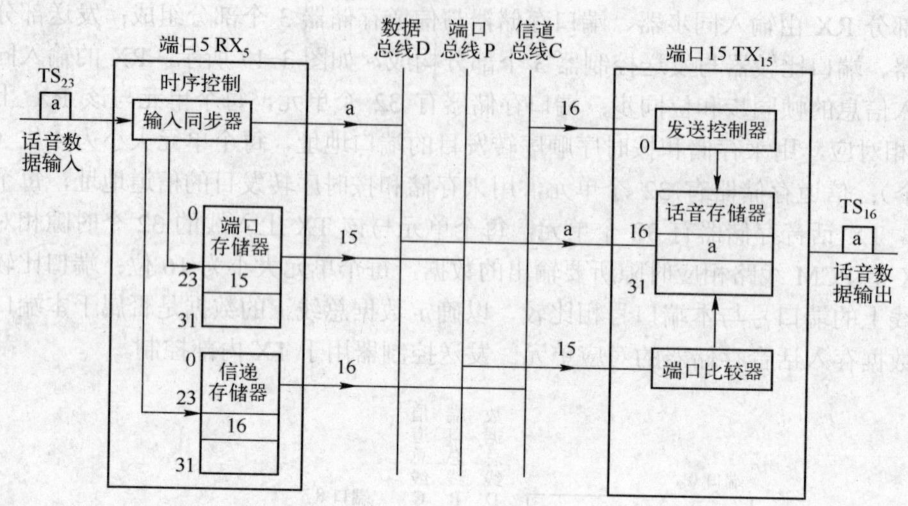

图 3-18 DSE 交换过程

第 2 步：发送连接请求。RX_5 将接收到的选择信道字中的端口号 15 送到端口总线上，当 TX_{15} 的端口比较器从端口总线上得到数据与自己的端口号 15 成功比较后，通过证实线向 RX 回送一个证实消息。

第 3 步：建立时分通路连接。当 RX_5 收到 TX_{15} 的证实消息后，把选择信道字中的端口号 15 存入端口存储器中的第 23 个单元，同时把信道号 16 存入信道存储器中的第 23 单元。这样在 DSE 内部，RX_5 的第 23 个信道（TS_{23}）就与 TX_{15} 的第 16 个信道（TS_{16}）之间建立了一条内部通道。

第 4 步：发送话音数据。当 RX_5 在 TS_{23} 时隙上接收到数据信道字后，从端口存储器第 23 个单元读出里面的内容 15 送到端口总线上去，从信道存储器第 23 个单元读取 16 送到信道总线上去，同时将数据信道字中的信息 S 送到数据总线上去。

第 5 步：接收存储信息。当 TX_{15} 把端口总线上的数据 15 与自己的端口号相比较，发现一致后，先从信道总线上读出信道号 16，把数据总线上的信息 S 存放到话音存储器的第 16 个单元中；当 TX_{15} 上 TS_{16} 时隙到来的时候，就将话音存储器中的第 16 个单元的信息 S 放到 PCM 线上输出，从而完成交换。

第 6 步：释放连接。当信息交换完毕后，RX_5 的 TS_{23} 时隙上接收到置闲信道字后，就把该信道置为空闲，直到下次再收到选择信道字时重新建立内部通道。

综上所述，DSE 实现了不同复用线和不同时隙之间的数据交换，即它同时具有空间交换功能和时间交换功能，因此也称其为时空结合交换单元。

3.2.4 多级交换网络

作为通信网的核心设备，交换设备需要为几万至几十万个用户提供互通的连接，而对于前面讲的几种基本交换单元，由于其容量受电子器件性能的限制，并且内部控制复杂度随容量增大而急剧增加，较难实现，不能任意扩充其规模。因此，对于实际的程控交换系统，实现交换功能的部件都是由交换网络来构成的。前面已经介绍过，交换网络是由交换单元按照一定的拓扑结构扩展而成的，常用的交换网络有 CLOS、TST、DSN 和 Banyan 等基本类型，在本节中将主要介绍电话交换网中常用的 CLOS、DSN 和 TST 交换网络类型，Banyan 网络在本书第 5 章有详细的介绍。

1．CLOS 交换网络

在此思考一个问题，对于有些交换局需要构建可达几十万用户端口的大型交换系统的情况，如何通过采用一些小规模的基本交换单元级联构成并且满足能够避免内部阻塞，同时交换网络内部交叉节点所用的元件最少。

假设根据当地用户的情况需要配置 100×100 的交换机构，那么可以采用以下 3 种构造方案进行内部的结构设计。

方案一：先不考虑实现的困难性，理论上可以用 100×100 的基本开关阵列构造，这样共需开关个数 10000 个，可以实现无内部阻塞，如图 3-19 所示。这种方法所用的开关数最多，成本最高，且开关阵列实现困难。

方案二：可用 20 个 10×10 的基本交换单元，采用二级互连网络构造，这样共需开关个数 2000 个，如图 3-20 所示。

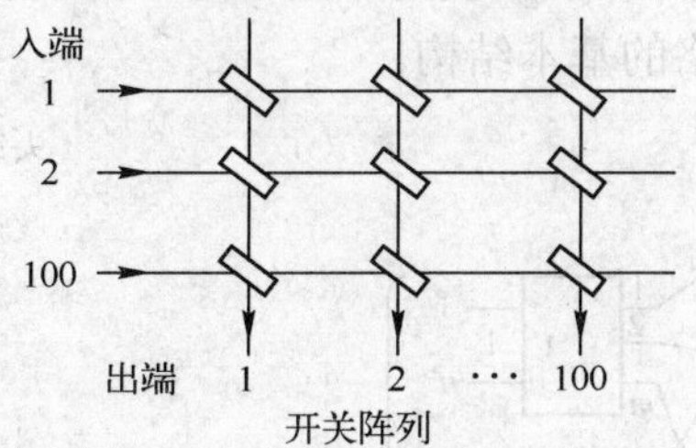

图 3-19　由开关阵列构造的 100×100 交换机构

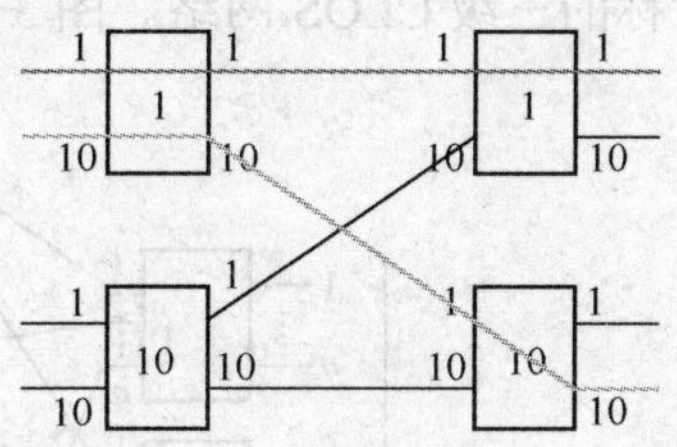

图 3-20　由基本交换单元构造的 100×100 二级交换网络

方案二相对方案一来说，大大节省了开关数量，但所生成的交换网络并不是内部无阻塞的，例如先建立第 1 级第 1 个交换单元的 1 号入线到第 2 级第 1 个交换单元的 1 号出线的连接后，同时再想建立第 1 级第 1 个交换单元的 10 号入线到第 2 级第 1 个交换单元的 10 号出线的连接，这时却遇到了内部阻塞而无法建立成功，如图 3-21 所示。

由此看来，如何既能节省交换节点的数量，又能防止产生内部阻塞呢？方案三通过增加中间级交换单元，从而增加了交换网络内部的连接路径，解决了内部阻塞问题。

方案三：采用带扩散和集中的三级互连网络构造。设计三级交换网络，第一级采用 10 个 10×19 的交换单元实现；增加 19 个 10×10 的中间级交换单元，并且第一级的每个交换单元的各条出线分别连接第二级的不同交换单元；第三级采用 10 个 19×10 的交换单元构成。在图 3-22 中可以看到，该交换网络共需要 5700 个交换节点开关，比方案一节省了节点数量，还解决了方案二同时建立 1 号入线到 1 号出线、10 号入线到 10 号出线的连接而发生阻塞的问题。这种类型的交换网络就是按照 CLOS 网络的结构来构建的。

为了设计交换机构使其具有较大规模，并使用尽量少的交换节点数量，同时能实现无内部阻塞，贝尔实验室研究员 Charles Clos 于 1953 年 4 月提出一种基于数学方法的多级结构模型，并以此命名为 CLOS 网络。CLOS 网络是以使用元件最少、代价最低、具有严格的无阻塞特性，并可以利用多级结构构造更大容量交换网络的典型代表，一般使用在大型电话交换系统中。

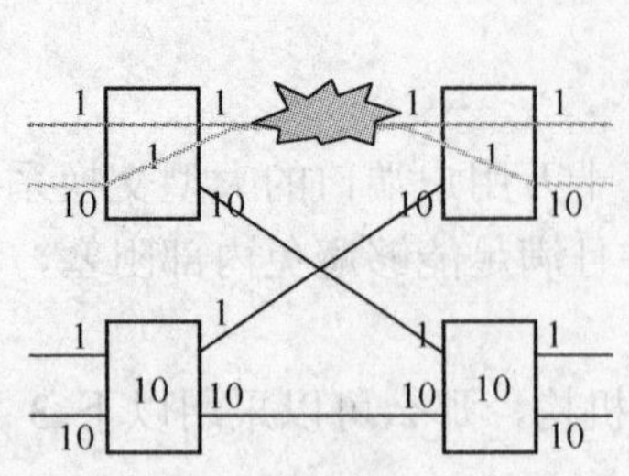

图 3-21 100×100 二级交换网络存在内部阻塞

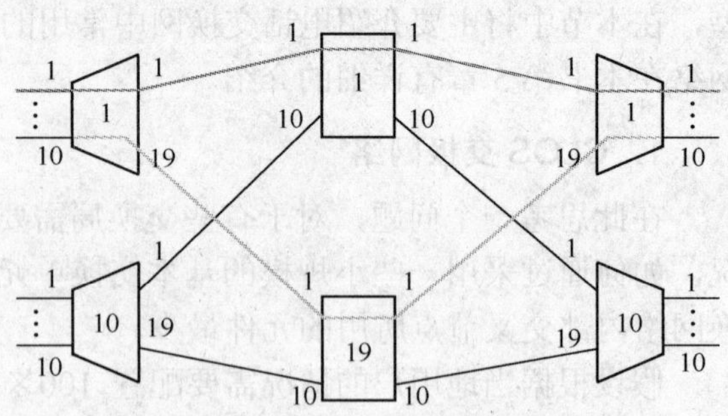

图 3-22 带扩散和集中的三级交换网络

（1）CLOS 交换网络的特征

通常所说的 CLOS 网络是指三级 CLOS 网络，更多级的 CLOS 网络可以由三级 CLOS 网络按构造条件递归扩展而成。如果 CLOS 网络的入线和出线数目相等，则称之为对称的 CLOS 网络；否则，为非对称的 CLOS 网络。对称的 CLOS 网络使用广泛，除非特别说明，一般都指对称的三级 CLOS 网络。图 3-23 是 CLOS 网络的基本结构。

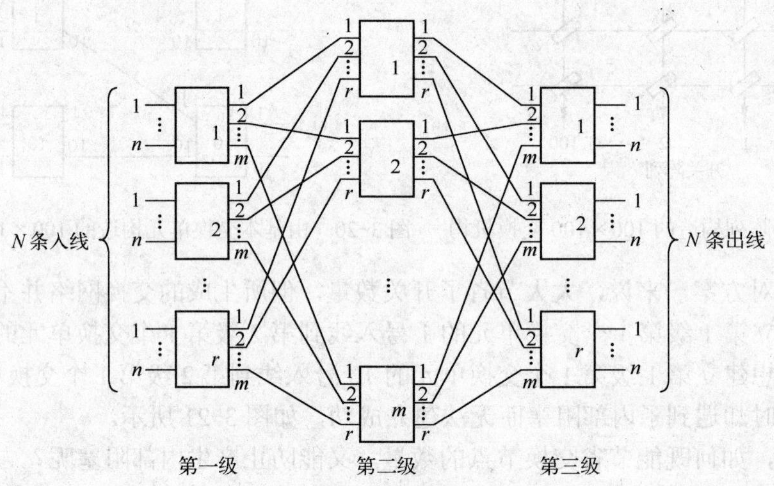

图 3-23 CLOS 网络的基本结构

CLOS 网络的入线 N 被划分为 r 组，每组有 n 条入线，即 $N=r\times n$。第一级共有 r 个 $n\times m$ 的交换单元；第二级恰好有 m 个 $r\times r$ 的交换单元，第一级的每一个交换单元的 m 条出线分别连接到第二级中的 m 个交换单元，同时第二级的每一个交换单元共有 r 条输入线，分别来自于第一级的各个交换单元的一条出线；第三级交换单元是 $m\times n$ 规模的，共有 r 个，第二级每个交换单元的 r 条出线分别连接到这第三级的 r 个交换单元。可以看出，CLOS 网络的每一个交换单元都和下一级的各个交换单元有连接且只有一条连接链路。

由此可以概括出 CLOS 网络具备如下条件：假设 $N\times N$ 的 CLOS 网络的第 K 级交换单元的个数为 n_k，K 级每个交换单元的输入线数和输出线数分别为 i_k、o_k，则

对于一个 $N\times N$ 的三级 CLOS 网络，有下列关系存在：

第一级交换单元：$n_1=N/i_1$，$o_1=n_2$。

第二级交换单元：$i_2=n_1$，$o_2=n_3$。

第三级交换单元：$i_3=n_2$，$n_3=N/o_3$。

可以推广到 $N\times N$ 的 K 级 CLOS 网络，存在任一级交换单元的出线数目和下一级交换单元的个数相等；任一级交换单元的入线数目和上一级交换单元的个数相等，即

$$n_1=N/i_1,\ o_k=n_{k+1},\ i_k=n_{k-1},\ n_k=N/o_k。$$

因此，按照上面的 CLOS 网络原则，可以构造出三级无阻塞网络。网络中的每一个节点又可以用 CLOS 网络实现，这样可以递归构造出更大规模的 CLOS 交换网络。

（2）3 级 CLOS 网络的无阻塞条件

CLOS 网络构造的独特构造保证其满足交换网络严格无阻塞条件，即任意入线到任意出线在任何情况下都可连接。下面对 CLOS 网络的无阻塞条件进行分析。

对于三级对称 $N\times N$ 的 CLOS 网络，且 $i_1=o_3=n$，其严格无阻塞的充要条件是第二级交换单元个数

$$n_2\geqslant(n-1)+(n-1)+1=2n-1$$

在图 3-24 中，如果要确立一条从第一级交换单元 i 的入线 a 到第三级交换单元 j 的出线 b 的信息交换通路，那么中间节点连接的线路占用最极限的情况如下：第一级 a 入线所在的那个交换单元的另外 $n-1$ 条入线也都在传输信息，它们已经占用了 $n-1$ 条出线及与其相连的第二级 $n-1$ 个不同的交换单元；而第三级 b 出线所在的那个交换单元的另外 $n-1$ 条出线也都在输出信息，且它们已经占用了 $n-1$ 条入线，因此与其相连的第二级还需要占用 $n-1$ 个交换单元，考虑到极限的情况，即这次占用的 $n-1$ 个交换单元与第一级占用的 $n-1$ 个完全不同，另外的 $n-1$ 个不同的交换单元。这时，为了确保链路无阻塞，完成 a 到 b 的信息交换，中间节点至少还存在一条空闲链路，则第二级至少要有$(n-1)+(n-1)+1=2n-1$ 个交换单元，由此得出 CLOS 网络的严格无阻塞条件。

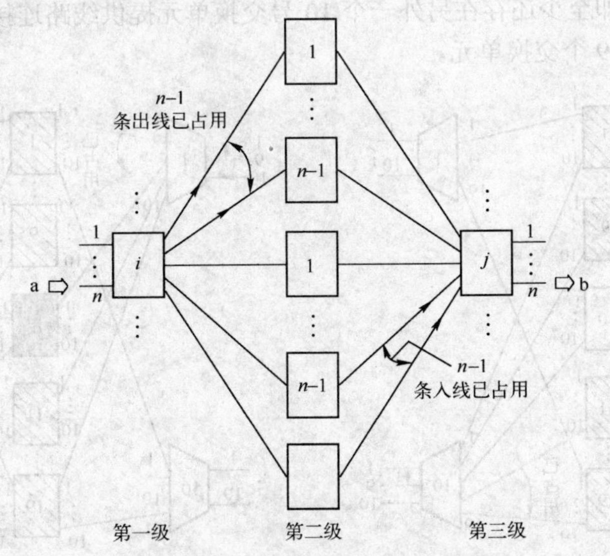

图 3-24 CLOS 网络的无阻塞条件证明

下面用一个实际的例子来让读者更好地理解这个证明。对于 100×100 的 CLOS 网络，如何使用最少的中间级交换单元的个数来满足实现严格无阻塞条件。图 3-25 给出了 100×100 的 CLOS 网络的基本结构。

若想建立第一级 1 号交换单元的 10 号入线到第三级 10 号交换单元的 10 号出线的连接，则考虑到中间节点线路占用极限的情况如下：

1）假设 10 号入线所在的交换单元的 9 条入线都连接，占用 9 个中间级 1～9 号的交换单元的 9 条入线，如图 3-26 所示已占用第二级 9 个交换单元。

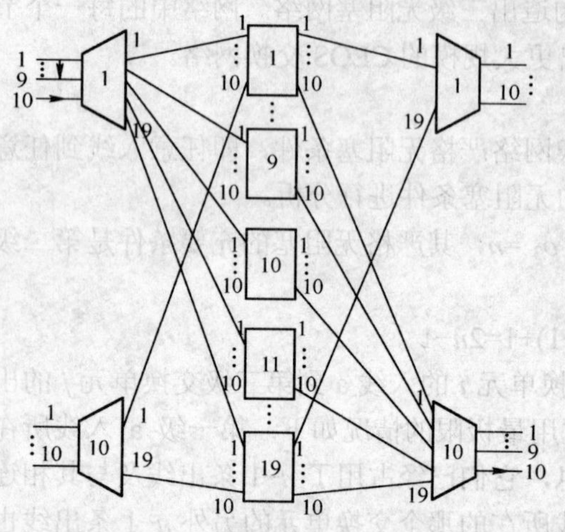

图 3-25　100×100 的 CLOS 网络的基本结构

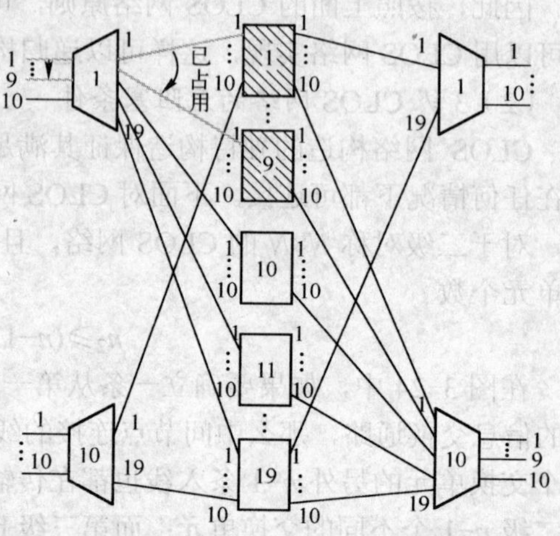

图 3-26　已占用第二级 9 个交换单元

2）再假设第三级 10 号交换单元的 9 条出线都已连接，极限情况下占用另 11～19 号交换单元 9 个中间级的 9 条出线，如图 3-27 所示已占用(10－1)＋(10－1)=18 个交换单元。

3）这时要建立 10 号入线到 10 号出线的连接而无内部阻塞，必须要求中间节点至少还存在一条空闲链路，即至少还存在另外一个 10 号交换单元提供线路连接，如图 3-28 所示现已占用第二级 18+1=19 个交换单元。

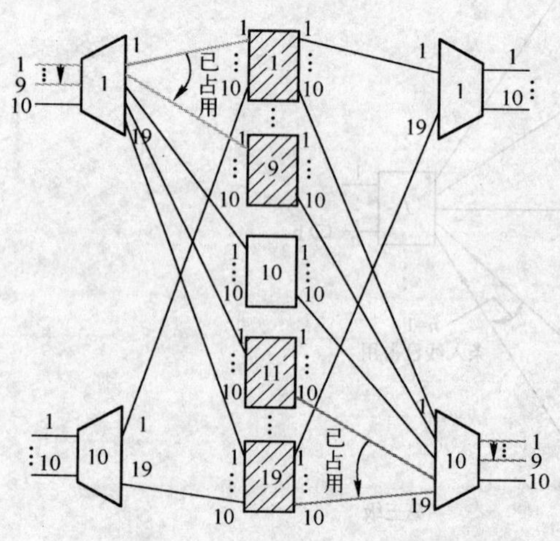

图 3-27　已占用第二级 18 个交换单元

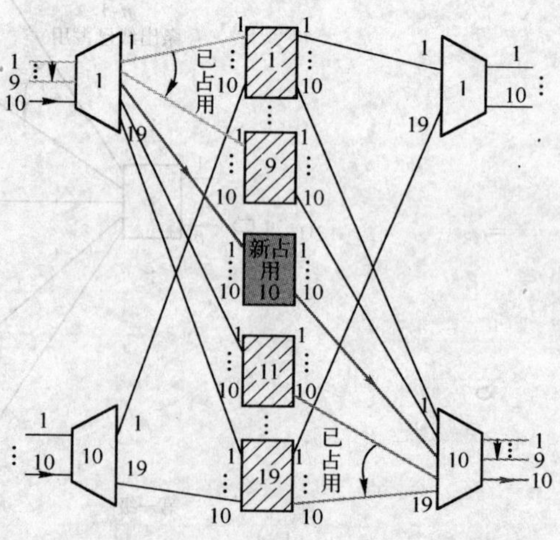

图 3-28　已占用第二级 19 个交换单元

4）由此可得到该交换网络无阻塞的条件是第二级交换单元数至少为(10 − 1) + (10 − 1) + 1 = 19 个。

同理，对于一般的 CLOS 网络的严格无阻塞的充要条件是第二级交换单元个数 $n_2 \geqslant (i_1-1)+(o_3-1)+1 = i_1+o_3-1$。

（3）CLOS 网络的可重排无阻塞条件

CLOS 网络的可重排无阻塞条件比严格无阻塞条件所需的中间级交换单元的数量少。可重排无阻塞网络是指不管网络处于何种状态，任何时刻都可以在交换网络中直接或间接地对已有的连接重新选路来建立一个新连接，只要这个连接的起点、终点处于空闲状态即可，而不会影响已建立起来的连接。

如图 3-29 所示，该 CLOS 没有满足严格无阻塞条件。假设在某一时刻，入线 1 到出线 4 的连接经过路径 C_1，入线 3 到出线 1 的连接经过了路径 C_2，那么在这个时刻，假设要建立入线 2 到出线 2 的连接以及从入线 4 到出线 3 的新连接，因为同样要经过路径 C_1 和 C_2 的中间部分，会发生阻塞，尽管相应入线和出线都是空闲的也导致无法建立新连接。

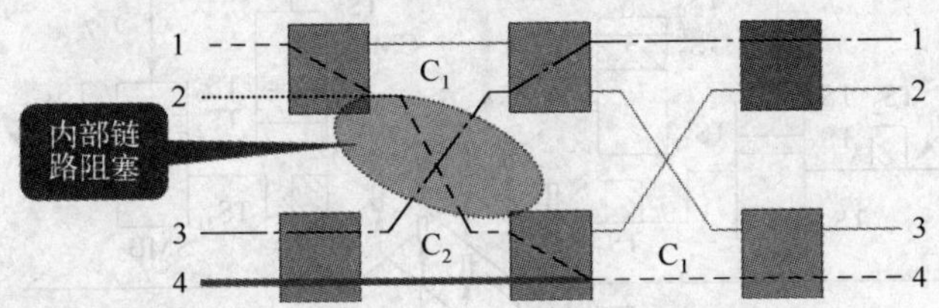

图 3-29 CLOS 网络遇到了内部阻塞

但是可以通过重新调整入线 3 到出线 1 的内部连接，从图 3-29 中的路径 C_2 变成路径 CC_2，如图 3-30 所示。这样的网络就是可重排无阻塞 CLOS 网络，它可对已有路径进行重排使得有阻塞的 CLOS 网络成为无阻塞的网络。

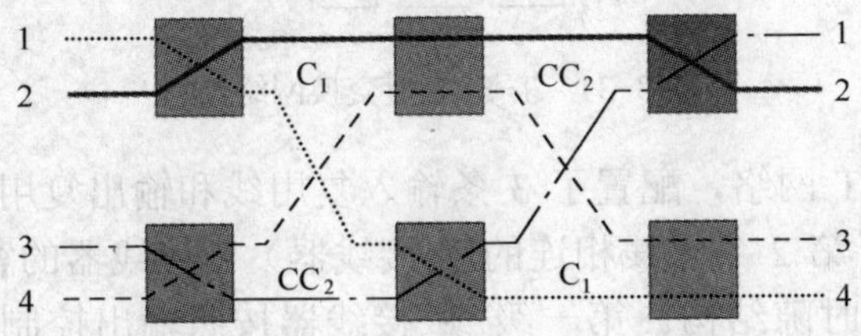

图 3-30 可重排无阻塞 CLOS 网络

设 $i_1=o_3=n$，Slepian-Duguid 定理给出了对称三级 CLOS 网络可重排无阻塞的条件是第二级交换单元的个数 $n_2 \geqslant n$。对于三级 CLOS 交换网络，也可以通过增加中间级交换单元的数量来增加内部通路数，减少内部竞争。

2. TST 交换网络

TST 交换网络是在电路交换系统中经常使用的一种交换网络类型，主要由 T 接线器和 S 接线器级联而成。因为在大型程控交换机中，随着用户规模的扩大，对交换网络的容量也有比较大的需求，只靠单独的 T 接线器或 S 接线器是不能实现的，因此将它们组合起来构成交换网络，常见的数字交换网络类型有 T-T、T-T-T、T-S-T、S-T-S、T-S-S-T、T-S-S-S-T

和 T-S-S-S-S-T 等。本节主要讲解 T-S-T 型交换网络的工作原理，其他类型网络的交换过程也都大致相同。

TST 交换网络是由两个 T 级和一个 S 级组成的三级交换网络，如图 3-31 所示一个典型 TST 网络模型结构。其中第一级为 T 接线器，负责用户的发送时隙到交换网络内部的公共时隙的交换；中间一级为 S 接线器，主要由一个 $N\times N$ 的交叉接点和 N 个控制存储器来组成，完成交换网络内部传输的用户信息从一条输入侧复用线交换到规定的一条输出复用线上，S 接线器的入线和出线的数目都决定于两侧 T 接线器的数量；第三级也为 T 接线器，负责将交换网络内部的公共时隙数据传送到另一用户的接收时隙上。因此，TST 交换网络充分利用了 T 接线器成本低和无阻塞的特点，并利用 S 接线器来扩大容量，实现了任何不同复用线各时隙间信息的交换，即同时实现了空分交换和时分交换，且交换网络内部提供的公共时隙的数量决定了交换网络中能够形成的话音通路的数量。

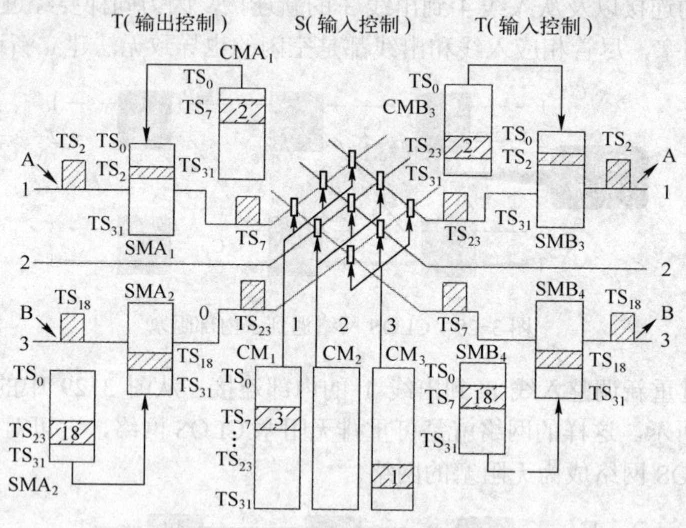

图 3-31　T-S-T 型交换网络结构

图 3-31 中的 T-S-T 网络，配置了 3 条输入复用线和输出复用线，他们分别连接 3 个 T 接线器，（图中省略了第 2 条入线相连的 T 接线器）T 接线器的容量为 32 个存储单元，对应了复用线的 32 个时隙结构。第一级 T 接线器按照输出控制方式工作，即为顺序写入、控制输出模式，其话音存储器也配置了 32 个存储单元，为 SMA_1 的 TS_0～TS_{31} 表示，控制存储器也为 32 个存储单元，分别用 CMA_1 的 TS_0～TS_{31} 表示；中间级 S 接线器的大小由两侧 T 接线器的出线数决定，为 3×3 阶矩阵，工作在输入方式下，即存储器按照输入线配置，控制存储器有 3 个，每个存储器都有 32 个存储单元，分别对应了 32 个复用时隙；最后一级 T 接线器按照输入控制方式工作，即控制写入、顺序读出模式，同理，话音存储器为 SMB 的 TS_0～TS_{31} 表示，控制存储器用为 CMB 的 TS_0～TS_{31} 表示。如果要实现用户 A 到 B 的双向通信，在交换网络传输数据前，需要选择内部时隙来进行信息的传递，因为通话时话音信息要双向传送，所以在交换网络中应建立两个方向上的两条通路，为他们选择两个内部时隙同时传输信息。为减少选路次数，简化控制，TST 交换网络内部时隙的选择一般采用内部反相法，使两个方向的内部时隙具有一定的对应关系，即正、反两个方向上的

时隙相差半帧，如果用 N_f 表示一帧的时隙数，N_a 表示从用户 A 到用户 B 方向使用的内部时隙数，则从 B 到 A 方向的内部时隙数 N_b 为

$$N_b = N_a + N_f/2$$

从图 3-31 可以看出，在用户 A 到 B 的话音传输中，第一级 T 接线器占用了 CMA_1 的 TS_7 单元存储 SMA_1 的地址"2"，即占用内部时隙"7"；而反方向从 B 到 A 话音传输中，第一级 T 接线器占用了 CMA_2 的 TS_{23} 单元存储 SMA_2 的地址"18"，即占用内部时隙"23"，符合内部时隙的反相法原则，两个时隙正好相差半帧——16 个时隙。

下面以从用户 A 到 B 传输数据为例来说明 T-S-T 交换网络内部的工作原理。按照内部时隙的分配，根据 CMA_1 TS_7 的单元的内容"2"，即在 TS_2 时隙从 1 号入线进入的 A 用户数据在第一级 T 接线器，按照输出控制模式，先写入到话音存储器 SMA_1 的 TS_2 时隙存储单元中，在时钟 TS_7 时隙到来时，再读出到 T 接线器的输出总线上；接着按照 S 交换器采用的输入控制方式，根据其控制存储器 CM_1 的 TS_7 单元内容为"3"，实现在 TS_7 时隙时 1 号入线与第三号出线进行连接，即用户 A 的话音编码内容被 S 接线器交换到第 3 号出线上；然后按照第三级 T 接线器的 CMB_4 的单元 TS_7 的内容"18"，该 T 接线器所采用的控制写入、顺序输出方式，实现将内部时隙 TS_2 输入的话音编码内容，按照 CMB_4 的 TS_7 单元的读出内容"18"作为话音存储器写入的控制地址，即将此刻输入的话音编码内容写入到话音存储器 SMB_4 的 TS_{18} 单元中，并在 TS_{18} 时隙来临时再顺序读出到出线上到达用户 B。需要注意的是，所有存储器 CM 和 SM 中的内容都是在用户 A 和 B 建立连接时写入的。同理，从用户 B 到 A 的数据交换原理与此相同，这里不再赘述。

由此可见，T-S-T 既完成了空分交换，又进行了时隙交换在目前的数字程控交换系统中应用较多。一般情况下，T-S-T 网络存在内部阻塞，但概率非常小，大概是 10^{-6}。构成 T-S-T 网络的第一级 T 接线器与第三级 T 接线器一般采用不同的控制方式，但无论采用输入控制方式，还是输出控制方式，除了操作方式不同外，本质是一样的。

3. DSN 网络

较大规模的数字程控交换机也可采用由 DSE 固定连接构成的数字交换网络（Digital Switch Network，DSN），通过时分交换和空分交换完成用户通话功能。阿尔卡特—上海贝尔有限公司生产的 S1240 数字程控电话交换系统是 DSN 交换网络应用的典型实例。下面以 S1240 数字交换系统为例说明 DSN 的组成结构及工作原理。

（1）DSN 结构

S1240 数字程控电话交换设备在中国通信网中已成功运行十几年，其系统性能稳定，具有全数字化、全分布控制和高可靠性的特点，配置了 No.7 信令、ISDN、智能网等功能，可作为市内交换机、汇接交换机和长途交换机使用，还可用于组建综合业务数字网。S1240 数字交换机是由 DSN 和连接在 DSN 上不同的模块所构成，DSN 是实现全分布控制的关键部分，DSN 的独特结构实现了所有模块终端电路之间的联系及模块控制单元之间的内部通信。

S1240 的 DSN 采用多级多平面的立体结构，最多有 4 级，分成两个部分：一部分是入口级，也称为选面级，采用单级 DSE 结构，分别连接终端模块，热备用或负荷分担，向上连接不同平面；另一部分是选组级 GS，采用多平面结构，最多可分 4 个平面，每个平面有 3 级，通路连接采用折叠返回方式，链路为输入输出双向。入口级和选组级均由完全相同的

含有 16 个交换端口的数字交换单元 DSE 构成，不同之处仅在于它们的规模和职能。每个交换端口接一条 32 路双向 PCM，如图 3-32 所示。

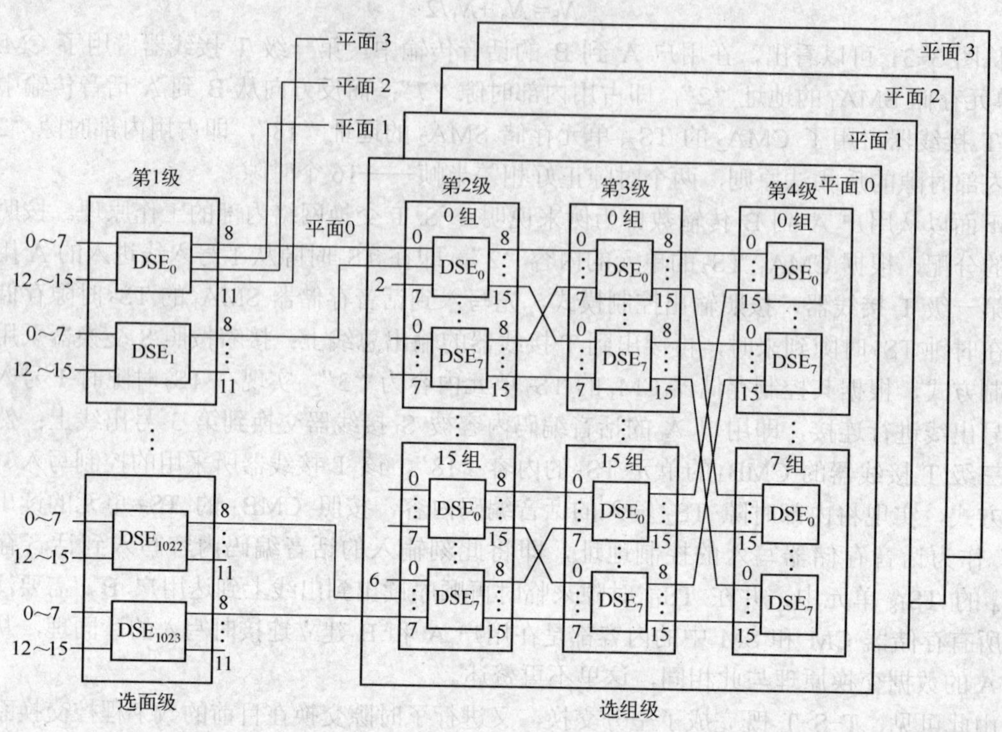

图 3-32 DSN 网络的基本结构

DSN 每个平面的级数及每级所配备的 DSE 数都取决于所连接的终端用户的数量，DSN 选组级的平面数取决于终端话务量的大小，因此程控交换系统可根据本局的实际情况配置 DSN 的级数和平面数。入口级为单级 DSE，由若干对 DSE 组成，这些 DSE 可称为接入交换器（AS）。每个 AS 的 16 个端口可以接 16 条 32 时隙的 PCM 线路，其中端口 0～7 与端口 12～15 用来连接各种终端模块；端口 8～11 分别接到选组级，也就是第二级的 4 个平面。

选组级为 3 级 DSE，最多可以配置 4 个平面，各级之间按规律固定连接，4 个平面内选组级的内部连接是相同的。前两级每级最多有 16 组，每组最多 8 个 DSE，最后一级只有 8 组。前两级 DSE 的端口 0～7 与前一级 DSE 相连，端口 8～15 与后一级 DSE 相连；最后一级 DSE 的 16 个端口都集中在左侧，与前一级 DSE 相连，这种结构称为单侧（这里是指第 4 级）折叠式多级结构。且第二、三级之间是组内交换，即组号相同的两级间进行交叉连接，而选组级的后两级即第三、四级是组间交换，即为不同组号 DSE 之间进行交叉连接。需要注意的是，建立一条网络通路不能跨越多个不同的平面。

（2）DSN 的工作原理

在 DSN 中，两个终端之间的信息交换可以只经过入口级，也可以只经过选组级。如果两个终端模块同时连接在入口级的同一个 DSE 上，那么信息就可以只通过该入口级的 DSE 交换。如果两个终端模块不是连接在入口级的同一个 DSE 上，那么就要经过 DSN 的选组级进行信息交换。在 S1240 中，每一终端模块与一对选面级交换器 AS（两个 DSE）相连，这种通路的双备份保证了模块与数字交换网的可靠连接。

DSN 入口级的每一个端口都具有唯一的网络地址，不同端口之间连接的建立是根据目的端口的网络地址逐级选路进行的。该网络地址有 13 位的编码，分为 A、B、C、D 四部分，分别对应着 DSN 的 1～4 级。

A：4 位，对应第一级，表示终端模块所连接的入口级 DSE 的输入端口号（0～7，12～15，共 12 个）。

B：2 位，对应第二级，表示第一级 DSE 的出线应连接的第二级 DSE 的输入端口号（0～7）。由于第一级成对 DSE 连接到第二级 DSE 的端口号分别为 n 和 n+4，这里 n 为 0～3，因此只需要 2 位来区分 4 个地址即可。

C：3 位，对应于第三级，表示第二级 DSE 的出线应连接的第三级 DSE 的输入端口号（0～7）。

D：4 位，对应于第四级，表示第三级 DSE 的出线应连接的第四级 DSE 的输入端口号（0～15）。也等于第二级和第三级的组号。

结合 DSN 网络的连线规律，地址码 ABCD 还可用如下方法表示：A 为终端模块的编号，B 表示第一级 DSE 的入端口号、C 表示第二级 DSE 的入端口号、D 表示第二级和第三级 DSE 的组号，分别对应着 DSN 的 1～4 级。

当主叫终端模块与被叫终端模块通过 DSN 建立通路连接时，就将自己的网络地址与目的端口的网络地址相比较，首先比较的是 D，如不相同，说明主叫和被叫终端模块之间所要建立的连接不在同一组内（即位于第二级和第三级的不同组内），通路连接要经过第四级；若 D 相同，C 不同，说明两个终端模块之间所建立的通路连接位于同一组内，连接的建立只涉及到选组级的第二、三级；若 D、C 相同，B 不同，则说明两个终端模块之间所建立的通路连接经过第二级的同一个 DSE，该通路的建立折回点在第二级；若 D、C、B 相同，A 不同，此时通路的建立只经过网络的第一级。如此通过网络地址的比较确定通路的折回点，并发送选择命令进行逐级选路，从而建立起通路连接，完成交换功能。

（3）DSN 的特点

1）DSN 是一种单侧折叠式网络。DSN 网络的输入端口和输出端口位于网络的同一侧，以第 4 级为网络的折叠中心，DSN 的任一端口输入的信息在网络的相应级上折回目的输出端口。任意两个端口之间通路建立的过程是相同的，可根据目的输出端口的地址来决定接续通路需要的网络级数，确定折回点在哪一级。DSE 本身具有通路选择的控制逻辑电路，它接收各个终端控制单元送来的选择命令，以建立、保持或释放通路。

2）DSN 同时兼有时分和空分交换能力。DSN 交换网络能把某一端口的某一信道中的内容交换到另一个任意端口的任意信道并发送出去，且构成 DSN 的数字交换单元 DSE 具有空间交换和时隙交换的功能。

3）DSN 可自选路由。DSN 具有自由的路由建立机制，因为构成 DSN 交换网络的基本交换单元 DSE 具有通路选择和控制功能，直接根据各终端模块的终端控制单元送来的信道字等控制信息，由硬件来完成选路，减轻了对软件设计的限制，进而实现交换功能。

4）DSN 的扩展性好，能根据需要增大其规模。DSN 网络采用多级多平面结构，当其终端数量增加时，可通过扩充增加其规模，还可通过增加交换网络的级数来适配终端模块数量的增加，最大可增至 4 级；还可以通过增加平面数来分担因话务量增加而引起增大的负荷量，同样最大可增至 4 个平面，并且这种扩充不影响网络结构和系统运行，实现方便。

3.3 数字程控交换系统的硬件结构

数字程控交换机作为电话通信网的交换节点，是核心组成部分，主要完成用户之间的电话接续。它是现代数字通信技术、计算机技术和大规模集成电路相结合的产物。数字程控交换机的硬件系统可以分为话路子系统和控制子系统两部分，它通过线路和接口分别与用户终端和其他交换机连接。本小节主要介绍数字程控交换机的硬件系统结构和各部分实现的功能。

3.3.1 硬件功能结构

数字程控交换机的系统结构如图 3-33 所示。

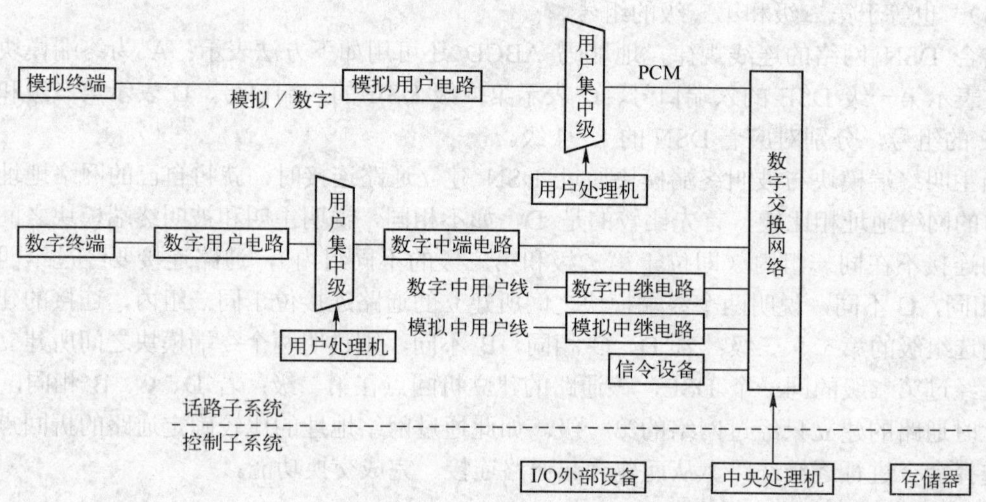

图 3-33 数字程控交换机的系统结构

控制子系统是交换机的“指挥系统”，交换机的所有动作都是在控制子系统的控制下完成的。控制子系统实质上是由计算机系统进行“存储程序控制”的，包括中央处理机、存储器和输入/输出设备等外部设备组成，其功能是完成呼叫处理和对整个交换系统全部资源的管理和控制，检测和维护等。

话路子系统由数字交换网络、提供用户线和局间中继线的各种接口电路和信令设备组成。其中，数字交换网络是交换机中最重要的组成部分，它是由基本交换单元按照一定的拓扑和控制方式构成的，其基本功能是根据用户的呼叫要求，通过控制部分的接续命令，建立主叫与被叫用户间的连接通路。接口设备是数字程控交换机与外围环境的接口，其功能主要是完成外部信号与交换机内部信号的转换，因此它的功能与电路设备和连接线路的信号方式有密切关系。数字程控交换机的接口设备主要有用户电路、中继电路和信令收发设备等。用户电路是用户终端设备与交换机的接口，用户终端通过用户线连接到交换机，因而每条用户线对应一套用户电路，完成信号采集、动作驱动、话音传输等功能。在图 3-33 对应位置显示出模拟用户电路、数字用户电路、模拟中继电路和数字中继电路 4 种，话路子系统还包括了用户集中级模块和用户处理机模块等，接下来将具体介绍数字程控交换机各构成子系统的功能。

3.3.2 话路子系统

数字程控交换系统的话路子系统主要包括交换网络及各种接口电路和信令设备等。其中，接口电路包括负责连接用户终端的用户电路和负责连接中继线路的中继电路两种，而根据线路上传递信号的不同又各分为模拟用户电路和数字用户电路以及模拟中继电路和数字中继电路。同时，交换网络还通过用户集中级模块和用户处理机模块来连接用户终端设备。用户集中级用来完成话务集中功能，因为一般用户线上的话务量较低，直接连接到交换网络上会使线路利用率低，资源浪费，因此需要进行话务集中，集中比一般为 2∶1 到 8∶1，然后以高速 PCM 编码输入数字交换网络。用户处理机主要完成呼叫处理的底层控制等功能。接下来主要分析用户电路和中继电路模块的组成原理和实现的功能。

1. 用户电路

用户电路是数字交换系统和用户终端的接口，为了保护大规模集成电路的数字交换网络，防止产生高电压和大电流，向用户终端供电及振铃等功能都由用户电路中实现，包括模拟用户电路和数字用户电路两种。

（1）模拟用户电路

模拟用户电路用来连接模拟用户线，即连接普通电话机的接口电路，它主要完成把模拟的话音信号经过变换传送给数字交换网络，同时把用户线上的其他信号和交换网络隔离开，它具有如下 7 个功能：

B（Battery Feeding）——馈电；

O（Over-voltage Protection）——过压保护；

R（Ringing Control）——振铃控制；

S（Supervision）——监视；

C（CODEC & filters）——编译码和滤波；

H（Hybird Circuit）——混合电路（2/4 线转换）；

T（Test）——测试。

模拟用户电路功能图如图 3-34 所示，其中，用户外线连接电话终端，用户内线连接交换网络，以下分别说明。

1）馈电（B）。用户馈电原理图如图 3-35 所示，向用户提供通话供电（在我国馈电电压一般为-48V 或 60V，如果用户线距离较长可增加馈电电压）。其中，电容的特性为“隔直流、通交流”，电容允许交流通路，用户的声音被传到外线；同时电感的特性是“隔交流、通直流”，电感允许直流通过，可以给用户直流供电。

2）过压保护（O）。过压保护功能是指对交换机的内部集成电路进行保护。其电路图如图 3-36 所示，通过钳位方法保持内线电压。因为用户线是外线，可能会受到雷电袭击等产生高压，为避免对交换机造成损害，通常在用户线配线设置保安器作为第一级保护，此处用户电路采用了由二极管桥式电路和起限流作用的热敏电阻 R 组成的钳位电路，形成了第二级保护，使交换机内线电压保持在-48～0V 之间，过高的电压由电阻承受。两级保护配合使用来保障交换机的安全。

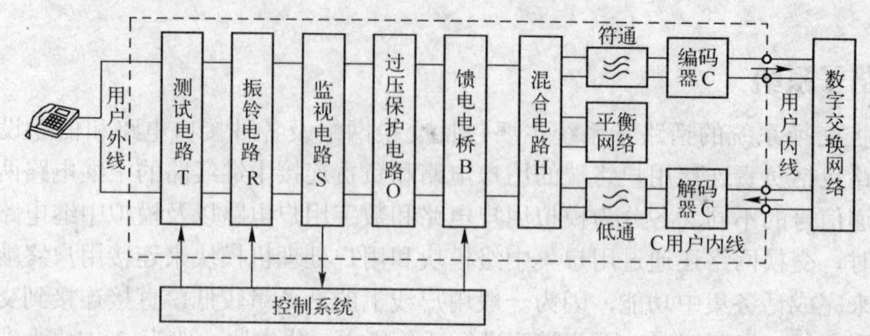

图 3-34 模拟用户电路功能图

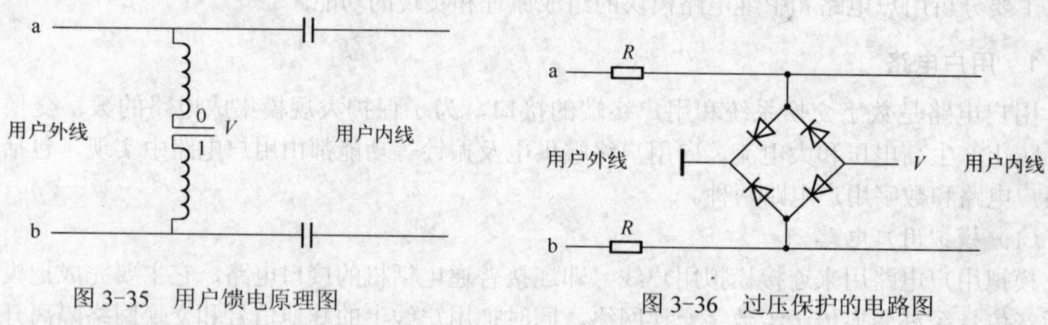

图 3-35 用户馈电原理图

图 3-36 过压保护的电路图

3）振铃控制（R）。振铃控制向被叫用户话机发送铃流信号，其电路图如图 3-37 所示。由于振铃电压较高，因此该模块置于过压保护功能范围之外。我国应用铃流电压为（90±15）V，由微处理机发出振铃控制信息控制振铃器件的开闭，从而控制有铃、无铃。具体实现过程如下：当主叫拨号找到空闲链路到达被叫后，由振铃控制信息控制启动 R 继电器，开关接通振铃电路，铃流经用户线送达被叫用户，被叫振铃；被叫用户摘机后，交换系统立刻测出用户直流环路电流变化，振铃电路开关送出截铃信号，于是停止振铃，则接通用户线。

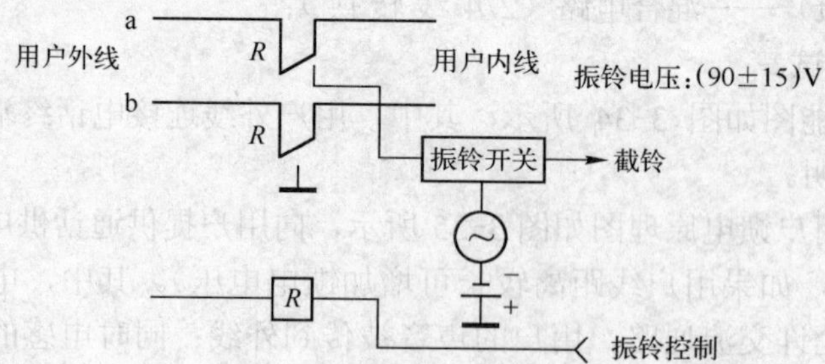

图 3-37 振铃控制的原理图

4）监视（S）。监视电路可通过监视用户线的电流状态来确定用户回路的通断状态，从而检测摘机、挂机、拨号、正在通话等用户状态，再传送给控制设备。用户状态监视的电路原理图如图 3-38 所示，例如用户挂机状态，直流环路断开，馈电电流为零；用户摘机状态，直流环路接通，直流电流在 20mA 以上，因此可通过监测用户线上电流的变化检测用户状态的变化。

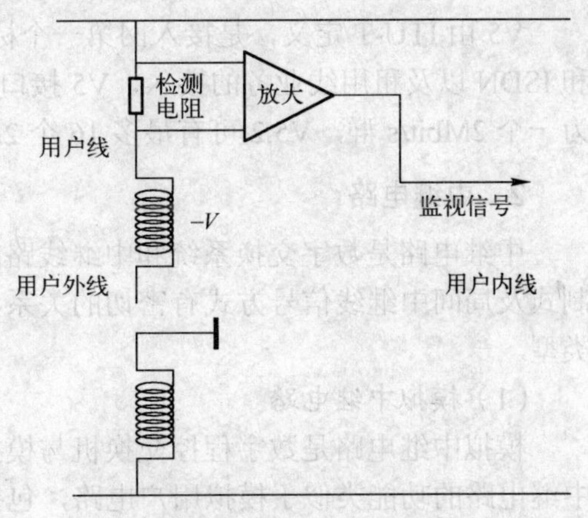

图 3-38　用户状态监视的电路原理图

5）编译码和滤波（C）。编译码电路完成用户终端传输的模拟话音与数字交换网络传输的 PCM 编码信息的转换，即模数与数模交换。其中，编码器（CODEC）把模拟信号转变成 PCM 数字信号送到交换网络中进行交换，译码器（DECODER）把来自交换网络的 PCM 数字信号还原成模拟话音。

6）混合电路（H）。混合电路完成二线到四线传输的转换功能。用户终端话机为二线（a、b 线）双向传输模拟信号的方式，而数字交换网络是使用四线单向传输数字信号（即两条线发送信息，两条线接收信息），因此，在编码以前和译码以后一定要经过混合电路进行二/四线转换。

7）测试（T）。交换机在日常运行过程中，用户线路、用户终端和用户接口电路可能发生短路、断路、碰地或元器件损坏等各种故障，为了确保通信设备的正常可靠运行，交换机管理系统需通过测试电路对用户外线和接口内部电路自动进行例行测试或指定测试。测试主要包括用户内线测试和用户外线测试两方面内容：用户内线测试模仿话机执行一个完整的通话应答过程来检验各功能电路是否正常；用户外线测试是针对用户线路及用户终端的状态和相关参数进行测试，可检测用户线短路、断路、碰地、搭接电力线等故障。测试的电路图如图 3-39 所示。

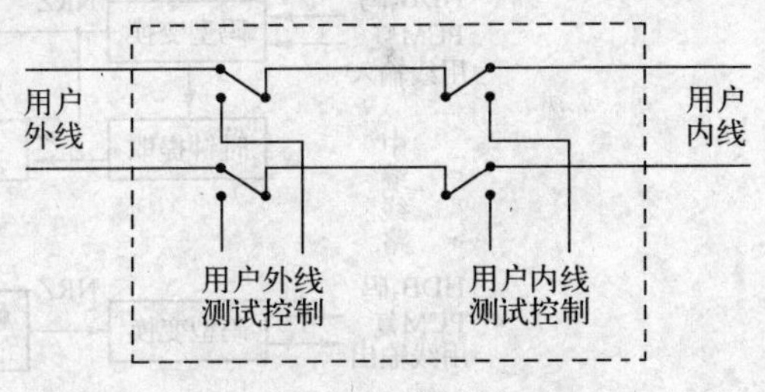

图 3-39　测试的电路图

（2）数字用户电路

数字用户电路是为适应数字终端用户环境而设置的，提供数字终端设备与数字程控交换机之间的接口电路，它可以用来连接数字电话终端、计算机及各种数据终端设备等。这些数字用户终端通过用户线路接到交换机的数字用户接口，直接在传输线路上发送和接收数字信号，就可以实现用户到用户的数字信号传输。因为直接连接数字终端用户，数字用户电路不需要进行模/数转换，它提供了多种速率的数字业务接入接口，提供专用的用户信令通路，并规定了接口的电气特性和应用范围。实现程控交换机的数字用户接口统称为“V”接口系列，包括 V1～V5 等数字接口，它们分别提供各种信息传输速率的接口。

V1 为基本速率接口，提供 2B+D 的接口速率，其中 B 是 64kbit/s 的数据信道，D 为 16kbit/s 的信令信道。它为窄带综合业务数字网（N-ISDN）数字用户接口，用户可以达到的最高信息传输速率为（64×2+16）kbit/s=144kbit/s。

V2 为连接数字远端模块的接口。

V3 为连接数字 PABX 的接口，提供 30B+D 的基群速率接口。

V4 为连接多个 2B+D 的终端接入，支持 ISDN 的接入。

V5 由 ITU-T 定义，是接入网第一个标准化的接口，它基于 2M 传输速率，可支持 PSTN 和 ISDN 以及租用线业务的接入，V5 接口根据结构不同又分为 V5.1 接口和 V5.2 接口，V5.1 为一个 2Mbit/s 群，V5.2 可有最多 16 个 2Mbit/s 群。

2．中继电路

中继电路是数字交换系统和中继线路的接口电路，它的功能和电路与所用的交换系统的制式及局间中继线信号方式有密切的关系，中继电路包括模拟中继电路和数字中继电路两种类型。

（1）模拟中继电路

模拟中继电路是数字程控交换机与模拟中继线的接口，用于与模拟交换机的连接。模拟中继电路的功能类似于模拟用户电路，包括线路信号监视、忙闲指示、混合电路、编译码和滤波、过压保护和测试开关等功能，只是不再需要馈电和振铃电路。因为它们都与模拟线路连接，但模拟信号的传输已逐渐被数字化信号所取代，因此目前在电话网中模拟中继电路基本上不再使用。

（2）数字中继电路

数字中继电路是连接数字中继线与数字交换网络之间的接口，用于交换机之间及其他传输系统之间的数字信号传输连接。由于数字中继线传送的是 PCM 群路数字信号，因而实现了数字通信的传输技术，主要完成帧同步与复帧同步、帧定位、码型变换、时钟提取、告警处理、信令插入与提取等，即要解决信号传送、同步与信令配合三方面的问题。其功能图如图 3-40 所示。

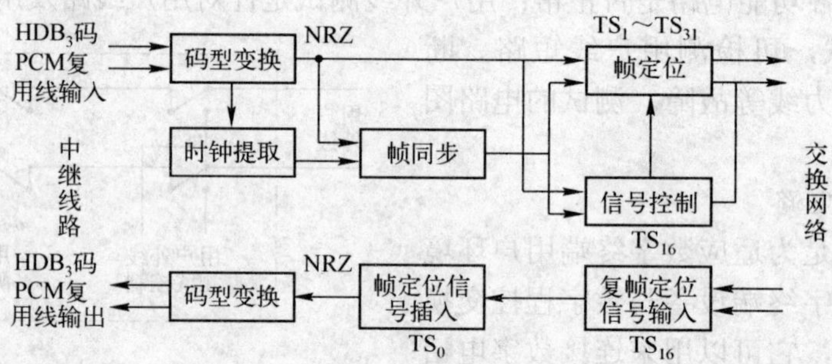

图 3-40　数字中继电路功能框图

帧同步：从接收的数据流中搜索并识别帧同步码，并以该时隙作为一帧的开始，以便使接收端的帧结构排列与发送端的完全一致。帧同步码由发送端在形成 PCM 复用帧结构时，在每偶数帧（奇数帧不用于帧同步）中第一个时隙单元 TS_0 插入帧同步码“*0011011”（*为任意 0 或 1），经过比较和调整，确定为帧同步信号时，即可确定 TS_0 位置，从而识别一帧的开始。

复帧同步：如果数字中继线上使用的是随路信号（中国 No.1 信令）时，则除了进行帧同步外，还需完成复帧同步，以便解决各路标志信号的错路问题。在随路信令方式下，16 个子帧构成一个复帧，其中，每子帧的 TS16 用做传输 30 路复用用户的话路状态信令通道，复帧同步利用第 0 号子帧的 TS_{16} 传送“00001A11”来标识。

帧定位：两交换机互连，其时钟永远存在差异，不可能做到绝对同步，通常在收信息的时候，接收端利用弹性缓存器暂存输入的 PCM 码流，然后用本机时钟读出，可使两交换机时隙相位达到相对同步。

码型变换：在数据流入交换机时，必须将外部中继复用线上传输的三阶高密度双极性码（High Density Bipolar of Order 3，HDB3）变换为交换机内部使用的单极性不归零码（Non-Return Zero Code，NRZ），以适应外部线路传输特性和内部交换机识别码型的需要，在交换机处理后输出信息流中再进行码型反变换。

时钟提取：从输入 PCM 复用线上传输的 HDB3 数据流中提取发端送来的 2.048MHz 时钟信号，作为输入数据流的基准时钟，从而保证在数字交换系统之间正确传送信息。同时该时钟信号还用来作为本端系统时钟的外部参考时钟源。提取时钟的方法是先通过将 HDB3 码变为 AMI 码，再经整流变成单极性向零码（RZ 码）从而提取时钟频率。

告警处理：当发生时钟或帧同步故障时，则进入搜索和再同步状态，并产生告警信息。

信令提取和插入：在采用随路信令时，数字中继器的发送端要把每个复用用户的随路线路信令插入到除第 0 号复帧之外的第 1～15 号复帧中相应的 TS_{16} 时隙单元；在接收端再将各用户的线路信令从 TS_{16} 中提取出来送给控制系统。

3.3.3　控制子系统

数字程控交换系统的控制子系统是数字程控交换机的核心设备，它由中央处理器、存储器和输入/输出设备组成，通过执行预定的程序和各种命令，来完成话音交换、维护和管理等功能。因为数字程控交换系统的规模大、容量大、功能复杂，因此通常由多个处理机构成。不同处理机之间要相互通信、共同配合来控制呼叫接续。典型的交换机控制子系统的构成方式主要有集中控制方式、全分散控制方式和分级分散控制方式 3 种。

（1）集中控制方式

集中控制系统由多个处理机构成，每一个处理机均装配同样的软件系统，因此每一个处理机均可掌握整个系统的状态，都可以对交换系统内的所有功能和资源进行操作和控制，如图 3-41 所示。假设一台交换系统的控制子系统由 n 台处理机组成，同时系统有 r 个资源配置，并实现 f 项功能操作，作为集中控制类型，则每一台处理机均能达到全部资源，也能执行所有功能。

集中控制方式的每个处理机都掌握整个系统的状态，能直接控制所有功能的完成和资源的使用，这样各处理机间的控制关系和通信接口都简单；但每台处理机上的程序都必须包含对整个交换机的所有功能处理，灵活性差；而单个处理机的应用软件复杂而庞大，经济性差；而且系统较脆弱，一旦出现故障会造成全局瘫痪，造成维护困难。

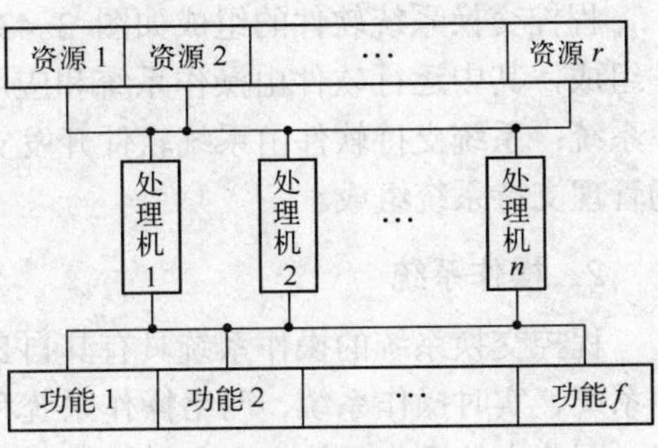

资源 1	资源 2	…	资源 r
处理机 1	处理机 2	…	处理机 n
功能 1	功能 2	…	功能 f

图 3-41　集中控制方式

（2）全分散控制方式

在采用全分散控制方式时，取消了中央处理机，将系统划分为若干个功能单一的小模块，每个模块都配备处理机，用来对本模块进行控制，每个模块都具有通路选择和建立功能，如图 3-42 所示。各模块处理机是处于同一级别的，每个处理机只能访问部分资源或实现部分功能。它们通过交换消息进行通信，相互配合以便完成呼叫处理和维护管理任务。

全分散控制方式的主要优点是更好地使用硬件和软件的模块化，系统结构的开放性和适应性强，便于系统扩充，呼叫处理能力强，整个系统全阻断的可能性很小，提高了系统的可靠性和灵活性。缺点是处理机之间通信量大而且过程复杂，需要周密地协调各处理机的控制功能和数据管理。

（3）分级分散控制方式

分级分散控制方式的基本特征在于处理机的分级，即将处理机按照功能划分为若干级别，每个级别的处理机完成一定的功能。低级别的处理机是在高级别的处理机指挥下工作的，各级处理机之间存在比较密切的联系。同时将控制功能分级，不同层次的控制功能由不同的处理机完成。

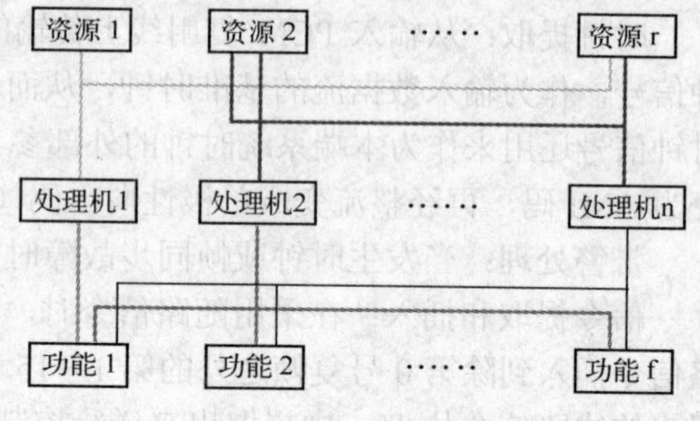

图 3-42　全分散控制方式

分级分散控制方式的优点在于处理机之间是分等级的，可以由高级别的处理机管理低级别的处理机，管理功能相对简化；采用标准组件化结构，易组成更大容量、更复杂功能系统；方便引入新技术、新元件，系统持续发展性好；可靠性高，故障只影响局部。

为了更好地适应软硬件模块化的要求，提高处理能力及增强系统的灵活性与可靠性，目前程控交换系统的分散控制程度日趋提高，已广泛采用部分或完全分级分散控制方式。

3.4　数字程控交换系统软件

3.4.1　软件功能结构

1．程控交换系统软件的组成

程控交换系统软件的组成如图 3-43 所示。程控交换系统软件由运行软件和系统支持软件组成，其中运行软件由操作系统和应用软件组成，应用软件包括 OAM、呼叫处理和数据库系统；系统支持软件由系统软件开发支持系统、软件加工系统、应用工程支持系统和交换局管理支持系统组成。

2．操作系统

程控交换系统的操作系统具有其自身特点。操作系统的类型有批处理操作系统、分时操作系统、实时操作系统、网络操作系统和分布式操作系统。程控交换系统是一个实时控制系统，因此它的操作系统具有实时操作系统的特点。此外，由于在程控交换系统中常常采用多处理机系统，它的结构有计算机局域网的特点，因此其操作系统还具有网络操作系统的功能。对于全分散控制的交换系统来说，其操作系统也具有分布式操作系统的特点。

程控交换系统的操作系统具有以下主要特点。

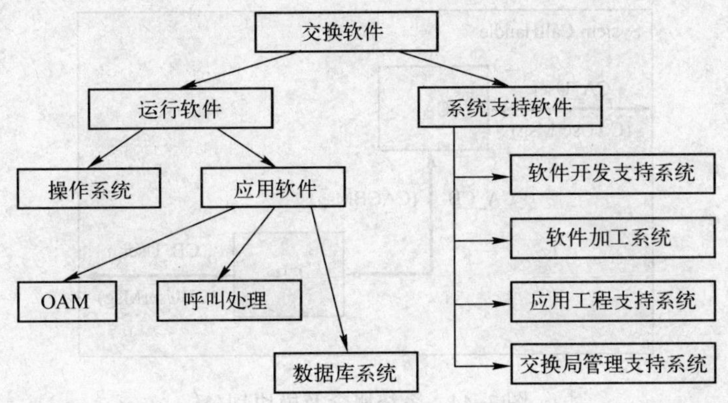

图 3-43　程控交换系统软件的组成

（1）实时性

对一组“激励”（输入）在满足一定的时间要求的条件下，系统应产生相应的“响应”（输出），这就是实时操作。

（2）一体性

实时系统中系统软件和应用软件的界限不太分明，有时属于系统软件的操作要由应用软件来提供。在这种情况下，通常把实时控制系统中运行的操作系统和应用程序统称为运行软件。

（3）多任务与并发性

多任务的并发性引起任务间的同步、互斥、通信以及资源共享。

（4）环境行为的随机性

要求系统各部分的处理能力必须按忙时负荷来计算。

（5）网络资源共享和网络通信

操作系统具备网络资源共享的特性，并且能够参与网络通信。正因为如此，使得程控交换系统在资源管理、进程通信和系统结构上具有其自身的特点。

3.4.2　呼叫处理程序

一个正常的呼叫处理过程包含如下几个过程：

1）主叫用户摘机呼叫。

2）送拨号音，准备收号。

3）收号。

4）号码分析。

5）接至被叫用户。

6）向被叫用户振铃。

7）被叫应答和通话。

8）主叫先挂机，通话结束。

9）被叫先挂机，通话结束。

图 3-44 所示的是一个数字交换系统中呼叫处理软件的系统概念和模块划分，图 3-45 所示是主叫模块内的进程。

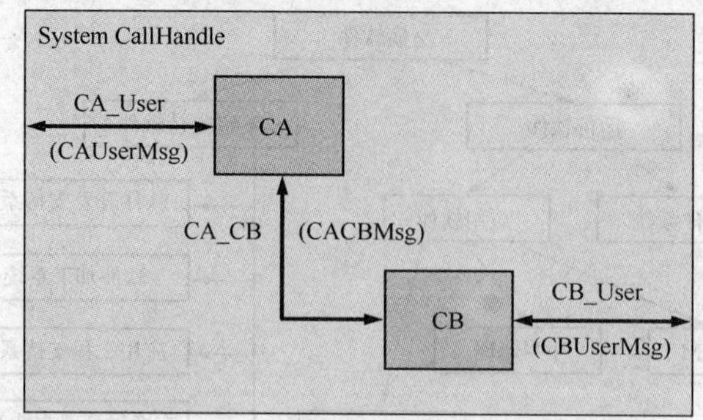

图 3-44　系统概念及模块划分

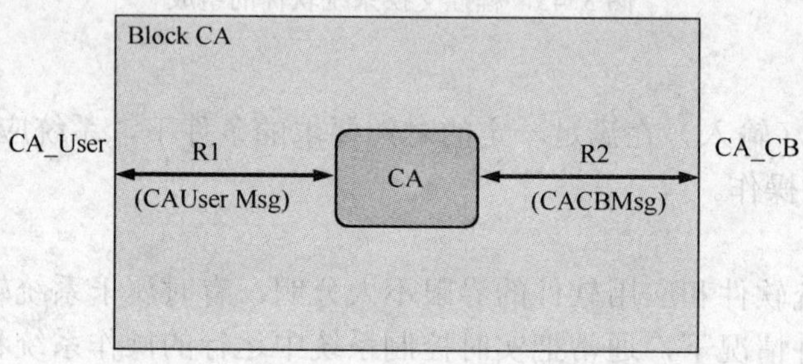

图 3-45　主叫模块内的进程

其中，进程之间通信的消息及消息集说明如下：

CAUserMsg=Call_HKOF,Number,Call_HKON,
SendBusyTone,SendDialTone,
SendAlertTone,SendLastTone
StopDialTone
CACBMsg=Setup,SetupAck,Called_HKOF,Call_HKON,
Called_HKON,Release,ReleaseAck
CBUserMsg=Called_HKOF,Called_HKON,
SendBusyTone,Ringing,SendLastTone

图 3-46 和图 3-47 给出的是一个局内呼叫建立和释放的 MSC 图。

3.4.3 任务调度

在程控交换系统中按紧急性和实时性的要求不同可将任务划分为不同的等级。

故障级：负责故障识别和紧急处理等功能，具有最高优先级。

周期级：由时钟中断按周期性启动的任务。

基本级：由队列启动的、实时性要求较低的任务。

不同任务的优先级及调度策略如图 3-48 所示。

在程控交换系统中实现任务调度的方法主要有以下两种。

方法一：时间表调度法（见图 3-49）。

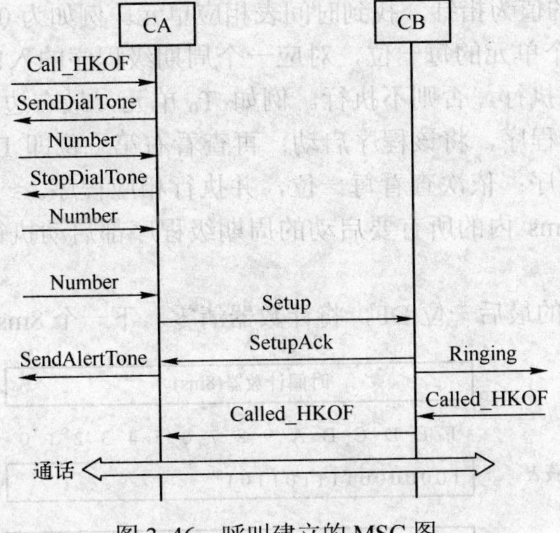

图 3-46　呼叫建立的 MSC 图

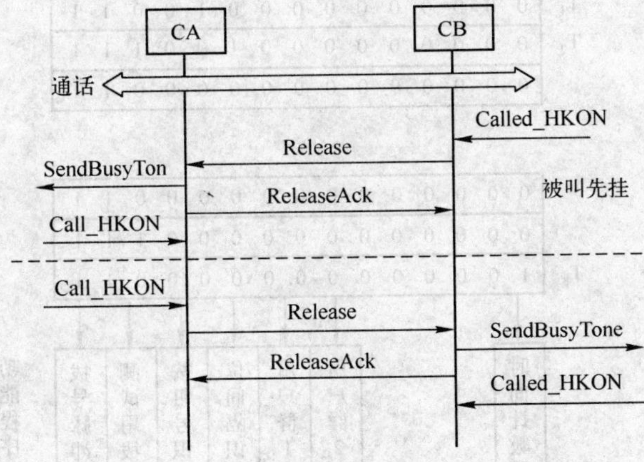

图 3-47　呼叫释放的 MSC 图

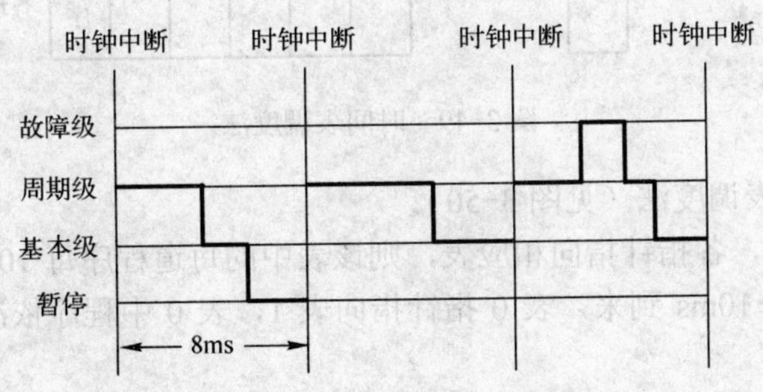

图 3-48　不同任务的优先级及调度策略

时间表的组成：时间计数器（8ms）、屏蔽表、时间表、功能程序入口地址表。每个 T 为 8ms，从 0～B，共 96ms。

工作过程如下：

1）时间计数器初始值为“0”，每 8ms 中断一次，其加 1。

2）以时间计数器的值为指针，找到时间表相应单元。例如为 0 时，找到 T_0。

3）时间表的每一个单元的每一位，对应一个周期级程序的入口地址。若相应位为 1，则表示该周期级程序要执行，否则不执行。例如 T_0 单元，最右边一位即 D_0 位为 1，则表示要执行拨号脉冲识别程序，将该程序启动；再查看右第二位即 D_1 位，又为 1，则执行测试用户拨号脉冲识别程序；依次查看每一位，并执行相应程序。一直找到 DF 位，看是否执行程序。此时的该 8ms 内的所有要启动的周期级程序都启动执行完毕，则可转向执行基本级程序。

4）依次执行到 T_B 的最后一位 DF，将计数器清零。下一个 8ms，重新开始。

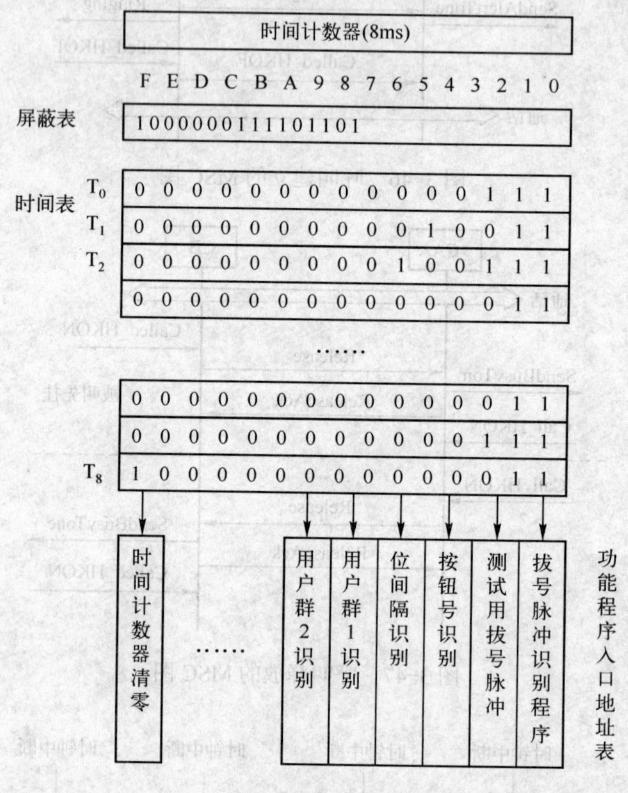

图 3-49 时间表调度法

方法二：多级链表调度法（见图 3-50）。

分配表周期 10ms，各指针指向相应表，则该表中的每道程序每 10ms 启动一次，即其周期为 10ms。例如，新 10ms 到来，表 0 指针指向表 1，表 0 中程序依次启动（每 10ms 启动一次，周期为 10ms）。

表 0 中程序都启动完后，计数器加 1，即每 10ms 计数器加一个 1，当计数到 20（也就是 10×20=200ms）时，启动下一个表中的程序 1～k，同样每 200ms 所有程序被启动一次，则每个程序的执行周期为 200ms。

启动完程序 k 后，计数器加 1，一直加到 5，启动再下一个表中的程序，其程序的周期为 200×5=1s。依次计数并往下执行，形成各不同的周期。

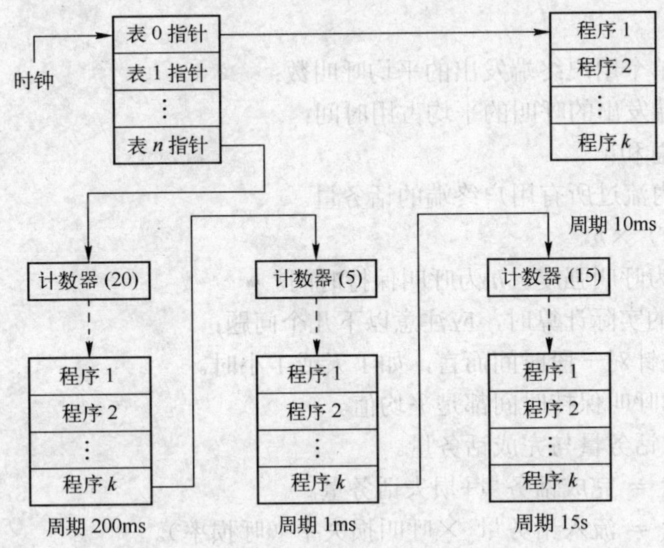

图 3-50　多级链表调度法

3.5 性能分析

3.5.1 交换机的可靠性指标

1．失效率和平均故障间隔时间

失效率：单位时间内出现的失效次数，记作 λ。

平均故障间隔时间：$T_{\mathrm{MTBF}} = 1/\lambda$。

2．修复率和平均故障修复时间

修复率：单位时间内修复的故障数，记作 μ。

平均故障修复时间：$T_{\mathrm{MTTR}} = 1/\mu$。

3．可用度和不可用度

可用度：$A = \mu/(\mu+\lambda)$。

不可用度：$U = 1 - A$。

3.5.2 话务负荷能力

1．话务量

话务量反映了电话负荷的大小，与呼叫强度和呼叫保持时间有关。呼叫强度是单位时间内发生的呼叫次数，呼叫保持时间也就是占用时间。

单位时间内的话务量等于使用相同时间单位的呼叫强度与呼叫保持时间之乘积，其单位为爱尔兰（Erlang），单位符号为 Erl。例如，呼叫强度=1800 次/小时，呼叫保持时间=（1/60）小时/次，则话务量 =1800 次/小时×（1/60）小时/次=30 Erl。

设：

n 为时间 T 内单个用户终端发出的平均呼叫数；

h 为由用户终端发出的呼叫的平均占用时间；

N 为用户数的总和；

Y 为单位时间内流过所有用户终端的话务量。

则 $Y=N\times(n/T)\times h$

其中，$N\times(n/T)$ 为呼叫强度；h 为呼叫保持时间。

在进行话务量的实际计算时，应注意以下几个问题：

1）话务量总是针对一段时间而言，如 1 天或 1 小时。

2）呼叫强度和呼叫保持时间都是平均值。

3）要区分流入话务量与完成话务量。

4）流入话务量 = 完成话务量+损失话务量。

5）损失话务量 = 流入话务量 ×呼叫损失率（呼损率）。

2．爱尔兰公式

当线束容量为 m、流入话务量为 Y 时，线束中任意 k 条线路同时占用的概率 $P(k)$的计算方法如下：当 $k = m$ 时，表示线束全忙，即交换系统的 m 条话路全部被占用，此时 $P(k)$为系统全忙的概率；当 m 条话路全部被占用时，到来的呼叫将被系统拒绝而损失，因此系统全忙的概率即为呼叫损失的概率（简称为呼损），记为 $E(m,Y)$。则爱尔兰呼损公式为

$$En(A)=\frac{\dfrac{n^n}{n!}}{\sum_{i=0}^{n}\dfrac{A^i}{i!}}$$

式中，$En(A)$为呼损；A 为原发话务量（爱尔兰）；n 为出线数。

例：一部交换机有 1000 个用户终端，每个用户忙时话 务量为 0.1Erl，该交换机能提供 123 条话路同时接受 123 个呼叫，求该交换机的呼损。

解：$Y = 0.1\text{Erl}\times 1000 = 100$ Erl

$m = 123$

查表可得，$E(m,Y) = E(123,100) = 0.3$ Erl

注：实际应用中，只要已知 m、Y、E 三个量中的任意两个，通过查爱尔兰呼损表，即可查得第三个。

3.5.3　呼叫处理能力

1．BHCA（忙时试呼次数）计算公式

1）系统开销：处理机时间资源的占用率。

2）固有开销：与呼叫处理次数（话务量）无关的系统开销。

3）非固有开销：与呼叫处理次数有关的系统开销。

系统开销，即单位时间内处理机用于呼叫处理的时间开销为

$$t = a+bN$$

式中，a 为固有开销；b 为处理一次呼叫的平均开销（非固有开销）；N 为单位时间内所处理的呼叫总数，即处理能力值（BHCA）。

例：某处理机忙时用于呼叫处理的时间开销平均为 0.85ms，固有开销 $a = 0.29$ms，处理一个呼叫平均需时 32ms，求其 BHCA 为多少？

解：非固有开销 $b = 32 \times 10 - 3/3600$，$0.85 = 0.29 + (32\times10 - 3/3600) \times N$ 可得 $N = 63000$ 次/小时。

2．过负荷控制

在一个有效的时间间隔周期内（不包含峰值瞬间），出现在交换设备上的试呼次数超过它的设计能力时，则称该交换设备运行在过负荷状态。

当出现在交换设备上的试呼次数超过其设计负荷能力的 50%时，允许交换设备处理呼叫能力下降至设计负荷能力的 90%。

3.6 小结

电路交换方式，是通信网出现最早、应用最普遍的一种交换方式。它是适合于话音业务而产生的，基于面向连接方式、实时性高、时延和时延抖动都较小，只提供透明传输，交换设备控制均较简单；缺点是采用同步时分复用方式，只提供固定传输速率 64kbit/s，信道利用率低，对信息不能进行差错控制。因此电路交换方式主要适用于话音和视频这类实时性强的业务。

数字程控交换机是通信网的核心设备，数字交换网络是数字程控交换机的重要组成部分，实现交换机内部的信息交换。它由基本交换单元构成，分为空分交换单元与时分交换单元两种类型，在 3.2.3 小节中对空分交换单元的典型代表开关阵列、S 接线器和时分交换单元的 T 接线器和数字交换单元 DSE 的基本结构和工作原理做了较详尽的分析。由基本交换单元构成的数字交换网络有 CLOS、TST 和 DSN 等基本类型，它们的交换过程都是比较重要的内容。

数字程控交换机的硬件系统由话路子系统和控制子系统组成。话路子系统由数字交换网络、各种接口电路和信令设备组成。接口电路包括负责连接用户终端的用户电路和负责连接中继线路的中继电路两种，而根据线路上传递信号的不同又各分为模拟用户电路、数字用户电路、模拟中继电路和数字中继电路。对于数字程控交换系统的软件系统在本章也进行了详细的分析与介绍，同时还对各项性能指标进行了讨论与分析。

3.7 习题

1．什么是电路交换？电路交换的特点是什么？

2．试说明 T 型接线器和 S 型接线器的基本组成和功能，二者有何不同？

3．一个 T 型接线器可完成一条 PCM 上的 128 个时隙之间的交换，现有 TS_{28} 要交换到 TS_{18}，试分别按输出控制方式和输入控制方式画出此时话音存储器和控制存储器相应单元的内容，以及话音存储器和控制存储器的容量和每个单元的大小（bit 数）。

4．一个 S 型接线器的交叉点矩阵为 8×8，设有 TS_{10} 要从母线 1 交换到母线 7，试分别按输出控制方式和输入控制方式画出此时控制存储器相应单元的内容，以及控制存储器的容量和单元的大小（bit 数）。

5．试说明 DSE 的交换过程是如何实现的。

6．交换网络的分类方法有哪些？

7．举例说明什么是严格无阻塞网络、可重排无阻塞网络、广义无阻塞网络？

8．若入口级选择 8 入线的交换单元，出口级选择 8 出线的交换单元，试构造 128×128 的三级严格无阻塞 CLOS 网络，并画图说明。

9．试说明程控交换机的基本组成和各部分的功能。

10．数字程控交换机有哪些接口？它们的基本功能是什么？

11．试简述模拟用户电路的 BORSCHT 功能？

12．试说明电路交换机软件的特点和组成。

13．试说明呼叫处理程序的实现过程。

参考文献

[1] 卞佳丽，等.现代交换原理与通信网技术[M].北京：北京邮电大学出版社，2005.
[2] 桂海源. 现代交换原理[M].北京：人民邮电出版社. 2007.
[3] 陈锡生，糜正琨.现代电信交换[M].北京：北京邮电大学出版社，1999.
[4] 王喆，罗进文.现代通信交换技术[M]. 北京：人民邮电出版社，2008.
[5] 张继荣，等.现代交换技术[M]. 西安：西安电子科技大学出版社，2004.
[6] 穆维新，等.现代通信交换技术[M]. 北京：人民邮电出版社，2005.
[7] 陈建亚. 现代交换原理[M]. 北京：北京邮电大学出版社，2006.
[8] 叶敏. 程控数字交换与交换网[M]. 北京：北京邮电大学出版社，2003.
[9] 金惠文，等. 现代交换原理[M]. 北京：人民邮电出版社，2007.
[10] 刘增基，等. 交换原理与技术[M]. 北京：人民邮电出版社，2007.

第4章

分组交换技术

本章重点介绍分组交换的基本原理、分组交换的两种方式、分组交换网的核心——X.25协议以及快速分组交换——帧中继网络的基本构成和相关通信协议。

4.1 分组交换技术概述

分组交换技术是主要针对数据业务的传输而发展起来的一种最广泛使用的通信技术之一，是现代通信技术发展的基础。分组交换技术具有线路利用率高、经济性能好等优点，可以提供高质量的灵活的数据通信业务。

传统的电路交换技术主要适用于传送与话音相关的业务，但这种交换方式对于数据业务而言，有着很大的局限性。首先，数据通信具有很强的突发性，峰值比特率和平均比特率相差较大，要实现话音业务传输，即通信的终端双方以固定比特率进行发送和接收，如果按峰值比特率分配电路带宽，则会造成资源的极大浪费；如果按照平均比特率分配带宽，对于速率要求高的业务传输，则会造成数据的大量丢失。其次，与话音业务比较起来，数据业务对时延没有严格的要求，但需要进行无差错的传输；而话音信号可以有一定程度的失真，但实时性一定要高。因此可以看出，数据业务与话音业务的传输要求有很大不同，电路交换技术并不适合传送数据业务。分组交换技术就是针对数据通信业务的特点而提出的一种交换方式，它采用存储转发的方式，将需要传送的数据按照一定的长度分割成许多段，并在数据之前增加相应的用于对数据进行选路和校验等功能的头部字段，作为数据传送的基本单元，即分组。作为转发的每个交换节点首先将前一节点送来的分组接收并保存在缓冲区中，然后根据分组头部中的地址信息选择适当的链路将其发送至下一个节点。这样，在通信过程中可以根据用户的要求和网络的能力来动态分配带宽。分组交换比电路交换的线路利用率高，但时延较大。

分组交换技术最早是在20世纪60年代被提出并在小型计算机互联的阿帕网（The Advanced Research Projects Agency Network，ARPANET）中应用的，能够在计算机之间进行数据通信、动态分配链路、实现资源共享的一种传输技术。ARPANET 也成为现代计算机网络诞生的标志，促进了分组交换技术进入公用数据网。随着 1976 年 3 月 CCITT 的 X.25 建议的推出，促使分组交换网的接口标准化；到 1975 年 8 月，第一个公用的分组交换网——美国的 Telenet 分组交换网投入运营，使分组交换技术得到了广泛的应用和发展。

分组网实现数据业务的处理，广泛应用在各个行业和系统，还可组建系统内部专网等，其组网灵活、可靠性高、易于实施，适合不同机型、不同传输速率的客户通信。由于分组交换只能提供中低速的数据传输业务，因此已经受到了宽带网络技术的巨大冲击。但随着交换设备的更新换代，分组交换技术的不断改进，并以此为基础发展了帧中继 FR 交换、IP 交换、多协议标记交换 MPLS 等多种交换技术，能够适应动态的、灵活高速的多种业务的需求。

4.2 分组交换的基本原理

分组交换与电路交换面向连接的方式不同，是基于存储和转发（Store and Forward）的传输技术，即数据交换前，先通过缓冲存储器进行缓存，然后按队列进行处理。基于存储和转发交换思想的技术有“报文交换”（Message Switching）和“分组交换”（Packet Switching）两种，本节将介绍它们的基本原理和区别。

4.2.1　报文交换与分组交换

1. 报文交换

报文交换的基本思想是先将用户的报文当做一个逻辑单元整体存储在交换机的存储器中，当所需要的输出电路空闲时，再将该报文发向接收交换机或用户终端，所以报文交换系统是典型的“存储-转发”系统。

（1）报文交换的过程

实现报文交换的过程如图 4-1 所示。发送端 p 的报文被整体传输，并加上报文头部，经过多个中间节点的转发后到达接收端 q，并去掉报文头部还原语句内容。具体过程如下：

1）若某用户有报文要发送，则需要在发送报文的整体前面加上报文头部，包括目标地址和源地址等信息，并将形成的报文发送给交换机。交换机接收报文，并进行存储。报文的头部还包括差错控制编码域，可以在传送到中间节点时进行检错和纠错。

2）交换机在接收报文后对报文进行处理，包括提取报文头、分析目的地址、确定转发路径和差错校验等，再等到一条空闲的输出线路时进行输出。

3）一旦线路空闲，把报文发送出去。有多个报文送往同一地点时，要排队按顺序发送。

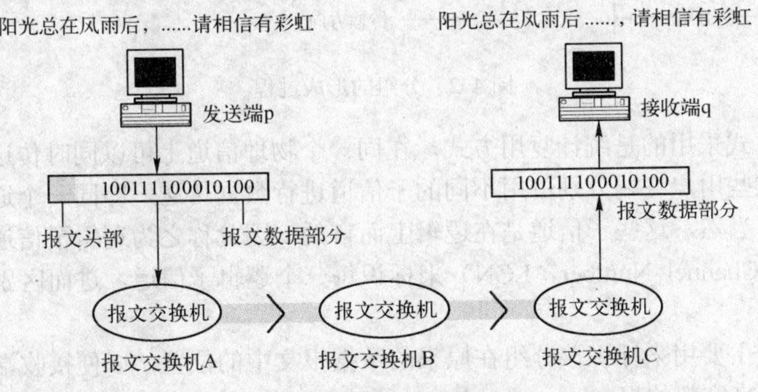

图 4-1　报文交换的过程

（2）报文交换的优点与不足

报文交换有如下优点：

1）中继线利用率高，通信双方不是固定占有一条通信线路，而是在不同的时间一段一段地部分占有这条物理通路，因此大大提高了通信线路的利用率。多个用户的数据可以通过“先来先服务”的工作顺序共享一条线路。

2）采用“存储-转发”方式，可实现不同速率的各种突发性业务的信息传输。

3）能进行差错控制，保证传输的可靠性。

报文交换的不足表现在是以报文为单位传输，由于报文长度差异很大，长报文在网络中占用大量的存储空间和时延，影响其后多个短报文的发送，因此对要求传输时延小的数据业务并不适合；并且对每个节点来说缓冲区的分配也比较困难，节点需要分配不同大小的缓冲区，否则就有可能造成数据传送的失败。因此报文交换难以保证实时性，在实际应用中报文交换主要用于传输报文较短、实时性要求较低的通信业务，如公用电报网。

2．分组交换

报文交换比分组交换出现的时间要早一些，分组交换是在报文交换的基础上，将报文分割成分组进行传输，在传输时延和传输效率上进行了平衡，从而得到了广泛的应用。

分组交换的思想是从报文交换继承而来的，同样采用存储-转发方式，与报文交换的不同之处在于，分组传输方式由于受到一次传输数据的最大长度的限制，需要将用户要传送的信息分割为多个数据段，这些数据段称为“分组”（Packet）。每个分组中有一个分组头，分组头中主要包含逻辑信道号、分组的序号及其他控制信息。由此可见，分组交换的最小信息单元是分组。发送端把这些“分组”分别发送出去。到达目的地后，接收端再将一个个“分组”按顺序装好，还原成原来的信息给用户，这一过程称为分组交换。进行分组交换的通信网称为分组交换网。图 4-2 所示是分组的形成过程。

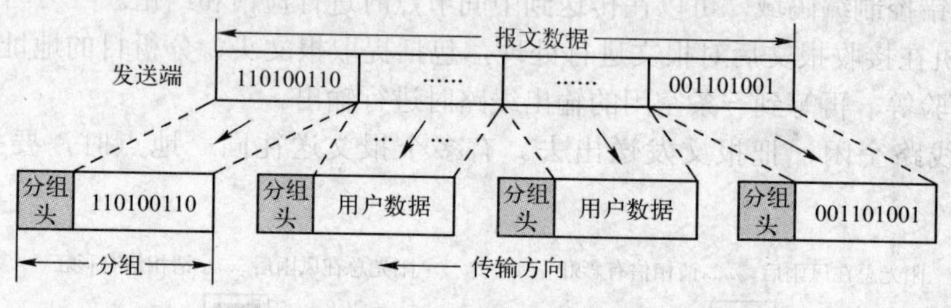

图 4-2　分组的形成过程

分组传送方式采用的是统计复用方式，在同一个物理信道上可以同时传送属于多个不同通信的分组，这些用户终端分别占用不同的子信道进行数据传送，即同一个通信的分组构成了一个子信道。当然，这些子信道是在逻辑上而言的，因此称之为逻辑子信道，并使用逻辑信道号（Logic Channel Number，LCN）来标识每一个逻辑子信道，进而区别出分组是属于哪个通信的。

分组的序号主要用来标识该分组在原来的数据报文中的位置，以便接收端能够将接收到的分组还原为原来完整的报文。

分组有两大类，即数据分组和控制分组。数据分组是用来承载用户数据的分组；控制分组是保证和控制各数据分组在网络中正确传输和交换的分组。为了区分不同类型的分组，分组头中还应包含分组的类型。

分组交换与报文交换的工作方式基本相同，形式上的主要差别在于，分组交换网中要限制所传输的数据单位的长度。分组交换和报文交换的比较如图 4-3 所示。

从图 4-3 中可以看出，分组交换与报文交换相比，加速了数据在网络中的传输。因为分组长度较小且逐个传输，减少了分组的传输时延、存储时延和排队等待时延。此外，传输一个分组所需的缓冲区比传输一份报文所需的缓冲区小得多，从而节省了存储空间，灵活性更强。

由此可见，分组交换结合了电路交换和报文交换的特点，克服了电路交换线路利用率低的缺点，同时又不像报文交换那样时延非常大。因此，分组交换技术自从产生后便得到了迅速发展。

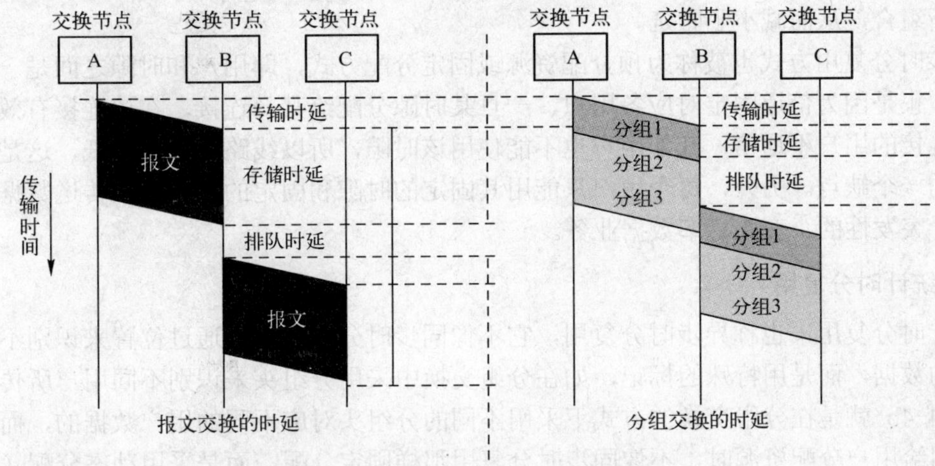

图 4-3　分组交换和报文交换的比较

4.2.2　同步时分复用和统计时分复用

在数据传输中，为了提高数据通信线路的利用率，可以采用时分复用（Time Division Multiplex，TDM）的方法。TDM 是利用时间分割方式来实现多路复用的，其基本原理是将线路传输的时间轮流分配给每个用户，并按照一定格式将数字化的各路信息集合在一起构成帧，每个用户只在分配的时间里使用线路发送和接收信息，且独享资源。时分复用分为同步时分复用（Synchronization Time-Division Multiplexing）和统计时分复用（Statistic Time-Division Multiplexing）两种，下面分别进行介绍。

1. 同步时分复用

同步时分复用方式中，将一条线路按照传输速率所确定的时间周期将时间划分成帧，一帧又划分成若干时隙来承载不同的用户数据，属于同一用户的信号固定占用每帧中某个时隙，并按照一定时间间隔周期性地出现。其典型应用就是在电路交换网中话音的通信过程。

图 4-4a 中，将一帧划分为 n+1 个时隙，每个时隙分别被不同用户信息所占用，且以帧为周期占用固定位置的时隙（如 C 用户占用时隙 TS_n，B 用户占用时隙 TS_i，A 用户占用时隙 TS_0）。在通信过程中，每个用户始终占用固定的时隙，接收端很容易把它们分开，不需要另外的信息头来标志信息身份。

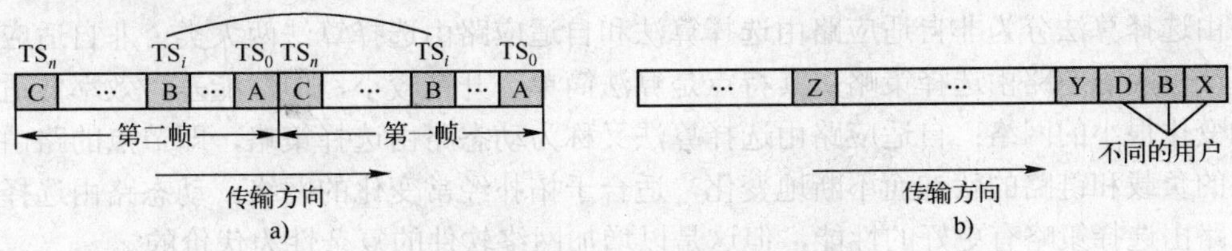

图 4-4　同步时分复用和统计时分复用

a) 同步时分复用　b) 统计时分复用

同步时分复用的优点之一是传输速率高、网络时延小，这是因为所传递的信息在固定时隙以预先设定的信道带宽和速率顺序传送，终端只需按时隙进行识别，免去了目的终端对信息的重新组合，从而减小了时延。

同步时分复用方式也被称为预分配资源或固定分配方式，即用户和时隙之间是一一对应的关系。正是因为信道固定对应各用户，一旦某时隙分配给某一连接，在该连接有效期间，即使所连接的用户不通信，其他用户也不能使用该时隙，所以线路的利用率低，这是同步时分复用的一个缺点。另外，每个用户只能用其固定的时隙和固定的比特率来传送数据，因此也不适于突发性的、变比特率数据业务。

2. 统计时分复用

统计时分复用，也称异步时分复用，它不像同步时分复用方式通过位置来识别不同用户所传送的数据，而是用特殊的标记，如在分组交换中采用分组头来识别不同用户所传送的数据。图 4-4b 就是在分组交换的方式下采用不同的分组头对应不同的用户数据的，而且统计时分复用给用户分配资源时，不像同步时分复用那样固定分配，而是采用动态分配（即按需分配），只有在用户有数据传送时才给它分配资源。当用户暂时不发送数据时，线路可为其他用户传送数据，因此线路的利用率较高。

图 4-4b 表示在传输 X、Y、Z 3 个用户的分组数据统计时分复用同一物理链路，它们用分组头部不同的信息来识别用户，只在用户有数据通信时才占用资源，而且可根据用户数据业务所要求的速率进行传输，各用户的分组长度也有所不同。由此可见，统计时分复用按需分配资源，线路利用率高，并且适用于突发性业务。当某用户出现突发性数据时，可为其分配相应的带宽资源，以减少时延并且避免数据丢失。

4.2.3 路由选择策略和流量控制机制

1. 路由选择策略

在通信网络中，为了增强网络的可靠性，在源节点和目的节点之间一般存在多条传输路径，分组交换网络也是如此。当网络节点收到一个分组后，要确定向下一节点传送的路径，这就是路由选择的功能。合理的路由选择应保证所选路由的正确性、快捷性、经济性和高效性，并利于整个网络的负载平衡以及通信资源的综合利用。在分组交换网中，对分组进行路由选择时，首先考虑端到端传送时延最小、性能最佳的传送路径；其次路由选择算法简单，易于实现，减少额外开销；算法对所有用户平等；还应使网内业务量分布尽可能均衡，以充分提高网络资源的利用率；算法应具有自适应性，当网络出现故障时，可自动选择迂回路由。

以路由选择算法能否随网络的通信量或拓扑自适应地进行调整为标准，分组交换网络可以将路由选择算法分为非自适应路由选择算法和自适应路由选择算法两大类。非自适应路由选择算法也叫静态路由选择策略，其特点是算法简单、开销较小，但性能差、效率低适于拓扑结构变化很小的网络；自适应路由选择算法又称为动态路由选择策略，即节点的路由表根据网络的负载和链路的状态而不断地变化，适合于拓扑经常变化的网络。动态路由选择策略比静态路由选择策略有更好的性能，但这是以增加网络软件的复杂性为代价的。

（1）静态路由选择策略

静态路由选择策略包括泛射路由选择法、固定路由表法和随机路由选择法。

1）泛射路由选择法。泛射路由选择法也称扩散式路由法，这是一种最简单的路由选择算法。当交换节点收到一个分组后，先检查它是否已经收到过该分组，如果收到过，则将它抛弃；如果未收到过，再判断该分组的目的节点是否是在本节点后面，否则就对除该条线路外的所有线路广播这个分组，直至该分组达到目的节点。其中，最先到达目的节点的分组所经过的路径就是一条最佳路由。

实际上，在运行网络中却很少采用这种方法。这是因为它产生的通信量负荷过高，额外开销过大，结果导致网络出现拥塞现象。可以采用计数器的方法来限制分组的数目，即在每个分组的首部设置一个计数器。每当分组到达一个节点时，计数器自动加 1。当计数器的数值到达规定值时，即将此分组丢弃。泛射法在军用网中应用较多，因为它有很好的稳定性，即使有的网络节点遭到破坏，只要源节点、目的节点间有一条信道存在，就仍能保证数据的可靠传送。泛射法还可以修改成有选择的泛射法，它的特点是仅在满足某些事先确定条件的链路上转发分组，因此分组不会向不希望去的方向转发。

2）固定路由表法。固定路由表法也称查表路由法，这是一种使用较多的简单算法。在每个交换节点中设置路由表，表是在整个系统进行配置时，根据网络的拓扑、链路容量、业务量等因素和某些准则计算建立的，并且在此后的一段相当长的时间保持不变。路由表包含路由目的节点地址和对应的下一个节点地址，在分组到达后，根据分组的目的地址查找路由表，进行分组转发。固定路由选择法的优点是处理简单，在可靠的、负荷稳定的网络中可以很好地运行。它的缺点是灵活性差，对于网络中发生的阻塞和故障的适应力差。

3）随机路由选择法。当节点收到一个分组时，节点只是随机选择一条除了分组来源的那条路由之外的其他路由。随机路由选择方法的优点是比较简单、稳定性也较好。显然，由此产生的通信量负荷一般要高于最佳的通信量负荷，而低于泛射法产生的通信量负荷。改进的随机路由选择方法给每条输出路由分配一个概率(可以是基于数据率的，也可以是基于费用的)，根据概率来选择路由。

（2）动态路由选择策略

动态路由选择策略包括独立路由选择法、集中式路由选择法和分布路由选择法。

1）独立路由选择法。在这类路由选择算法中，节点只根据自己收集到的有关信息（如节点和线路当前运行变化情况）动态作出路由选择的决定，而不与其他节点交换路由选择信息，虽然不能正确进行距离本节点较远的路由选择，但还是能较好地适应网络流量和拓扑的变化，如选择将报文分组排列在最短输出队列节点上或排列在信息量最大、延迟小的队列节点上。

2）集中式路由选择法。集中式路由选择法，同固定路由选择法一样，在每个节点上存储一张路由表；但不同的是集中路由选择算法中的节点路由表由网络管理中心定时根据采集的全网状态信息进行路由计算，生成路由表并分送各相应节点。这种方法利用了整个网络的信息，所以得到的路由选择优势较为明显，路由信息开销少、实现简单，同时也减轻了各节点计算路由选择的负担；但功能过于集中，可靠性较差。

3）分布路由选择法。可以看到独立路由选择和集中式路由选择算法都不是非常完善的，在采用分布路由选择算法的网络中，所有节点定期地与其每个相邻节点交换路由选择信息。每个节点均存储一张以网络中其他每个节点为索引的路由选择表，不断通过相邻节点信息交换来修改本节点中的路由选择表，以反映相邻节点的变化，找出到达目的地的最佳路径。

由此可见，在动态路由选择算法中，分布式路由选择算法是优秀的，并且在应用中不断改进，发展成路由信息协议（Routing Information Protocol，RIP）和开放式最短路径优先

（Open Shortest Path First，OSPF）等协议，因此得到了广泛的应用。

2．流量控制机制

如果在某段时间内，对网络中某资源的需求超过了该资源所能提供的可用部分，网络的性能就要变差，产生拥塞。在分组交换网中，如果分组到达的速率大于节点处理分组的速率，就可能造成网络节点的存储区被填满，导致后来的分组无法被处理。另外，由于线路的传输容量也是有限的，如果网络中数据流分布不均匀，可能会导致某些线路上流量超过其负载能力，分组无法被及时传送。这些情况都会造成网络的拥塞，导致网络吞吐量迅速下降以及网络时延的迅速增加，严重影响网络的性能。当拥塞情况严重时，分组数据在网络中无法传送，不断地被丢弃，而源节点无法发送新的数据，目的节点也收不到分组，造成死锁。图4-5 表明了不同拥塞情况下的网络吞吐量，因此需要采取流量控制来实现数据流量的平滑均匀，提高网络的吞吐能力和可靠性。

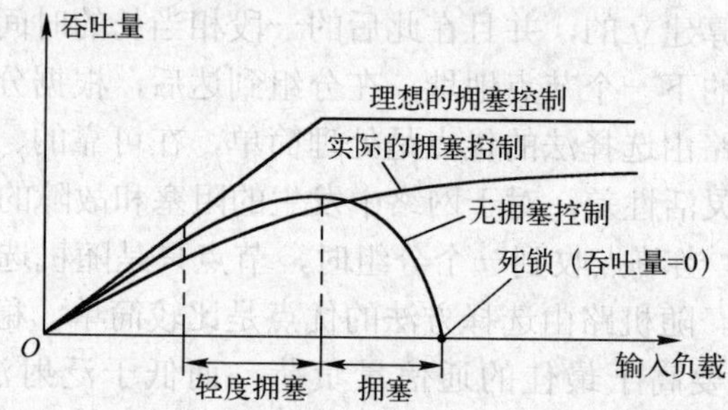

图 4-5　不同拥塞控制下的网络吞吐量

流量控制所要做的就是抑制发送端发送数据的速率，以便使接收端来得及接收。可以通过控制进入发生拥塞的网络分组数量，防止因分组数量过载导致网络吞吐量下降和传送时延的增加；避免死锁而引起网络性能下降，甚至无法继续运行；同时公平分配网络资源，避免某些节点流量过多，而其他节点流量过少；允许分组交换节点在分组经过时在分组上添加拥塞信息等。

分组交换网中流量控制有许多种方法，通常采用 X.25 滑动窗口法。X.25 协议的第三层分组层着重于传输过程中的流量控制，通过滑动窗口算法来实现，对通过接口的每一个逻辑信道使用独立的“窗口”流量控制机制；X.25 协议的第二层也是通过滑动窗口来实现的，但它是对整个接口进行流量控制。

4.2.4　虚电路方式和数据报交换方式

分组交换可提供两种交换方式，一种是虚电路（Virtual Circuit，VC）方式；另一种是数据报（Datagram，DG）方式。

1．虚电路方式

虚电路是面向连接的交换方式，即两终端用户在相互传送数据之前要通过网络预先建立一条端到端的逻辑上的虚连接，称为虚电路。一旦这种虚电路建立以后，属于同一呼叫的数据均沿着这一虚电路传送，按照发送的次序在各个中间节点排队进行转发，每个交换节点就不需要为数据包作路径选择；传送结束后再通过发送呼叫释放请求来拆除虚电路。在虚电路方式中，用户的通信需要经历连接建立、数据传输、连接拆除 3 个阶段。如图 4-6 所示，在终端 A 和 B 之间进行数据通信时已建立起一条虚电路，即通过中间节点②进行转发到终点 B，这样要传递的所有 5 个分组都依次沿着这条虚电路传输到 B，到达终点的顺序保持不变。

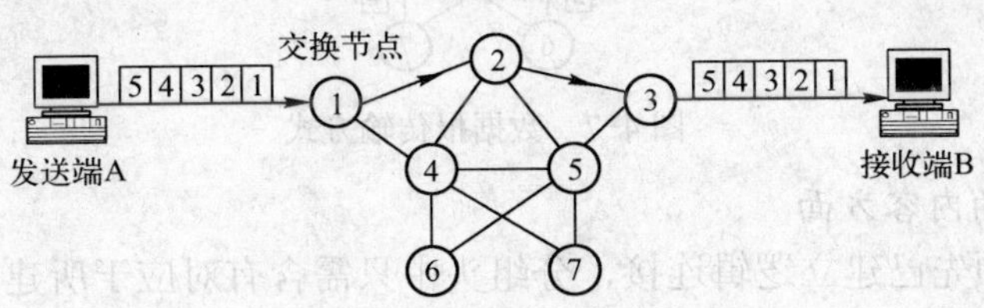

图 4-6　虚电路传输方式

这种虚电路方式和电路交换方式都属于面向连接的交换方式，即在每次通信要预先建立连接，具有传输时延小、分组有序到达的优势，但它们是有本质差别的。电路交换建立的是物理连接，具有独占性，即某用户建立电路连接后，就获得了分配的一个时隙单元，相当于为该用户信息的传送预留了带宽资源，即使某个时间段该用户无信息发送，该时隙资源也不能再分配给其他用户终端发送信息。虚电路方式是一种逻辑连接，每段交换节点间的虚电路用逻辑信道号（Logic Channel Number，LCN）来标识来自同一个用户终端的各个分组，某用户建立虚电路连接后，只是在每段连接线路上分配逻辑信道号，这仅仅是确定了信息所走的端到端的路径，但并没有预留带宽资源。因此，虚电路并不独占线路，在一条物理线路上可以同时建立多个虚电路，也就是建立多个逻辑连接，可以实现资源共享。

虚电路有两种方式，即交换虚电路（Switched Virtual Circuit，SVC）和永久虚电路（Permanent Virtual Circuit，PVC）。SVC 是指在每次呼叫时用户通过发送呼叫请求分组来建立临时虚电路的方式；PVC 是指用户向网络运营者申请为之建立固定的虚电路，不需要在呼叫时临时建立虚电路，而可直接进入数据传送阶段，这种方式一般适用于业务量较大的集团用户。

2．数据报方式

在数据报中，不需要预先建立逻辑连接，交换节点将每一个分组独立地进行处理，即每个分组包含完整的地址信息，当分组到达交换节点后，节点按照每个分组头中的目的地址对各个分组独立进行选路。因此，同一用户的不同分组可能沿着不同的路径到达终点，在网络的终点需要重新排队，组合成原来的用户数据信息。由于各个分组被分配不同的路径而到达的顺序不同，因此传输时延大，时延差别也大，但当网络出现故障时适应性强。

如图 4-7 所示，终端 A 有 5 个分组 1、2、3、4、5 依次要发送给 B，显然中间节点对 5 个分组转发的路径有所不同，分组 2 通过节点②进行转接到 B，分组 3 通过节点④—节点⑥—节点⑤—转接到 B，分组 1 通过节点④—节点⑤—节点③—转接到 B，而分组 5 的转发路径为节点④—节点⑥—节点⑤—节点③—转接到 B，由于每条路由上的负荷量和时延等各不相同，5 个分组到达的顺序为 2、5、1、4、3，与原来的顺序不一致，因此在接收端 B 要将它们重新排序。

可以从以下几个方面比较 VC 和 DG 这两种交换方式的区别。

（1）在连接建立方面

VC 是一种面向连接的方式，即在呼叫前要事先建立虚连接。DG 是一种无连接方式，在呼叫前不需要事先建立连接，而是边传送信息边寻路。

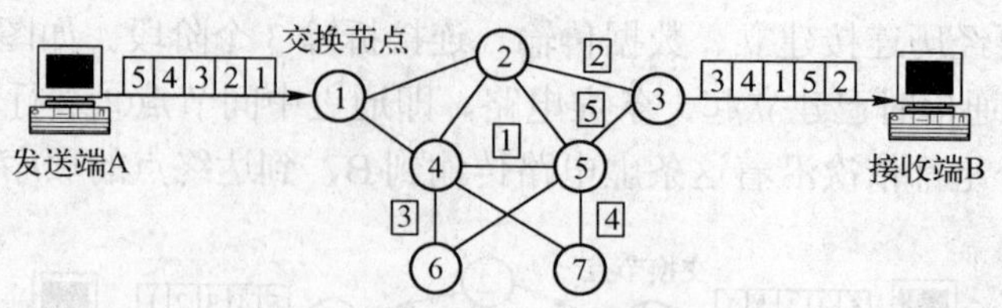

图 4-7 数据报传输方式

（2）在分组头的内容方面

VC 方式由于预先已建立逻辑连接，分组头中只需含有对应于所建立的虚电路的逻辑信道标识；而 DG 方式的每个分组头中要包含详细的目的地址才能独立进行选路。

（3）在选路方面

VC 方式一旦虚电路建立，在端到端之间所选定路由上的各个交换节点都具有映像表，存放输出输入逻辑信道的对应关系，每个分组到来时只要查找映像表，而不需要进行复杂的选路，但建立映像表要有一定的存储器开销；DG 方式无通路建立过程直接选路。

（4）在分组到达的顺序方面

VC 方式中，属于同一呼叫的各个分组在同一条虚电路上传送，分组会按原有顺序到达终点，不会产生失序现象；DG 方式中，各个分组由于独立选路，可以从不同的路由转送，会引起失序。

（5）在故障敏感性方面

VC 方式对故障较为敏感，当传输链路或交换节点发生故障时可能引起虚电路的中断，需要重新建立；DG 方式因各个分组可选择不同路由，对出现故障的适应能力较强，从而可靠性较高。

（6）在实际应用方面

VC 方式适用于较连续的数据流传送，其持续时间应显著地大于呼叫建立的时间，如文件传送、传真业务等；DG 方式则适用于面向事务的询问/响应型数据业务。

4.2.5 分组交换技术的特点

分组交换的设计初衷是为了计算机之间的资源共享而进行数据通信，其设计思路截然不同于电路交换。

（1）分组交换技术的优点

分组交换的优点可以归纳如下：

1）分组交换技术包括面向（逻辑）连接和无连接两种工作模式，可以更好地适应多种类型业务传输的要求。

2）动态分配线路资源，线路利用率高。每个分组都有控制信息，使每条线路上均可同时有多个不同用户终端按需进行资源共用，即只有当用户发送数据时才分配给实际的线路资源，不传输数据时则可把线路资源提供给其他用户使用。

3）对每个分组有差错控制，数据传输可靠性高。分组交换可以逐段独立进行差错控制和流量控制，全程的误码率在 10^{-11} 以下。由于分组交换还具有路由选择、拥塞控制等功能，当网内发生故障时分组能自动避开故障点，选择迂回路由进行传输，不会造成通信中断，提高了数据传输的可靠性。

4）支持异种终端的通信。由于采用存储-转发方式，不需要像电路交换中那样建立端到端的物理连接，分组交换网络可以提供不同传输速率、不同同步方式、不同类型数据终端设备之间的通信。

5）无呼损，但有可变的呼叫延迟。分组交换可以把到达交换节点而不能立即被转发出去的分组先进行存储，在缓存队列里排队等待，直到有空闲的输出链路。这种机制与电路交换的呼叫损失制不同，它基于呼叫延迟制。

6）降低通信成本，经济性好。分组交换以分组为单元在交换机内进行存储和处理，有利于降低网内设备的费用，提高交换机的处理能力；而且分组交换按通信信息量和通信时长计费，与通信距离无关，大大降低了使用费用。

（2）分组交换技术的缺点

分组交换技术在具有诸多优点的同时也不可避免地存在一些缺点，总结如下：

1）信息传送时延大，时延抖动大。由于分组交换采用了存储-转发方式，分组在每个节点都要经历存储、排队、转发过程，因此分组穿越网络的平均时延达到几百毫秒，并且由于每个分组通过不同路径进行传送，到达目的地的时间顺序不同，会造成较大的时延抖动。

2）额外开销大。由于信息被分成多个分组，每个分组都有附加的分组头，从而增加了额外开销。因此分组交换适合突发性的数据业务的应用，而不适合在实时性要求高、信息量大的环境中应用。

3）分组交换技术的协议和控制比较复杂。由于分组交换具有逐段链路的差错控制和流量控制、速率变换、网络管理、智能化控制等功能，使得分组交换具有较高的可靠性，但同时也加重了分组交换机处理的负担，使分组交换机的分组吞吐能力受到了限制。

4）分组交换技术不适用于高速数据通信，它难以满足对实时性要求比较高的电话和视频等业务。

（3）分组交换技术与电路交换的主要区别

分组交换技术具有带宽可变、灵活、线路资源利用率高、适合差错敏感和突发性的数据业务的优势。因此，它与面向连接的电路交换技术的主要区别体现在以下几个方面：

1）在通路建立和网络资源分配上，电路交换是面向连接的，其建立的是物理连接；分组交换中的虚电路也是面向连接的，但其建立的是逻辑连接。

2）对信息的损伤方面，电路交换具有较好的时间透明性（信息传送的时延和时延抖动要小）；分组交换具有较好的语义透明性（由传送引起的信息丢失较少、差错要小）。

3）在支持多种业务方面，分组交换有更大的灵活性，可实现多种速率交换的业务需求，并允许多种业务共享网络资源；电路交换只能提供固定比特率的业务交换。

4）在交换速率方面，电路交换可以达到高速率的交换，而分组交换的交换速率受到了限制。

5）在差错控制方面，电路交换没有差错控制功能；分组交换具有差错控制功能。

4.3　X.25 协议

X.25 协议是使用最广泛的分组交换网的通信协议标准，最先在 1976 年由国际标准化组织（ISO）和国际电信联盟（ITU）联合制定的，作为公用数据网的用户-网络接口协议，它的全称是“公用数据网络中通过专用电路连接的分组式数据终端设备（Digital Terminal Equipment，DTE）和数据电路终接设备（Data Circuit-terminating Equipment，DCE）之间的接口”。这里的 DTE 是用户设备，即分组型数据终端设备（执行 X.25 通信规程的终端）；DCE 是指 DTE 所连接的网络分组交换机（Packet Switch，PS）。X.25 协议主要包括接口协议和网内协议两部分。接口协议定义了数据终端设备 DTE 和与它相连的网络设备之间的通信协议 UNI；网内协议定义了分组交换网内部各交换机之间的通信协议 NNI。尽管现在 X.25 分组交换网已经逐渐被新兴的交换技术网络所取代，但它仍然作为分组交换技术的基础而非常有必要学习，尤其是在 20 世纪 80 年代满足了绝大多数数据通信的要求而发挥了巨大的作用。

4.3.1 X.25 协议的主要功能与特点

1. X.25 协议的主要功能

X.25 协议的主要功能是描述如何建立和拆除虚电路，以及差错控制和流量控制机制等，并提供可选业务和配置功能。对于分组交换的另一种传递方式——数据报形式，在 1984 年被取消而不再应用。X.25 定义了标准化的接口协议，任何要接入到分组交换网的终端设备必须在接口处满足 X.25 协议的规定。X.75 协议是 ITU-T 制定的分组交换网网间国际互联协议，ITU-T 没有制定分组交换网的网内协议标准，而是由各个厂家自行定义。各厂家都是在 X.25 或 X.75 协议的基础上做适当增改而形成自己的网内协议，通常在同一个网络中应采用同一种网内协议。

2. X.25 协议的特点

X.25 协议具有如下特点：

1）可靠性高。X.25 协议是面向连接的，能够提供可靠的虚电路服务，保证服务质量；X.25 协议具有点对点的差错控制，可以逐段独立地进行差错控制和流量控制；X.25 协议每个节点交换机至少与另外两个交换机相连，当一个中间交换机出现故障时，能通过迂回路由维持通信。

2）信道利用率高。X.25 协议利用统计时分复用及虚电路技术大大提高了信道利用率。

3）具有复用功能。当用户设备以点对点方式接入 X.25 网时，能在单一物理链路上同时复用多条虚电路，使每个用户设备能同时与多个用户设备进行通信。X.25 协议具有流量控制和拥塞控制功能，采用滑动窗口技术来实现流量控制，并有拥塞控制机制防止信息丢失。

4）便于不同类型用户设备的接入。X.25 协议网内各节点向用户设备提供了统一的接口，使得不同速率、码型和传输控制规程的用户设备都能接入 X.25 网，并能相互通信。

5）X.25 协议规定的丰富的控制功能增加了分组交换机处理的负担，使分组交换机的吞吐量和中继线速率的进一步提高受到了限制，而且分组的传输时延比较大。X.25 端口可以支持的最高速率是 2 Mbit/s。

4.3.2 X.25 协议的层次结构

X.25 协议结构较简单，由 3 层组成，如图 4-8 所示，对应于 OSI 参考模型的下 3 层，分别为物理层、数据链路层和网络层（也叫 X.25 分组层）。每一层的通信实体只为上一层提供服务，接收到上一层的信息后，加上控制信息（如分组头、帧头），最后形成比特流在物理媒体上传送。

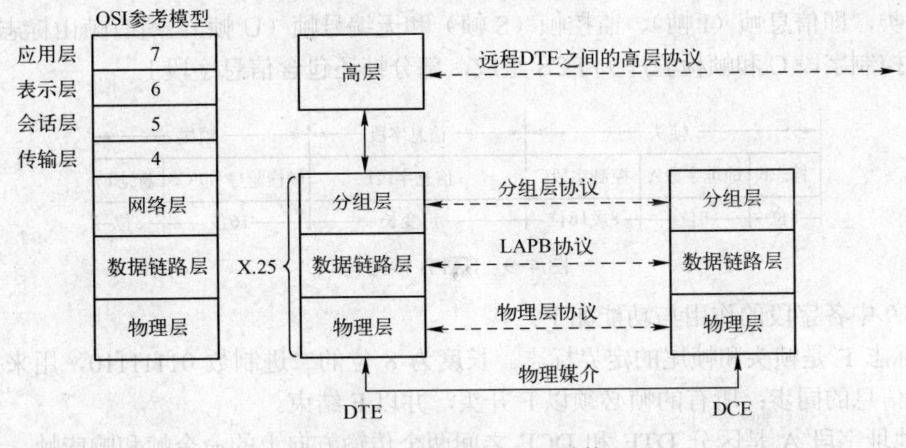

图 4-8　X.25 协议分层结构

1. 物理层

X.25 协议的最底层是物理层，描述了 X.25 网络的接口标准，可采用两种接口标准，即 ITU 的 X.21 建议和 V 系列建议。X.21 建议规定了在公用分组网上进行同步操作的 DTE 和 DCE 之间的通用接口，它是以数字传输线路作为基础制定的，接口功能多，接口线少，是比较理想的接口标准；V 系列建议主要是 V.24 或 RS-232 接口，用于模拟传输信道。第二层称为数据链路层，处理对象是帧，采用高级数据链路控制规程（HDLC），功能原理与 No.7 信令的第二级类似。第三层称为分组层，处理对象是分组，相当于 OSI 模型中的网络层，这一层在 DTE 与 DCE 之间可建立多条逻辑信道，建立虚电路并进行通信。

X.25 协议的物理层协议定义了数据终端设备 DTE 和数据电路端接设备 DCE 之间建立、维持、释放物理链路的过程，包括接口的电气、功能和机械特性以及协议的交互流程。DTE 是与分组交换网的端口相连的设备；DCE 是 DTE 远程通信传输线路的终接设备，主要完成信号变换、适配和编码等功能。

X.25 协议的物理层的功能主要包括在 DTE 和 DCE 接口处提供传送信息的物理通道以及传输比特流信息；在设备之间提供时钟信号，用于同步数据流和规定比特速率以及提供电气标准等。X.25 协议的物理层只负责传输信息，不执行控制功能，控制功能主要由数据链路层和分组层完成。

2. 数据链路层

X.25 数据链路层协议定义了在 DTE 和 DCE 之间交换帧的过程，并且控制信息有效、正确地传送。它采用的是 HDLC 的一个子集——平衡型链路访问规程（Link Access Procedure Balanced，LAPB）协议作为数据链路的控制规程。对于 HDLC 有两种链路配置：一种是平衡配置；另一种是非平衡配置。非平衡配置可提供点对点链路和点对多点链路，这里的 LAPB 平衡配置只提供点对点的链路连接方式，负责在 DTE 和 DCE 之间有效传输数据，包括数据链路的建立、拆除和复位控制；提供帧结构的封装、定界、帧同步和差错控制、流量控制机制等。下面对 X.25 数据链路层帧结构及数据链路层的工作过程加以分析。

（1）帧类型与帧结构

数据链路层传送信息的最小单位是帧，按照 LAPB 帧（见图 4-9）所完成的功能可以把帧分成 3 类，即信息帧（I 帧）、监控帧（S 帧）和无编号帧（U 帧）。所有帧由标志 F、地址字段 A、控制字段 C 和帧检验序列 FCS 组成，部分帧还包含信息字段 I。

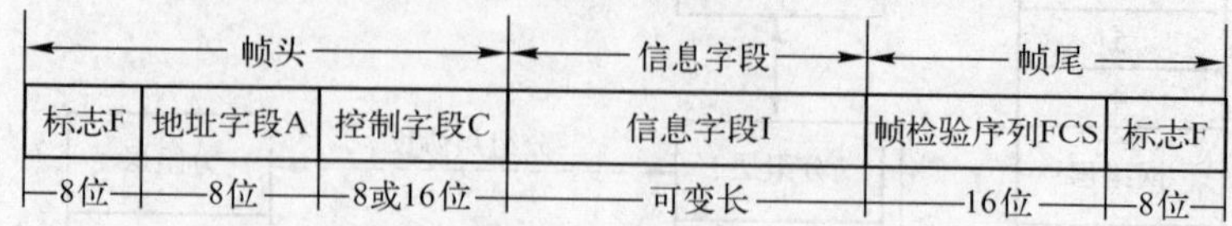

图 4-9 LAPB 帧结构

图 4-9 中各字段的作用与功能如下：

1）标志 F 是帧头和帧尾的定界标志。长度为 8 位的二进制数 01111110，用来控制发送和接收端信息的同步；所有的帧必须以 F 开头，并以 F 结束。

2）地址字段 A 是区分 DTE 和 DCE 之间两个传输方向上的命令帧和响应帧，该字段的长度为 8 位。因为在 DTE 和 DCE 之间交换的帧有命令帧（用来发送信息或产生某种操作）和响应帧（对命令帧的响应）两种，其地址字段用不同的形式来表示，见表 4-1。

A 地址表示 DCE 发送的命令帧、DTE 发送的响应帧；B 地址表示 DTE 发送的命令帧、DCE 发送的响应帧；C 和 D 地址表示多链路的命令帧和响应帧。

表 4-1 LAPB 帧的地址字段

地　址	位编码 87654321	十六进制值	应　用
A	0000 0011	03	单链路
B	0000 0001	01	
C	0000 1111	0F	多链器
D	0000 0111	07	

3）控制字段 C 用来区分帧的类型并携带控制信息。LAPB 定义了两种工作方式，即模 8 方式和模 128 方式。模 8 方式就是指发送序号或接收序号在 0～7 之间循环编号，控制字段长度均为 8 位；模 128 方式则是在 0～127 之间循环编号，信息帧和监控帧的控制字段长度为 16 位，无编号帧控制字段长度为 8 位。

表 4-2 列出了在模 8 基本方式下 LAPB 帧的控制字段，其中第 1 位表示帧的类型；第 2～4 位表示发送序号 N（S），用于帧接收的肯定证实，N（S）为本帧的序号；第 5 位称作探询（Poll）/最终（Final）位，即 P/F 位，P 对应命令帧，F 对应响应帧；第 6～8 位表示正在等待接收的下一帧的序号 N（R）。

表 4-2 在模 8 基本方式下 LAPB 帧的控制字段

	命令	响应	名称	控制字段位编码							
				8	7	6	5	4	3	2	1
信息帧	I	—	信息帧	—	N（R）	—	P	—	N（S）	—	0
监控帧	RR	RR	授受准备好	—	N（R）	—	P/F	0	0	0	1
	RNR	RNR	授受未准备好	—	N（R）	—	P/F	0	1	0	1
	REJ	REJ	拒绝	—	N（R）	—	P/F	1	0	0	1

（续）

	命令	响应	名称	控制字段位编码							
				8	7	6	5	4	3	2	1
无编号帧	—	DM	已断开方式	0	0	0	F	1	1	1	1
	SABM	—	置异步平衡方式	0	0	1	P	1	1	1	1
	DISC	—	断开	0	1	0	P	0	0	1	1
	—	UA	无编号确认	0	1	1	F	0	0	1	1
	—	FRMR	帧拒绝	1	0	0	F	0	1	1	1
	SABME	—	置扩充的异步平衡方式	0	1	1	P	1	1	1	1

信息帧（I 帧）用于传输分组层的分组数据，并携带流量控制信息，只在数据传输过程中使用。信息帧的识别标志是 C 字段的第 1 位为“0”；因为 I 帧是命令帧，所以总为探询位（P），P＝0，该位不起作用；P=1，表示要探询对端的状态。

监控帧（S 帧）传送流量控制信息和差错控制信息，用来保护信息帧的正确传输。监控帧的识别标志是 C 字段的第 1 位和第 2 位，分别为“1”和“0”；第 3、4 位用于区分不同类型的监控帧。监控帧有 3 种，即 RR 帧（接收准备好 00）、RNR 帧（接收未准备好 10）、REJ 帧（拒绝帧 01），监控帧的控制字段包含接收序号 N（R）；监控帧既可以是命令帧也可以是响应帧，所以其 C 字段第 5 位为 P 或 F 位。

无编号帧（U 帧）用来传送链路控制信息。无编号帧的识别标志是 C 字段的第 1 位和第 2 位均为“1”，第 5 位是 P/F 位。无编号帧共有下列 6 种类型，分别在其他位予以区分。

- SABM：命令帧，用于请求建立链路，接收方可以用 UA 帧表示同意建立链路，用 DM 帧表示拒绝建立链路。
- DISC：命令帧，用于通知对方断开链路连接；接收方用 UA 表示同意断开连接。
- DM：响应帧，表示本方已处于链路断开的状态，该帧还可以作为对 SABM 命令的否定回答。
- UA：响应帧，对无编号命令帧的肯定回答。
- FRMR：响应帧，通知对方出现了用重发无法恢复的差错状态。FRMR 包含信息字段，提供拒绝的原因。
- SABME：命令帧，与 SABM 作用一致，但是通信双方按模 128 方式工作。

4）信息字段 I，只有信息帧（I 帧）和无编号帧（U 帧）中的 FRMR 帧包含信息字段。信息帧中的信息字段为来自高层分组层的分组数据。FRMR 帧的信息字段为拒绝的原因。

5）帧检验序列 FCS 即错误检测码，为 16 位数据。FCS 在发送方根据所需发送的数据内容，按照特定的算法计算而产生，并附于帧尾；在接收端通过对接收到的数据和 FCS 的值按同样的算法进行计算，就能判别在传输过程中是否发生了错误。

（2）数据链路层的工作过程

数据链路层的主要功能就是建立数据链路，提供有效可靠的分组信息的传输，其过程可分为 3 个阶段，即链路建立、帧的传输和链路断开。

1）链路建立。通过发送连续的标志 F 来表示它能够建立数据链路。DTE 或 DCE 都可以启动数据链路的建立，但实际上常由用户侧的 DTE 在接入时启动建立，网络侧的 DCE 处于守候状态，通过发送连续的 F 标志表示信道已激活。链路建立时，只要任一方发送一个

SABM 命令帧，对方如认为可以进入信息传送阶段，就回送 UA 响应帧，链路建立成功。如果对方认为尚不能开始信息传送，就回送 DM 响应帧，表示链路未能建立。DCE 还能主动发起 DM 响应帧，要求 DTE 启动链路建立过程。

2）当链路建立之后，就进入信息传输阶段，即在 DTE 和 DCE 之间交换信息帧 I 帧和监控帧 S 帧。I 帧的传输控制是通过帧的顺序编号、确认、链路层的窗口机制和链路传输计时器等功能来实现的。

3）链路断开过程是一个双向对称过程，可由 DTE 或 DCE 发起。任一方发出 DISC 命令帧，如果对方此时尚处于信息传送阶段，则用 UA 响应帧确认，即完成断链过程；如果对方已进入断链阶段，则用 DM 响应帧确认。

图 4-10 为链路建立和断开过程。DTE 通过向 DCE 发送置异步平衡方式 SABM 命令启动数据链路建立过程，DCE 接收到后，认为它能够进入信息传送阶段，它向 DTE 回送一个 UA 响应帧，则数据链路建立成功；断链由 DCE 发起，通过向 DTE 发送断链 DISC 启动数据链路断开过程，DTE 接收到后，向 DCE 回送一个 DM 响应帧，则数据链路成功断开。

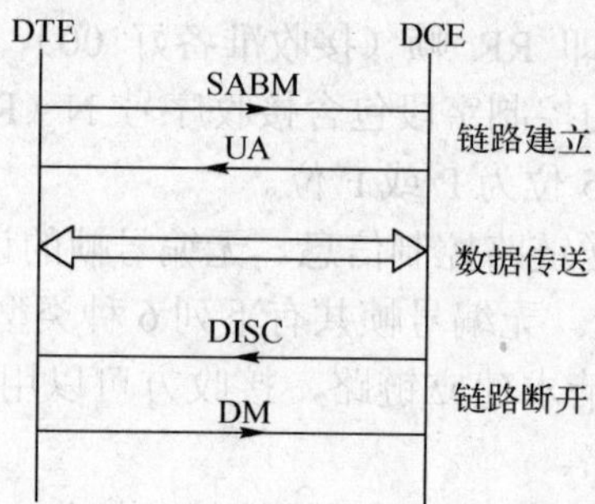

图 4-10 链路建立和断开过程

（3）差错校正和流量控制

差错校正和流量控制是信息传送阶段的重要功能，它们都是利用 I 帧和 S 帧提供的 N(S) 和 N(R)字段来实现的。

差错校正采用肯定/否定证实、重发纠错的方法，发现非法帧或出错帧予以丢弃；发现帧号跳号，则发送 REJ 帧通知对端重发。为了提高可靠性，协议还规定了定时重发功能，即在超时未收到肯定证实时，发端将自动重发。

流量控制采用滑动窗口控制技术，控制参数是窗口尺寸 k，其值表示最多可以发送多少个未被证实的 I 帧。设最近收到的 I 帧或监控帧的证实帧号为 $N(R)$，则本端可以发送的 I 帧的最大序号为 $N(R)+k-1 \pmod 8$，称为窗口上沿。其中，$1 \leqslant k \leqslant 7$。$k$ 值的选定取决于物理链路的传播时延和数据的传输速率，应保证在连续发送 k 个 I 帧之后能收到第 1 个 I 帧的证实信息。

窗口机制为 DCE 和 DTE 提供了十分有效的流量控制手段，在网络出现阻塞时任一方可以通过延缓发送证实帧的方法，强制对方延缓发送 I 帧，从而达到控制信息流量的目的。还有一种更为直接的拥塞控制方法是：当任一方出现接收拥塞（忙）状态时，可向对方发送监控帧 RNR；对方收到此帧后，将停止发送 I 帧；“忙”状态消除后，可通过发送 RR 或 REJ 帧通知对方。

3. 分组层

X.25 协议分组层在 DTE 与 DCE 接口之间建立虚电路实现分组的数据通信，提供 PVC 和

SVC 的建立和拆除、处理寻址、流量控制，以及差错控制等相关功能。它支持两类虚电路连接，即 SVC 和 PVC。其中，SVC 需要在每次通信前先建立虚电路，因此呼叫过程包括呼叫建立、数据传输和呼叫清除 3 个阶段；而 PVC 不需要建立虚电路即可直接进行数据传输。

（1）虚电路的工作过程

虚电路是在端到端之间建立的虚连接，一条虚电路由多段节点之间的逻辑信道（Logic Channel，LC）连接而成。逻辑信道是物理线路上可分配的代表信道的一种编号资源，存在于每段节点之间，用 LCN 来标识，作为呼叫所建立虚电路连接的唯一标志。它在呼叫建立阶段由 DCE 或 DTE 为每一次交换虚电路在每段节点间分配一个逻辑信道号，在呼叫清除阶段收回逻辑信道资源再重新分配。

一条物理线路上可以存在多个逻辑信道，为多对用户服务；每条线路的逻辑信道号是独立分配的，也就是说逻辑信道号并不在全网中有效，它只具有局部意义。同一条虚电路在不同线路上的逻辑信道号可以是相同的。逻辑信道是一直存在的，它有占用和空闲两种状态。

虚电路（不包括永久虚电路）随着通信的开始而建立，通信结束后就被清除。在 X.25 协议中，虚电路是由逻辑信道群号（Logic Channel Group Number，LCGN）和 LCN 联合表示的。X.25 分组层规定一条数据链路上最多可分配 16 个逻辑信道群，各群用逻辑信道群号区分；每群内最多可有 256 条逻辑信道，用 LCN 表示。这样一段物理线路总共可以分配 4096 个逻辑信道，除了第 0 号逻辑信道有专门的用途外，其余 4095 条逻辑信道都可分配给虚电路使用。

图 4-11 说明了分组交换网络中虚电路的建立过程。DTE1 与 DTE3 之间、DTE2 与 DTE4 之间要进行数据通信，分别用呼叫 1 和 2 来表示这两个通信。对于交换虚电路，在虚连接建立阶段时生成了交换节点 A 和 B 的路由表，而永久虚电路是在申请该业务时，由网络运营管理者设置生成的。DTE1 的数据分组从节点 A 的 5 号端口的 22 号逻辑信道进入交换节点 A，经查寻路由表从 1 号端口的 55 号逻辑信道上输出，分组传送到节点 B 的 6 号端口，逻辑信道号不变仍为 55，在节点 B 查路由表，从 2 号端口的 16 号逻辑信道上输出，从而被传送到通信的目的终端 DTE3。同理，DTE2 到 DTE4 的数据分组的传输和交换也依据相应的路由表进行。

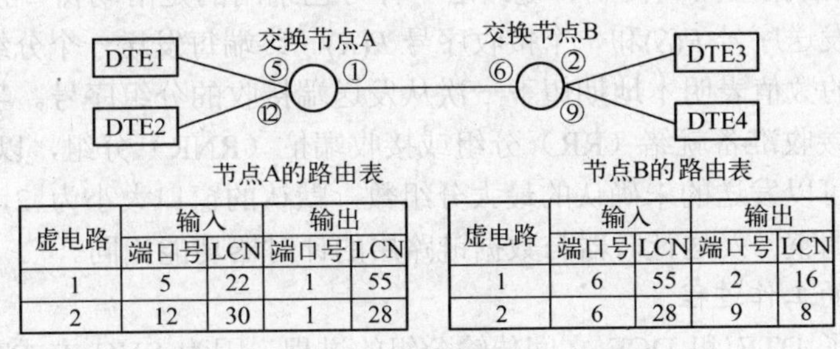

节点A的路由表

虚电路	输入		输出	
	端口号	LCN	端口号	LCN
1	5	22	1	55
2	12	30	1	28

节点B的路由表

虚电路	输入		输出	
	端口号	LCN	端口号	LCN
1	6	55	2	16
2	6	28	9	8

图 4-11　虚电路的建立过程

（2）分组的结构

分组层传送信息的最小单位为分组。分组的种类主要分为数据分组（真正承载用户信息的分组）和控制分组（用于虚呼叫连接的建立、清除和恢复）两大类。它们都是通过下层数据链路层的 I 帧来承载的，每一个 I 帧承载一个分组。分组由分组头和分组数据两部分组成。分组头的格式如图 4-12 所示，包含 GFI、LCGN+LCN 和 PTI 3 个字段，共 24 位。

其中，标识分组对应的逻辑信道、分组类型识别符标识该分组的类型，称为通用格式识别符。

位 8 7 6 5	4 3 2 1
GFI QDSS	LCGN
LCN	
PTI	

图 4-12 分组头格式

GFI（General Format Identifier，通用格式标识符）定义了分组的一些通用功能，大小为 4 位，从高到低的这 4 位分别用 *Q*、*D*、*S*、*S* 来表示。其中，Q（第 8 位）称为限定符位，用来指示传输的分组是用户数据（*Q*=0）还是控制信息（*Q*=1）；D（第 7 位）为传送确认位，用来指示本端 DTE 发出的数据分组是由 X.25 接口本地 DCE 证实（*D*＝0），还是由远端 DTE 证实（*D*＝1）；SS（第 6、第 5 位）为模式位，指示分组的顺序号范围是模 8 模式（*SS*＝01）还是模 128 模式（*SS*＝10）。

LCGN+LCN 逻辑信道标识符，用于区分逻辑信道，共 12 位。第一个字节的第 4～1 位为逻辑信道组号，占 4 位；第二个字节为逻辑信道号占 8 位，这样可以组成 16 个组，每组 256 条逻辑信道。

PTI（Packet Type Identifier，分组类型标识符）为 8 位，用于区分各种不同分组，如呼叫建立分组、呼叫清除分组、数据传输分组等。PTI 的第 1 位为“0”时，为数据分组，用于传送用户信息，X.25 分组类型中只有一个数据分组；该位为“1”时，为控制分组。

（3）数据传送过程和流量控制

数据分组的 PTI 有 3 个重要参数，即 *P*(*S*)，*P*(*R*)，*M*，如图 4-13 所示。其中，第 1 位恒为 0，表示这是一个数据分组。*P*(*S*)，*P*(*R*)分别为数据分组序号和期望接收序号，其作用同链路层中的 *N*(*S*)和 *N*(*R*)，是用来进行分组层的流量控制和重发纠错的。*M* 位称为后续数据位，用于配合表示用户报文的分段传输，如果 *M* = 1，则表示该数据分组之后还有属于同一报文的分组；如果 *M*＝0，则表示该数据分组是该报文的最后一个分组。

8 … 6	5	4 … 2	1
P(*R*)	*M*	*P*(*S*)	*O*

图 4-13 数据分组的分组类型标识符

X.25 分组层的流量控制机制和链路层一样，也采用的是滑动窗口技术，因为每个数据分组中都有一个发送序号 *P*(*S*)和一个接收序号 *P*(*R*)。终端每发送一个分组，发送序号 *P*(*S*)就加 1，*P*(*R*)字段的数值表明本地期望下一次从发送端接收的分组序号。当一方没有数据可发送时，可发一个接收准备就绪（RR）分组或接收端忙（RNR）分组，以捎带 *P*(*R*)信息。发送窗口参数设置可以发送的未确认的最大分组数，默认的窗口大小为 2，可以根据当前网络的流量情形适当调整；发送计时器与数据链路层的计时器功能相同。

（4）分组层的工作过程

分组层定义了 DTE 和 DCE 之间传输分组的过程。因为 SVC 方式需要在每次通信时建立虚电路，因此分组层的操作仍包括呼叫建立、数据传输、呼叫清除 3 个阶段；而对于 PVC 来说，只有数据传输阶段的操作，而无呼叫建立和清除过程。

X.25 分组层的建立和拆除虚电路、数据传输过程与链路层的相应过程非常相似。数据分组相当于链路层的信息帧，流量控制分组相当于监控帧，*P*(*S*)相当于 *N*(*S*)，而 *P*(*R*)相当于 *N*(*R*)。分组层也采用了分组的顺序编号、确认机制和超时重发等控制机制。确认机制也是采用了滑动窗口机制，从而实现了流量控制。

4.4 帧中继

前面已经分析，由于分组交换技术存在头部开销比较大、协议和控制复杂、时延比较大等不足，难以满足对实时性要求比较高的话音和视频传输等更高速率业务的需求，因此人们又开始研究新的分组交换技术，促使快速分组交换（Fast Packet Switching，FPS）等技术相继出现。

4.4.1 帧中继概述

快速分组交换的基本思想是极大地简化协议，只具有核心的网络功能，可提供高速、高吞吐量、低时延服务的交换，从而有效地提高数据的转发速度。帧中继（Frame Relay，FR）作为 FPS 的典型代表，是在分组交换的基础上发展起来的，它是在 OSI 参考模型第二层（数据链路层）的基础上采用简化协议传送和交换数据的一种技术，由于第二层的数据单元为帧，故称之为帧中继。

帧中继仅实现 OSI 物理层和链路层核心层的功能，将流量控制、纠错等复杂的控制交给智能终端去完成，大大简化了交换节点间的处理过程；同时，帧中继取消了分组交换技术中的数据报方式，而仅采用虚电路方式，向用户提供面向连接的数据链路层服务。采用虚电路技术，能充分利用网络资源，因而帧中继具有吞吐量高、速率高、时延低、适合突发性业务等特点，所以帧中继近年来得到了迅速的发展。其主要应用是在广域网（WAN）中实现局域网互联和 X.25 网络互联。图 4-14 所示为使用帧中继技术实现局域网互联，其中 DLCI 为帧中继交换节点之间连接的数据链路标识。

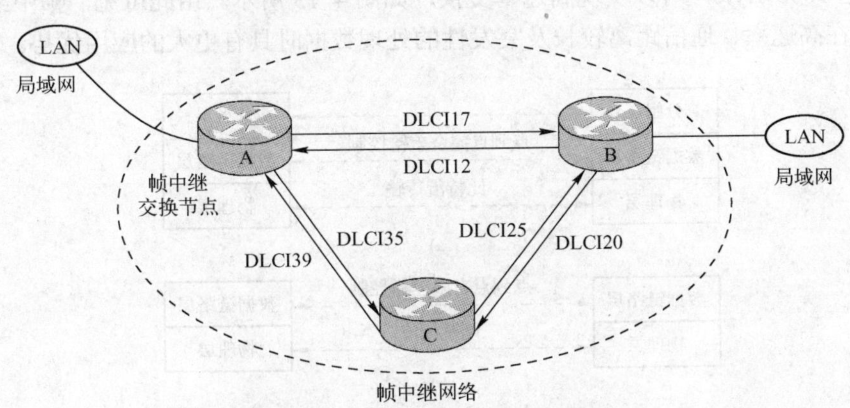

图 4-14　使用帧中继技术实现局域网互联

帧中继协议的简化是以使用光纤传输的高可靠性和用户终端设备的智能化为前提条件；光纤传输介质具有传输速度快、质量高等特点，光纤的数字传输误码率小于 10^{-9}。在这种优质信道条件下，分组交换中逐段的差错控制、流量控制就显得没有必要，因此使帧中继技术得以迅速地发展。

帧中继具有如下特点：

1）帧中继协议处理大为简化，完成 OSI 的物理层和数据链路层的核心功能，交换节点不再进行纠错、重发等工作，提高了数据通信的速率。帧中继最小传送单位为帧，帧的信息长度远比分组长度要长，预约的最大帧长度至少要达到 1600 Byte，适合于封装局域网的数据单元。

2）帧中继采用面向连接的交换技术，可以提供 SVC 业务和 PVC 业务，可以实现带宽的复用和动态分配。

3）帧中继提供合理的带宽管理和拥塞控制机制；用户可有效地利用预先约定的带宽，即承诺信息速率（Committed Information Rate，CIR）来提高整个网络资源的利用率。

帧中继是在数据链路层进行统计复用的，建立的端到端虚电路连接是用多段级联的数据链路连接标识符（Data Link Connection Identifier，DLCI）来表示的，类似于 X.25 协议中的 LCN，DLCI 为网络节点之间的逻辑信道标识。当帧进入网络时，帧中继交换节点通过帧头部的 DLCI 值查找交换表识别帧的去向，其基本原理与分组交换过程类似。值得注意的是，帧中继的交换在第二层数据链路层上完成；分组交换的虚电路是在第三层分组层上进行的。图 4-14 标识了帧中继网络的 DLCI 连接的虚电路。

帧中继与 X.25 协议相比，二者采用的均是面向连接的通信方式，即采用虚电路交换，可以有 SVC 和 PVC 两种。X.25 数据链路层采用 LAPB，帧中继数据链路层规程采用 D 信道链路访问规程（Link Access Protocol-D Channel，LAPD）的核心部分即帧方式链路访问规程（Link Access Procedures to Frame，LAPF），它们都是 HDLC 的子集。

但相对于 X.25 协议，帧中继将网络的三层协议进一步简化为两层，第二层增加了路由的功能，把交换节点之间的完全差错控制改为有限的控制，即只进行检错而不进行纠错，中间节点遇到错误直接丢弃，无重传机制；差错纠正的功能由两终端完成，而流量控制同样留给智能终端去完成，帧中继额外开销小，从而减轻了帧中继交换机的负担；帧信息长度相对分组长得多，最大可达 1600 Byte，可以实现高速率交换，如图 4-15 所示。由此可见，帧中继技术相对于 X.25 网络在高速率、通信距离较长及突发性的处理数据时具有更大的应用优势。

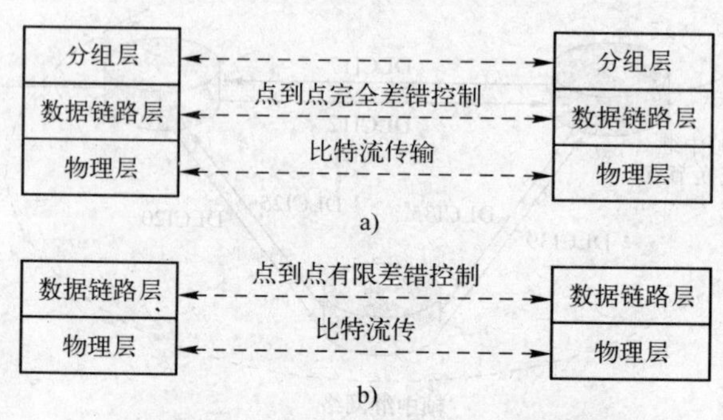

图 4-15　帧中继与 X.25 协议结构的对比

a) X.25 协议　b) 帧中继协议

4.4.2　帧中继协议栈结构和帧格式

与 X.25 协议一样，标准化的帧中继协议只是 UNI 协议，规定了帧中继终端接入网络的规程。NNI 协议均为各个网络的内部协议，并未标准化，都是 UNI 协议的某种变型。帧中继协议的主体为链路层协议，为帧方式链路访问规程（LAPF），用于支持帧中继数据传送，功能十分简单。另外，还有呼叫控制协议，其功能是建立和释放 SVC。

帧中继协议处理大为简化。分组交换基于 X.25 协议的三层协议，而帧中继的数据传输只涉及物理层和链路层的核心功能，帧透明传输、差错检测和统计复用，不再完成纠错、重发等操作，提高了网络对信息处理的效率。终端将数据发送到链路层，并封装在 Q.922 核心层的帧结构中，以帧为单位进行信息传送。

帧中继的物理层可以采用 ISDN 的标准物理接口，即符合 I.430/I.431 建议的物理接口 2B+D 或 30B+D；也可以采用常规的物理接口，如 G.703 接口、V.35 接口、X.21 接口；数据链路层采用 ITU-T 的 Q.922 协议，在传递用户信息时，只使用 Q.922 协议的核心层功能，包括帧的定界、定位和透明传送；进行帧的复用和分路；检测帧长是否正确；检测帧传输差错（出错丢弃不纠错）；拥塞控制功能和帧优先级控制功能。

帧结构由标志字段 F、地址字段 A、信息字段 I 和帧校验序列字段 FCS 组成。如图 4-16 所示，帧中继的帧格式和 LAPB 的格式类似，F 字段、FCS 字段的作用和构成与 LAPB 的相应字段相同；最主要的区别是帧中继的帧格式中没有控制字段 C。

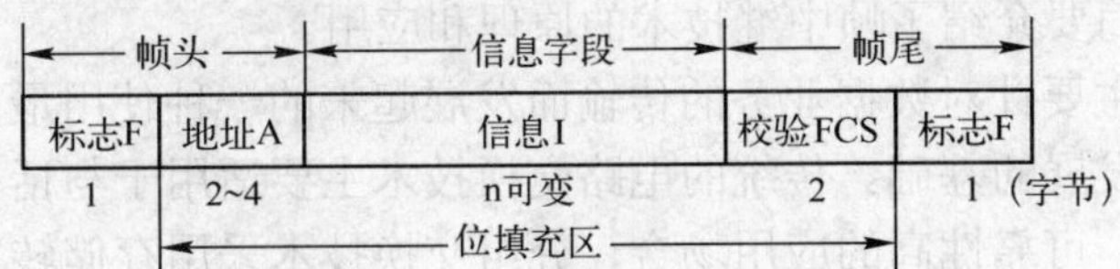

图 4-16　帧中继的帧格式

F—标志　A—地址　I—信息　FCS—帧检验序列

帧格式中各字段的含义如下：

1）标志字段 F。F 是一个 01111110 的比特序列，用于帧同步、定界，指示一个帧的开始和结束。

2）地址字段 A。地址字段一般为 2B，也可扩展为 3B 或 4B，用于区分同一个通路上多个数据链路连接，以便实现帧的复用。因为帧中继的数据链路层采用简化的协议，省略了一些功能，不设置控制字段，而是将原有 HDLC 基本帧结构中的地址字段（A）、控制字段（C）字段合并为一个字段，仍称为地址字段（A）。

通常，地址字段包括地址字段扩展位 EA（用来表示下一个字节为地址字段还是信息段）、命令/响应指示 C/R（与高层应用有关）、帧可丢失指示位 DE（用于帧中继网的带宽管理）、前向显式拥塞位 FECN（用于帧中继的拥塞控制，通知用户启动拥塞控制程序）、后向显式拥塞位（BECN 指示接收端，与该帧相反方向传输的帧可能出现网络拥塞）、DLCI 和 DLCI 扩展/控制指示位 D/C 等 7 个组成部分。DLCI，当采用 2B 的地址字段时，DLCI 占 10 位，其作用类似于 X.25 协议中的 LCN，用于识别 UNI 接口或 NNI 接口上的虚连接、呼叫控制或管理信息。其中，DLCI=16～1007 共 992 个地址供帧中继使用，在专设的一条数据链路连接（DLCI＝0）上传送呼叫控制消息，其他值保留或用于管理信息。

3）信息字段 I。I 包含的是用户信息，用户数据应由整数个字节组成，最小长度为 1B。帧中继网络应能支持协商的信息字段的最大字节数至少为 1600B，以支持局域网互联等应用。

4）帧校验序列 FCS。FCS 为一个 16 位的序列，用来检查帧通过链路传输时是否有差错。

4.4.3　帧中继交换原理

帧中继起源于分组交换技术，它取消了数据报方式，仅采用虚电路方式，向用户提供面向连接的数据链路层服务。帧中继在链路层进行统计复用的转发过程类似于 X.25 协议中的 LCN，它是用 DLCI 来标识逻辑链路的。当帧通过网络时，节点交换机首先提取帧头的 DLCI 值，然后在相应的转发表中找出对应的输出端口和输出的 DLCI，从而将帧准确地送往下一个节点机；如此逐段转发，直至送到远端 UNI 处的用户。

在帧的转发过程中，当帧中继的交换节点检测到出错时，立即中断这次传输，并丢弃该错误帧，这与 X.25 网中采用重传机制不同，帧中继完全把差错由交换节点转移到由用户终端负责。

4.5 小结

本章主要介绍了分组交换技术的基本原理、分组交换网的典型应用、X.25 网络的基本协议和工作原理，并简要介绍了帧中继技术的原理和应用。

分组交换技术是主要针对数据业务的传输而发展起来的一种使用最为广泛的通信技术之一，是现代通信技术发展的基础。传统的电路交换技术主要适用于与话音相关的业务，不适合数据业务突发性强、可靠性高的应用场合，分组交换技术采用存储转发的方式，能够适应动态的、灵活可变的数据业务的传输需要。

分组交换与电路交换面向连接的方式不同，它是基于"存储-转发"的，即数据交换前，先通过缓冲存储器进行缓存，然后按队列进行处理和转发。基于存储-转发交换思想的技术有"报文交换"和"分组交换"两种方式。报文交换的基本思想是将用户的报文当做一个逻辑单元整体进行存储和转发，可实现不同速率的、各种突发性的数据传输，能进行差错控制，通信线路利用率高；但中间节点的传输时延、存储时延和排队等待时延比较大，难以保证数据传输的实时性。

分组交换将用户信息分割为多个"分组"，每个分组中有一个分组头，包含逻辑信道号、分组的序号及其他控制信息。发送端把这些"分组"分别发送出去，到达目的地后，接收端再将一个个"分组"按顺序装好。同报文交换相比，减少了分组的传输时延、存储时延和排队等待时延，节省了存储空间，具有更大的灵活性。分组交换有虚电路和数据报两种传递方式。虚电路是面向连接的交换方式，即两终端用户在相互传送数据之前要预先建立虚电路连接，属于同一呼叫的数据均顺序沿着这一虚电路传送，每个交换节点不需要进行路径选择；传送结束后再拆除虚电路；数据报不需要预先建立逻辑连接，而是按照每个分组头中的目的地址对各个分组独立进行选路，是无连接的。4.2.4 节重点分析了两种交换方式的基本原理和区别。

X.25 协议是使用最为广泛的分组交换网的通信协议标准，于 1976 年由 ISO 和 ITU 联合制定，是公用数据网络中通过专用电路连接的分组式数据终端设备（DTE）和数据电路终接设备（DCE）之间的接口。X.25 协议具有面向连接、点对点差错控制、提供可靠虚电路服务且保证服务质量、利用统计时分复用及虚电路技术提高信道利用率、提供统一的接口、支持不同类型用户设备的接入等特点，但有时延和时延抖动大、协议复杂的缺点。X.25 协议分为物理层、数据链路层和分组层 3 层，终端发送数据前要先建立虚电路，通信完毕要释放虚电路。X.25 协议数据链路层平衡链路接入规程（LAPB）作为链路层规程，网络中有严格的差错控制和流量控制机制。

帧中继将分组交换协议作了简化，仅完成 OSI 物理层和链路层核心层的功能，将流量控制、纠错等复杂的控制交给智能终端去完成，大大简化了交换节点间的处理；采用虚电路技术，向用户提供面向连接的数据链路层服务，具有吞吐量高、速率高、时延低、适合突发性业务等特点，其主要应用是在广域网中实现局域网互联和 X.25 网络互联。

4.6 习题

1．统计时分复用和同步时分复用的区别是什么？

2．简要说明数据通信的特点以及电路交换方式为什么不适合数据通信。

3．简述“存储-转发”方式的基本原理和两种传递方式。

4．比较电路交换技术和分组交换技术的优缺点。

5．比较虚电路和数据报两种传递方式的不同。

6．列举主要的路由选择算法。

7．描述帧中继的主要特点，并说明它在哪几个方面对 X.25 协议进行了简化。

8．说明 X.25 虚电路的工作原理。

9．简述逻辑信道与虚电路的区别和联系。

10．为什么要进行流量控制？说明 X.25 协议的流量控制机制。

11．SVC 和 PVC 的含义是什么？二者有何区别？

参考文献

[1] 卞佳丽，等. 现代交换原理与通信网技术[M]. 北京：北京邮电大学出版社，2005.

[2] 陈建亚. 现代交换原理[M]. 北京：北京邮电大学出版社，2006.

[3] 桂海源. 现代交换原理[M]. 北京：人民邮电出版社. 2007.

[4] 陈锡生，糜正琨. 现代电信交换[M]. 北京：北京邮电大学出版社，1999.

[5] ITU-T Recommendation X.25-1998. Interface Between Data Terminal Equipment（DTE）and Data Circuit-termination Equipment（DCE）for Terminals Operating in the Packet Mode on Public Data Networks[S].Blue Book, 1998，8（2）.

[6] 王喆，罗进文. 现代通信交换技术[M]. 北京：人民邮电出版社，2008.

[7] 张继荣，等. 现代交换技术[M]. 西安：西安电子科技大学出版社，2004.

[8] 穆维新，等. 现代通信交换技术[M]. 北京：人民邮电出版社，2005.

[9] 叶敏. 数字程控交换与交换网[M]. 北京：北京邮电大学出版社，2003.

[10] 刘增基，等. 交换原理与技术[M]. 北京：人民邮电出版社，2007.

[11] 金惠文，等. 现代交换原理[M]. 北京：人民邮电出版社，2007.

[12] 郑少仁，等. 现代交换原理与技术[M]. 北京：电子工业出版社，2006.

第5章

ATM 交换技术

ATM 是宽带综合业务数字网（B-ISDN）交换、复用、传输的核心技术。ATM 交换既有电路交换中支持实时业务、数据透明传输的特点，也具有分组交换方式中支持可变比特率业务、数据传输可靠性高的特点。ATM 对传输链路进行异步时分复用，动态分配带宽，可适应任意速率的业务。简化的协议处理和固定长度的信元极大地提高了网络传输处理能力，能支持快速交换的实时业务。ATM 能在单一的主干网络中携带多种信息媒体，承载多种通信业务，并且能够保证服务质量（QoS）。本章系统地介绍了 ATM 的基本概念、ATM 交换原理、ATM 信令等相关技术。

5.1 ATM 交换技术概述

B-ISDN 提供了包括话音、视频、数据业务的多媒体通信。B-ISDN 的目的是用单一网络支持多种业务，涵盖从低速率到高速率大范围的、实时和非实时及突发等各类传输要求。因此 B-ISDN 对通信网的传输、复用和交换等方面的技术，即传送模式，提出如下几个方面的要求：

1）信息传送的时延和时延抖动要小，保证实时性，并且由传送引起的信息丢失和差错要小，保证可靠性。

2）能灵活地支持各种业务，包括数据、话音、图像传输，以及电视会议、可视图文、广播电视与高清晰度电视等信息的传输服务。

3）具有高速传送信息的能力。

电路交换的特点是采用同步时分复用技术，固定分配带宽，实时性好，适合传输对时延有较高要求的话音业务。分组交换的特点是采用统计时分复用，动态分配带宽，有差错控制和流量控制，数据传输可靠性好，适合传输对可靠性要求较高的数据业务。然而，电路交换和分组交换都不能满足 B-ISDN 的要求。20 世纪 80 年代后期，一种融合了电路交换和分组交换优点的新的交换技术产生了。CCITT 在蓝皮书中将这种技术命名为异步传送模式（Asynchronous Transfer Mode，ATM），并将其作为 B-ISDN 交换、复用、传输的核心技术，来满足传输多种业务和不同带宽业务流的需要。

ITU-T 在 I.31 中定义，异步传送模式（ATM）是一种采用异步时分复用方式、面向连接的信息传送模式（包括复用、传输与交换技术）。在这种传送模式中，信息被组织成固定长度的信元（Cell），通过信元来传输话音、视频、数据等信息，来自同一用户信息的各个信元不需要周期性地出现。因此，ATM 就是一种在网络中以信元为单位进行统计复用、交换、传输的技术。

ATM 是 B-ISDN 采用的传输和交换技术，ATM 交换网络作为多业务数据承载平台，融合了电路交换和分组交换的优点。ATM 采用面向连接方式，在双向通信前需要建立连接，通信结束后再由信令拆除连接。但它不同于电路交换中所采用的同步时分复用，而是采用异步时分复用，动态分配带宽，可以更有效地利用带宽资源。ATM 传送的基本单位是固定长度的信元，信元实际上是具有固定长度的分组，信元总长度为 53B，其中 5B 是信头，48B 是信息域，任何业务的信息都经过切割封装成统一格式的信元在网络中传输。信头部分包含了用于选择路由的虚连接（VPI/VCI）信息，ATM 采用分组交换的虚电路方式是一种快速分组交换方式，ATM 将纠错、流量控制功能转移到智能终端上完成，降低了网络时延，提高了交换速度。

ATM 网具有通过单一的传输媒体传输话音、数据、视频和图像的能力，是电话交换网（PSTN）和分组交换网（PSPDN）无法比拟的，并且它还具有低成本、高宽带和高服务质量保证等优点。ATM 适用于各种类型的业务，不管业务要求传输速率的高低、突发性的大小、实时或非实时，以及传送质量要求如何，都能提供满意的服务。ATM 既能支持恒定比特率的连续型业务，又能支持突发型业务；既能支持低速窄带业务，又能支持高速宽带业务；既能支持实时性业务，又能支持可靠性业务。因此，被确定为 B-ISDN 统一的信息传送模式。

（1）采用固定长度的信元

ATM 网络使用固定长度的信元作为传输的基本单元。固定长度的信元简化了交换机对缓冲队列的管理，同时简化的信头只包含虚连接标识、优先级、净荷类型、信头差错校验等字段，简化了交换节点的处理，提高了交换速率。

（2）采用异步时分复用方式，动态分配带宽

ATM 采用异步时分复用的方式将信息汇集到一起，以固定长度的信元为单位进行统计复用，包含同一用户信息的信元不需要在传输链路上周期性地出现，根据信头中的虚连接标识（VPI/VCI）来区分用户的信元。在 ATM 中任何业务都按实际需要占用网络资源，可根据用户的要求和网络资源对带宽进行动态分配。

（3）采用面向连接并预约传输资源的方式工作

ATM 网络是面向连接的，采用了分组交换中的虚电路方式，并且是预约传输资源的方式，在呼叫建立过程中向网络提出传输所希望使用的资源，网络根据当前的状态决定是否接受这个呼叫。其中，资源的约定并不像电路交换那样给出确定的电路或 PCM 时隙，只是用来表示该呼叫未来通信过程中可能使用的通信速率。采用预约资源的方式，能够满足数据快速传送的需要，并提高了网络传输效率。

（4）简化了差错控制和流量控制

ATM 协议运行在误码率很低的光纤传输网上，同时预约资源机制可以保证网络中的传输负载小于网络的传输能力，所以 ATM 取消了终端设备和边缘节点之间、网络内部各节点之间传输链路上的差错控制和流量控制过程，将差错控制和流量控制交给边缘终端设备去处理。如果 ATM 信元在传输过程中受到损坏，只是简单地将受到损伤的信元丢弃，形成信元丢失率，并且由终端设备通过端到端的重发控制来处理信息丢失问题，从而简化了网络的控制，提高了网络和交换节点的吞吐量。

5.2 ATM 传送模式及其信元结构

5.2.1 ATM 传送模式

ATM 是相对于同步传送模式（Synchronous Transfer Mode，STM）而言的。公用电话网（PSTN）采用电路交换方式，其信息传送模式为 STM，采用同步时分复用技术。复用指的是通过同一物理信道传输多路信息。在同步时分复用方式下，多个逻辑子信道共享一条物理链路，属于同一逻辑子信道的信号按照一定时间间隔周期性地出现，按照时

隙位置识别信道，即每个用户分配一个时隙，不同的信息通路根据周期性帧内时隙的位置来区分。例如，数字复用的一次群（又称基群），帧周期为 125μs，每帧包括 32 时隙，每时隙含 8 位数据，提供速率为 64kbit/s 的通路。这种结构具有严格的时间关系，每一个通路的各个时隙是定期出现的。为了正确区分不同的信息通路，必须建立比特同步和帧同步。

与 STM 不同，ATM 采用异步时分复用技术。异步时分复用也是一种统计时分复用，动态分配带宽，不固定分配时隙，各路通信按需使用带宽资源。所不同的是，异步时分复用将时间划分为等长的时间片，用于传送固定长度的信元，通过时隙中信元的信头信息来区分不同的通路。如果用户没有信息发送，则不占用时隙，该时隙可为别的用户所占用，故信道利用率得以提高。

STM 和 ATM 工作原理的比较如图 5-1 所示。

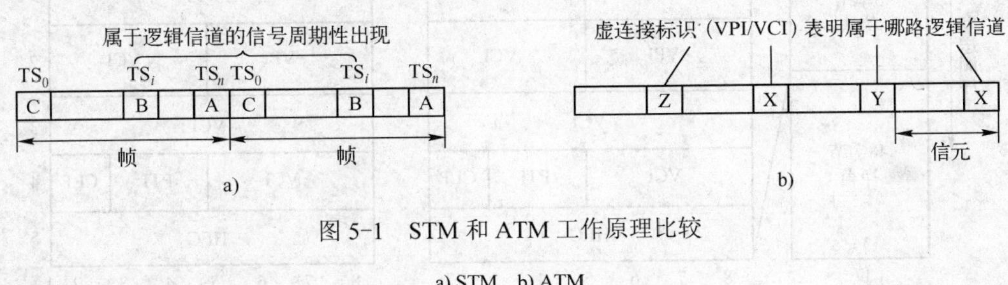

图 5-1　STM 和 ATM 工作原理比较

a) STM　b) ATM

ATM 采用异步时分复用方式，将来自不同信息源的信元汇集到一起，在缓冲器内排队，队列中的信元根据到达的先后按优先级逐个输出到传输线路上，形成首尾相接的信元流。属于同一用户信息的各个信元不需要按固定的时间间隔周期性地出现，各个信元依靠自身的信头标识（VPI/VCI）来区分属于哪一用户的信息，即信息只按信头中的标识来区分，和网络传输时域中的位置之间并没有对应关系。

异步时分复用方式使 ATM 具有很大的灵活性，任何业务都按实际信息量来占用资源，使网络资源得到最大限度的利用。另外，针对不同特性的业务，如速率高低、突发性大小、不同 QoS 和实时性要求等，ATM 网络都按同样的模式来处理，真正做到完全的业务综合。

5.2.2　ATM 信元结构

ATM 用固定大小的信元传送信息，每个信元包括 53B，前面 5B 为信头，主要完成寻址的功能；后面的 48B 为信息域（净荷），用来装载来自不同用户、不同业务的信息。固定长度的信元简化了交换机对缓冲队列的管理，提高了交换速率。

信头中包含了流量控制信息、虚连接标识、信元丢失的优先级以及信头的差错控制等信息。信头的基本作用就是用来识别信元所属的虚路径，以完成选择路由和信头差错控制功能。ATM 网络（B-ISDN）中包括两类接口，如图 5-2 所示。一类是连接用户线路的用户网络接口（User Network Interface，UNI），即用户设备与 ATM 网络之间的接口；另一类是连接中继线路的网络节点接口（Network Node Interface，NNI），即 ATM 网络节点间接口或 ATM 与网络之间的接口。

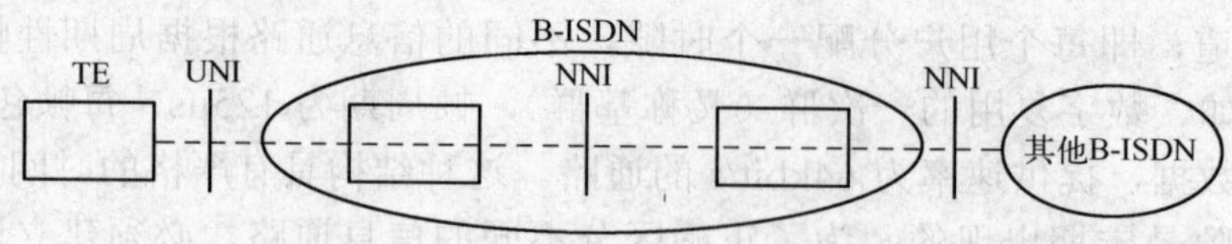

图 5-2　B-ISDN 中的接口

UNI 和 NNI 这两类接口的信元信头结构略有不同。图 5-3 描述了基本 ATM 信元格式、ATM 的 UNI 信头格式和 ATM 的 NNI 信头格式。与 UNI 信头相比，NNI 信头不包括流量控制 GFC 域，NNI 信头 VPI 信息域为 12 位，支持更多的主干线路的 ATM 交换。

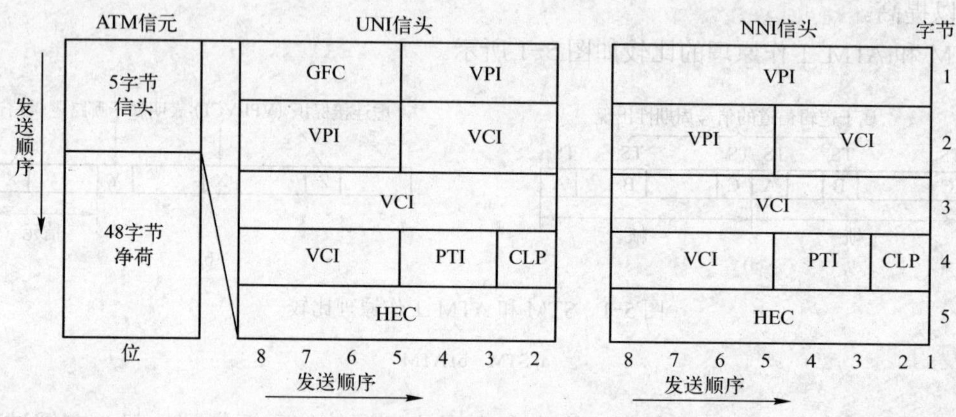

图 5-3　ATM 信元结构

GFC：一般流量控制标识符，长度为 4 位，只用于 UNI 接口，用于流量控制或在共享介质网络中标识不同的接入。例如，一个 UNI 接口上接有多个终端设备，这些设备共享缓存器、接口线路等资源，需要对它们发送的业务量进行控制，以降低出现网络过载的几率。

VPI：虚通道标识（Virtual Path Identifier），在 NNI 信头中该字段为 12 位，可标识 4 096 个虚通道（VP），UNI 信头中该字段为 8 位，可标识 256 个 VP，每个 VP 可包含若干虚信道（VC）。

VCI：虚信道标识（Virtual Channel Identifier），16 位，其作用是标识虚信道，可标识 65 536 个虚信道（VC）。

PTI：净荷类型标识，长度为 3 位，表示 48B 的信息域（净荷）所承载的信息类型，表 5-1 为 PTI 编码所标识的 8 种 ATM 信元的信息类型。PTI 编码的最高位用来区分是用户数据信元还是其他网络管理信元，该位为 0 表示用户信元，为 1 表示其他信元，包括 OAM 信元（操作维护管理信元）和资源管理信元；PTI 编码的中间位表示信元在网络传输中是否存在拥塞，该位为 0 表示无拥塞，为 1 表示有拥塞；PTI 编码的最低位用来区分 AUU 的值，AUU 是 ATM 层间指示，在 ATM 适配层协议 AAL5 中，分段与重装（SAR）子层使用 AUU 位来标识分段是否为同一个公共部分汇聚子层协议数据单元（CSPS-PDU）的最后一段，当 AUU=0 时，表示该 SAR-PDU 不是同一个 CSPS-PDU 的最后一个分段；AUU = 1 时，表示该 SAR-PDU 是同一个 CSPS-PDU 的最后一个分段。

表 5-1　PTI 编码对应的净荷类型

PTI 编码	净 荷 类 型	PTI 编码	净 荷 类 型
000	无拥塞的用户信元，AUU=0	100	VC 链路段的 OAM 信元
001	无拥塞的用户信元，AUU=1	101	VC 链路端到端的 OAM 信元
010	有拥塞的用户信元，AUU=0	110	资源管理信元
011	有拥塞的用户信元，AUU=1	111	保留

HEC：信头差错控制，长度为 8 位，用于信头的差错控制和信元同步。其作用是检测有错误的信头，并可纠正信头中的差错；HEC 的另一作用是进行信元定界，利用 HEC 字段和其之前的 4B 的相关性可识别出信头位置。由于不同链路中的 VPI/VCI 的值不同，所以在每一段链路都要重新计算 HEC。

CLP：信元丢失优先级，长度为一位，用于拥塞控制。在发生信元拥塞时，用来说明该信元丢失等级。CLP = 0，表示高优先级，网络尽力为其提供带宽资源，以防信元丢失；CLP=1，表示低优先级，若遇到拥塞时，可根据带宽情况丢弃信元。

ATM 采用固定长度的信元有如下优点：

1）采用固定长度的信元，所有数据单元大小相同，其复用具有更高效率，并且网络延迟时间更容易预测。把用户数据分割成较小固定长度的数据单元，使得来自不同链路的数据单元在复用线路上交织时的等待时延较小，能满足实时业务的需求。

2）与可变长度的数据分组相比，ATM 信元更便于对其进行简单可靠的处理。对于已知大小的信元，更易于设计控制结构、缓冲器和缓冲器控制策略，使 ATM 硬件可以更有效地实现。

5.2.3　ATM 面向连接的工作方式

为了提高处理速度、保证质量、降低时延和信元丢失率，ATM 采用面向连接的方式工作，在传送信息之前，要先建立连接。当然，这种连接不同于电路交换系统的物理连接，而是与分组交换虚电路方式相似的虚电路连接（逻辑连接）。所谓虚连接，是指在一个物理信道上，划出许多逻辑信道，当建立连接时，将相应的逻辑信道指定用于连接某两个用户，在拆除该连接后，该逻辑信道又可再分配给其他用户使用。

1. ATM 的连接

ATM 网络在通信实体间用固定长度的 ATM 信元以面向连接的方式传输用户信息，信头中有表示信元属于哪一连接的标识（VPI/VCI）作为地址标签，网络根据 VPI/VCI 识别和转发信元。

（1）虚通道连接和虚信道连接

通信开始时先建立虚电路，并将虚电路标识（VPI/VCI）写入信头，利用 VPI/VCI 建立连接，进行信元统计复用和交换。属于同一连接的信元具有相同的传送路径。为便于应用和管理，ATM 连接被分为两个级别，即虚通道（Virtual Path，VP）和虚信道（Virtual Chanel，VC），用它们表示两个不同层次上的虚连接。VP 和 VC 的关系如图 5-4 所示。

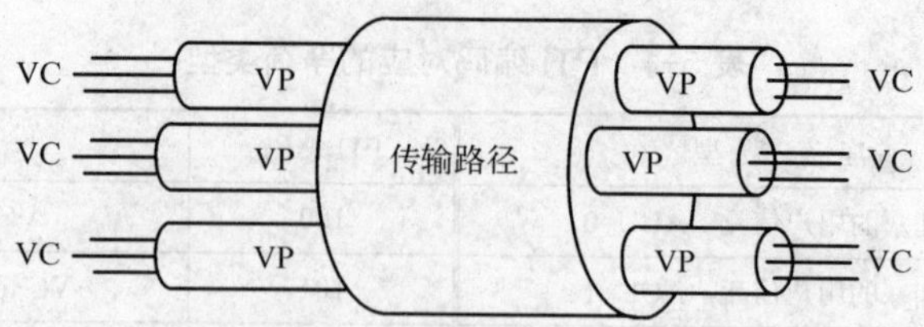

图 5-4 VP 和 VC 的关系

虚连接可以在两个层次上建立，即虚通道连接（VPC）和虚信道连接（VCC），分别由一系列的 VP 链路与 VC 链路首尾相接构成，并用 VPI 和 VCI 来分别标识。每个连接都由端点、交换节点以及点与点之间的链路构成。用户终端一般是 VCC 的端点，在 VCC 的交换节点要实现 VC 交换或交叉连接。VCC 的交换节点一般又是 VPC 的端点，在 VPC 的交换节点要实现 VP 交换或交叉连接。一条物理链路被分成若干 VP，而 VP 通过复用可容纳多个 VC。

在源 ATM 端点与目的 ATM 端点进行通信前的连接建立过程，实际上就是在这两个端点间的各段传输通道上找寻空闲 VC 链路和 VP 链路、分配 VCI 与 VPI、建立一个相应 VCC 与 VPC 的连接过程，如图 5-5 所示。每一个 ATM 连接是由信头中 VPI 和 VCI 共同来标识的。它们在连接建立时分配，在连接拆除时释放。通常情况下，ATM 连接是双向的，两个方向上的 VPI 和 VCI 被赋予相同的值。VPI 和 VCI 的值不是端到端的概念，仅在 ATM 节点之间的一段链路上有局部意义，即不同连接段的 VPI/VCI 可以不同，并在 ATM 交换节点上进行翻译。虚电路建立后，需要传送的信息被分割成信元发送到接收端。

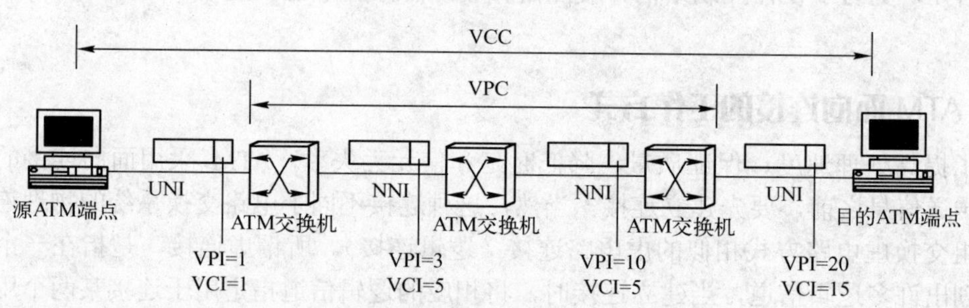

图 5-5 ATM 连接建立过程

（2）虚连接建立的方式

ATM 虚连接的建立有两种方式，即永久虚连接和交换虚连接。

1）永久虚连接（Permanent Virtual Connection，PVC）是由管理面控制建立的永久和半永久连接，用户在传送信息前不需要建立虚连接。在公用网络中，PVC 是用户提前申请并由系统建立的。

2）交换虚连接（Switching Virtual Connection，SVC）是由信令控制建立的连接，用户在传送信息前要建立虚连接，信息传送完毕则拆除虚连接。在连接建立时，网络只对连接进行资源预分配，只有当该连接真正发送信元时才占用网络资源，使网络资源可由各连接统计复用，从而大大提高资源利用率。

2. VP 交换和 VC 交换

在 ATM 网络的节点上完成的只是虚电路的交换。在一条传输通道上存在多个 VP，而一个 VP 又能容纳若干条 VC，因此 ATM 信元在交换节点上进行虚电路的交换可以在 VP 级进行，也可以在 VC 级进行。也就是说，ATM 交换机必须能够完成 VP 交换和 VC 交换，如图 5-6 所示。

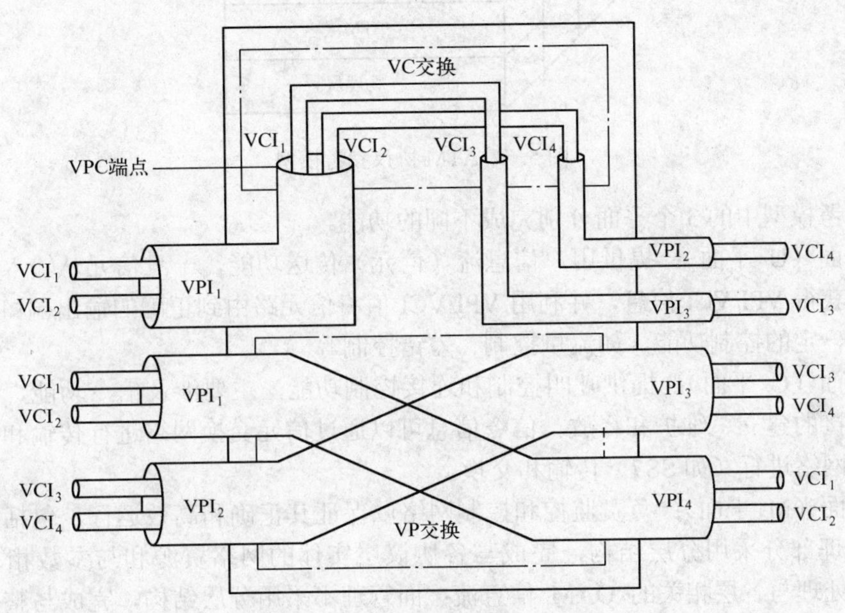

图 5-6　VP 交换和 VC 交换

VP 交换指在交换的过程中只改变 VPI 的值，不改变 VCI 的值，即只进行 VP 的交换，VP 里面的 VC 并不进行交换，VC 链路和 VCI 值都不改变；VC 交换是指 VP 和 VC 都要进行交换，交换过程中 VPI、VCI 的值都改变。

VP 和 VC 交换在网络节点内部进行，只要将输入的 VPI/VCI 改成输出的 VPI/VCI 就可以实现信元的交换。另外，信头中只用 VPI 和 VCI 标识一个虚拟连接，而不需要原地址、目的地址和分组序号，信元顺序也由终端保证。ATM 交换机可以只完成 VP 交换，或者既完成 VP 交换又完成 VC 交换。只完成 VP 交换的 ATM 交换机称为交叉连接设备，只能提供永久虚连接方式。

5.3 ATM 协议参考模型

5.3.1 ATM 协议结构

在 ITU-T 的 I.321 建议中定义了 ATM 协议参考模型。该模型为一个立体的分层模型，由 3 个平面组成，即用户平面（User Plane）、控制平面（Control Plane）和管理平面（Management Plane），而每个平面又是分层的。用户平面和控制平面有相同的分层结构，分为物理层、ATM 层、ATM 适配层（AAL），如图 5-7 所示。

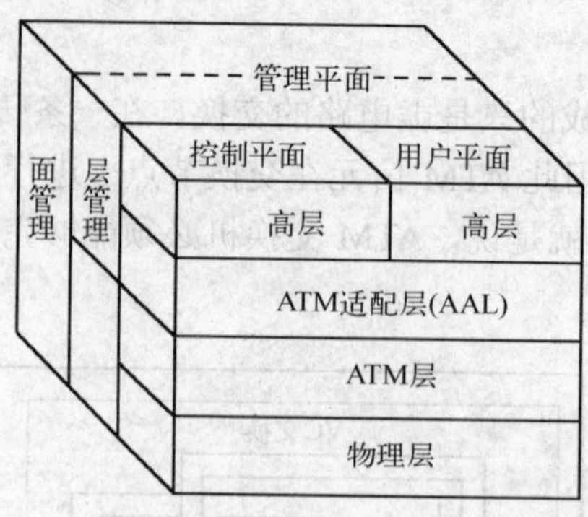

图 5-7 ATM 协议参考模型

协议参考模型中的 3 个平面分别完成不同的功能。

用户平面（U 平面）：提供用户信息流（信元）传送功能，一旦信元从输入端口进入网络，就可以获得 VPI/VCI 信息，并利用 VPI/VCI 值将信元路由到正确的输出端口。同时用户平面也具有一定的控制功能，如流量控制、差错控制等。

控制平面（C 平面）：提供呼叫控制和连接控制功能，主要涉及信令功能，利用信令进行呼叫和连接的建立、维护和释放。信令信息可以通过信元交换网络进行传输和交换，也可以通过信令网络进行（如 SS7）传输和交换。

管理平面（M 平面）：负责监控和控制网络以保证其正确和高效运行，包括层管理和面管理。层管理部分采用分层结构，完成与各协议层实体的网络资源和与参数相关的管理功能，同时还处理与各层相关的 OAM 信息流；面管理不采用分层结构，完成与整个系统相关的管理功能，并对所有平面起协调作用。

5.3.2 ATM 物理层

ATM 物理层功能相当于 OSI 参考模型物理层的功能。物理层是连接终端与网络或网络之间的传输系统。在传统的网络中，物理层仅在物理介质上传输比特流，而 ATM 的物理层比一般网络的物理层要复杂得多，功能也多得多，主要功能是保障通过传输介质正确、有效地传送信元，因此对传输信息的物理介质的种类、比特定时、传输帧结构、信元在传输帧内的位置做出了规定。

物理层在发送端将 ATM 层送来的信元转换成可以在物理媒体上传输的比特流，在接收端将物理介质传送来的比特流转换为信元再传送给 ATM 层。物理层分为物理介质子层（Physical Medium Sublayer, PM）和传输会聚子层（Transmission Convergence Sublayer, TC）。PM 负责不同介质中的比特流传输，包括线路编码、光电转换、比特定时等功能，以确保数据比特流的正确传输；TC 子层负责信元流和比特流的相互转换，功能包括信元速率解耦、HEC 的产生/校验、信元定界、传输帧适配、传输帧产生与恢复。

（1）传输帧的产生与恢复

ATM 传输介质有光纤、同轴电缆和双绞线几种，信元在物理层上以两种不同的格式收发，一种是成帧格式（PDH/SDH 帧格式）；一种是无帧格式（ATM 信元格式）。传输帧适配指信元流与比特流转换时的格式适配，不同的传输介质的传输帧适配功能不同。ITU-T 定义了 3 种传输帧适配规范，即基于同步数字系列（SDH）、基于准同步数字系列（PDH）和基于信元的规范。基于 SDH 和基于 PDH 的传输称为成帧格式，是周期为 125μs 的帧格式，在发送端需要将信元流封装成满足传输系统要求的帧格式送到 PM 子层，在接收端将 PM 子层送来的连续比特流（传输帧）进行帧定位，恢复成信元流，并在信元流与传输帧转换时完成格式的适配。ATM 信元格式为无帧格式，可以在物理层上进行直接传输，不需要进行有关信元格式与物理介质所利用的传输帧格式间的适配。信元可以逐位直接通过相应的电信号或光信号进行传输。

（2）信头差错控制

信元的信头中含有控制选路及其他重要信息，必须对信头信息进行差错控制。信头差错控制 HEC 是用 ATM 信头的第 5 字节校验码来保证 ATM 信头的正确性。对信头前 4 字节作循环冗余校验（CRC），在发送端是按 CRC 算法生成 1B 的 HEC 码，在接收端按同样算法进行检验，用 HEC 来纠错和检错。

接收端 HEC 有两种工作方式，即纠错方式和检错方式。

纠错方式：初始工作状态是纠错方式（也是默认工作方式），具有纠正单个位出现错误和发现多位错误的能力。如果检测到信头信息中有单个位出现错误，则纠正误码重新得到正确的信头，同时切换到检错方式。如果检测到信头中有多个位出现错误，此时无法纠正错误，只好丢弃该信元，同时也切换到检错方式。

检错方式：在检错方式下，如果检测到位错误，则不论单个位还是多个位，一律丢弃该信元，并继续工作于检错方式，直到检查出无信头错误时，保留该信元，同时切换回纠错方式。

（3）信元定界和扰码

信元定界是指用一定的方法来识别信元的起始字节。ATM 信元是固定长度的，只要找到信元的起始字节，就能正确接收后续的信元流。信元定界是通过搜索信头的 HEC 字段来实现的。图 5-8 给出了信元定界算法的状态图。

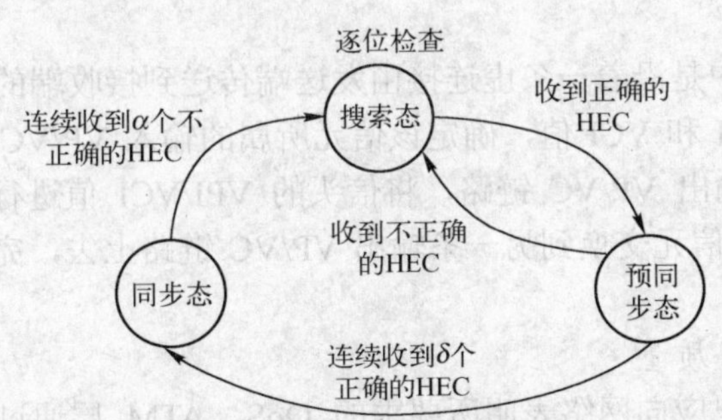

图 5-8　信元定界算法的状态图

接收系统开始在“搜索”初始状态下，对收到的信号逐位进行检查，以便搜索到正确的 HEC，即对信头的前 4B 进行 HEC 运算的结果与信头的最后 1B 的 HEC 值相等。一旦找到正确的 HEC，系统进入“预同步”状态。在此状态下，只有连续收到 δ 个信元信头的 HEC 都正确时，接收系统才转到“同步”状态，否则重新返回到“搜索”状态。进入“同步”状态，仍然逐个对信元进行 HEC 检查，如果连续 α 个信元中的 HEC 不正确时，就认为丢失了信元边界，系统失步，重新回到“搜索”状态。在实际应用中，CCITT 建议 α 的值为 7，δ

的值为 6。为防止信元的信息段（净荷）出现伪 HEC 码而影响正确的定界，可对净荷进行扰码操作，在接收端再以相反的操作进行解扰。方法是在发送端采用扰码器对信元净荷加扰，即将信元净荷的信息表示成二进制的多项式，再加入扰码器的生成多项式，使信元净荷随机化，在接收端用解扰器进行逆运算使其复原。

（4）信元速率耦合

信元速率耦合是指信元流与比特流转换时的速率适配。用于基于帧的传输，使信元流转换成适于传输的比特流。方法是在发送端物理层插入空闲信元，以将 ATM 层信元流的速率适配成传输介质的速率。在接收端通过特定的预分配信头值，可以识别出空闲信元并予以丢弃。

5.3.3 ATM 层

ATM 层在物理层之上，其主要工作是产生和处理 ATM 信元的信头，信息在发送端被加上信头，在接收端去掉信头，并对信元进行选路、交换和复用。ATM 层的功能体现在以下几方面。

（1）一般流量控制（GFC 功能）

信头中的 GFC 域提供对 ATM 连接的流量控制。在接有多个终端的 UNI 中，GFC 能在保证通信质量的前提下，公平而有效地处理各个终端发送信元的请求，实现流量控制。

（2）信元的复用与分路

ATM 层能在发送信息时将不同连接的信元复用成物理层的单一信元流，并在接收端将该信元流进行分路。ATM 层是通过分配和识别信头中的 VPI 和 VCI 的值来实现信元的复用与分路功能的。因为 VPI 与 VCI 指示一个信元所属的 VP 与 VC，当发送端为多个信元分配相同的 VPI/VCI 值时，就相当于将这些信元复接在一条 VC 中；当为多条 VC 中的信元分配相同的 VPI 值时，就相当于将这些 VC 复接到一条 VP 中。在接收端，通过识别信头中的 VPI 与 VCI 值，即可确定信元所属的 VP 与 VC。

（3）信元交换

信元在 ATM 网络中是沿着一条虚连接由发送端传送到接收端的。交换节点的 ATM 层根据所收到的信元的 VPI 和 VCI 值，确定该信元所属的输入 VP/VC 链路，根据本节点路由信息表，确定所对应的输出 VP/VC 链路，将信头的 VPI/VCI 值进行相应转换。这样，将某条输入 VP/VC 链路中的信元交换到另一条输出 VP/VC 链路上去，完成了 VP 交换和 VC 交换功能。

（4）保证一定的服务质量

呼叫建立期间，用户应向网络表明所要求的 QoS，ATM 层通过面向连接和预约资源的工作方式提供保证服务质量的功能。ATM 层信元丢失会影响 QoS，为保证一定的 QoS，ATM 依据信头中的 CLP 值来确定该信元的丢失优先级。

5.3.4 适配层

适配层（ATM Adaptation Layer，AAL）的功能是将高层协议功能适配成 ATM 信元，即将高层的不同业务数据单元分割成固定的长度装入 ATM 信元的信息域，反向传送时完成逆过程。

AAL 层的目的是使不同类型的业务，包括管理平面和控制平面的信息，经过适配之后都可用统一的 ATM 信元形式来传送。ITU-T 规定了 ATM 网络可向用户提供 4 种类别的服务，见表 5-2。服务类别的划分根据包括比特率是固定的还是可变的、源点和目的点的定时是否需要同步、是面向连接还是无连接。

AAL 层与业务有直接关系。AAL 层对不同类型的业务进行不同的适配，不同的业务需要不同的 AAL 规程，为了适应不同业务类型的需要，ITU-T 定义了 4 类 AAL 协议：AAL_1、AAL_2、$AAL_{3/4}$、AAL_5。

表 5-2　ATM 网络可向用户提供的服务

<table>
<tr><td>业务类型</td><td>A 类</td><td>B 类</td><td>C 类</td><td>D 类</td></tr>
<tr><td>源和终点定时关系</td><td colspan="2">需要</td><td colspan="2">不需要</td></tr>
<tr><td>比特率</td><td>固定</td><td colspan="3">可变</td></tr>
<tr><td>连接方式</td><td colspan="3">面向连接</td><td>无连接</td></tr>
<tr><td rowspan="2">AAL 类型</td><td rowspan="2">AAL_1</td><td rowspan="2">AAL_2</td><td>AAL_3</td><td>AAL_4</td></tr>
<tr><td colspan="2">AAL_5</td></tr>
<tr><td>业务举例</td><td>话音业务</td><td>可变比特率图像和音频业务</td><td>面向连接数据传送业务</td><td>无连接数据传送业务</td></tr>
</table>

注：AAL_1 为恒定比特率实时业务适配协议；AAL_2 为可变比特率实时业务适配协议；$AAL_{3/4}$ 为数据业务传送适配协议；AAL_5 为高效数据业务传送适配协议。

AAL 层又分为汇聚子层和分段与重装子层。

1）汇聚子层（Convergence Sublayer，CS）：可以使 ATM 系统对不同的应用提供不同的服务，每一个 AAL 用户通过服务访问点 SAP（即应用程序的地址）接入到 AAL 层。在 CS 子层形成的协议数据单元叫做 CS-PDU。

2）分段与重装子层（Segmentation and Reassembly，SAR）：在发送时，该子层将 CS 子层传下来的协议数据单元 CS-PDU 划分为长度为 48B 的单元，交给 ATM 层作为信元的有效载荷进行传送，完成业务流与 ATM 层的适配。在接收时，SAR 子层进行相反的操作，将 ATM 层传递来的信元中 48B 长的有效载荷重新组装成高层协议数据单元 CS-PDU。这样，SAR 子层就使得 ATM 层与上面的应用无关。

ITU-T 定义的 4 类 AAL 协议中，AAL_1 协议用于支持面向连接的、恒定比特率、实时业务传送的适配协议，具有向用户提供恒定比特率的数据传送能力；AAL_2 协议用于支持面向连接的、可变比特率、实时业务的适配协议，适用于时延敏感的、可变比特率的图像和话音业务的传送；AAL_3 与 AAL_4 原来是分开的，后来合并为一类 $AAL_{3/4}$，用来支持面向连接与无连接的可变比特率、非实时的数据业务传送，提供对面向连接和无连接数据服务的适配功能；AAL_5 可以被看成是简化的 $AAL_{3/4}$，针对面向连接数据服务提供一种简化的适配功能，用来支持面向连接的高效数据业务传送适配协议（如帧中继），ATM 网络信令也采用 AAL_5。下面介绍常用的 AAL_1 和 AAL_5 的功能及其协议数据单元格式。

1．AAL_1

AAL_1 协议用于支持面向连接的、恒定比特率、实时业务传送的适配，AAL_1 具有向用户提供恒定比特率的数据传送能力。AAL_1 支持 A 类业务，适用于传输实时、固定比特率的话音业务或者其他固定比特率业务。

分层协议数据结构中，相邻层之间 SDU 和 PDU 的数据关系如图 5-9 表示，第 N+1 层的协议数据单元（PDU）到达第 N 层后，成为本层的业务数据单元（SDU），加上第 N 层的协议控制信息（PCI）后即构成本层的 PDU。

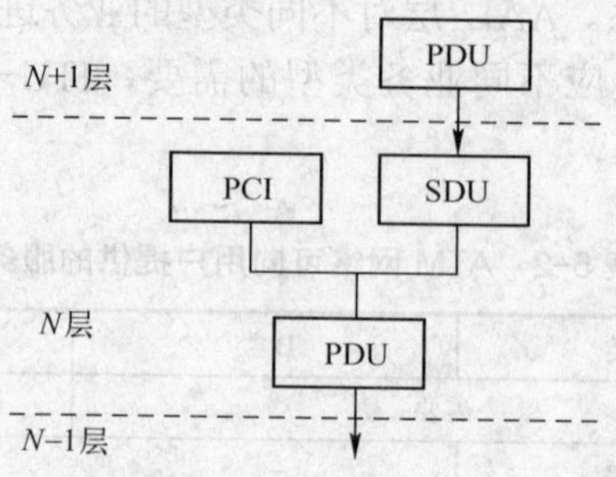

图 5-9　相邻层之间 SDU 和 PDU 的数据关系

AAL_1 子层的功能就体现在给上层 PDU 加上本层的 PCI，AAL_1 数据单元及层间关系如图 5-10 所示。高层用户信息在 CS 子层被分割成 47B 的分段，成为 CS 子层的 PDU，CS-PDU 传送到 SAR 子层，加上 1B 的头部控制信息，成为 48B 的 SAR-PDU。在 ATM 层，SAR-PDU 作为信元的净荷，再加上 ATM 层的 5B 的信头，即成为 ATM 信元。

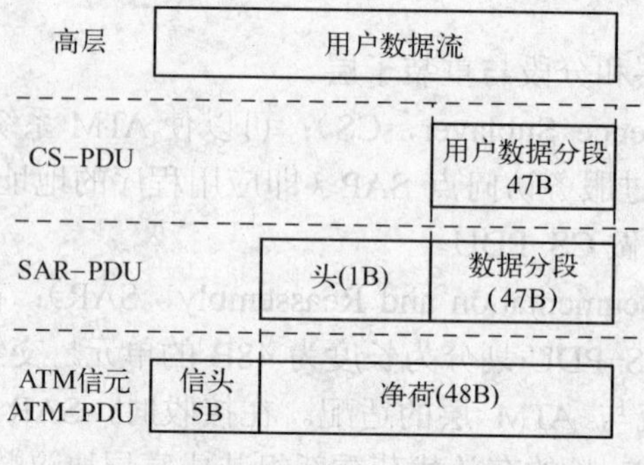

高层　用户数据流
CS-PDU　用户数据分段 47B
SAR-PDU　头(1B)　数据分段 (47B)
ATM信元 ATM-PDU　信头 5B　净荷(48B)

图 5-10　AAL_1 数据单元及层间关系

SAR-PDU 的格式如图 5-11 所示。其头部 1B 包含 4 位序号（SN）和 4 位序号保护（SNP）。其中，SN 又包括 1 位汇聚子层指示（CSI）和 3 位的序号计数（SC），接收端可按照序号重新组装，并可以检查信元丢失或误差。由于序号非常重要，SNP 能够对序号加以保护，包含 3 位循环冗余校验码 CRC 和 1 位的偶校验位（P）。

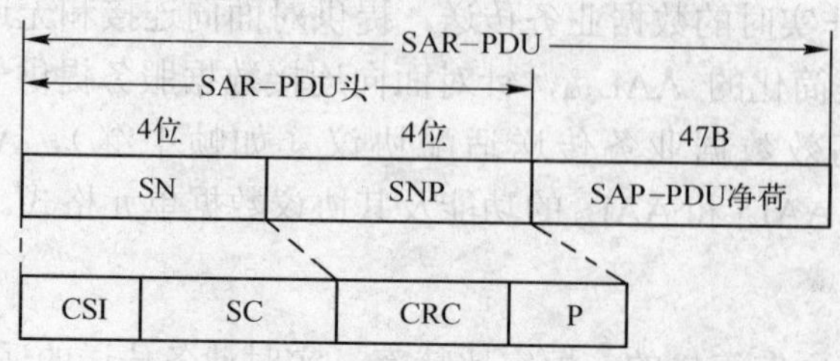

图 5-11　SAR-PDU 的格式

2. AAL_5

AAL_5 是简化的 $AAL_{3/4}$，AAL_5 用来支持面向连接的可变比特率的数据业务，对信令与数据业务进行适配。AAL_5 也分为分段与重装子层（SAR）和汇聚子层（CS）两个子层。CS 子层又被分为业务无关的公共部分汇聚子层（Common Part Convergence Sublayer, CPCS）和业务相关的业务特定汇聚子层（Service Specific Convergence Sublayer, SSCS）。根据业务而定，子层 SSCS 可以为空。图 5-12 描述了仅含有 CPCS 的 AAL_5 的协议数据单元及层间关系。

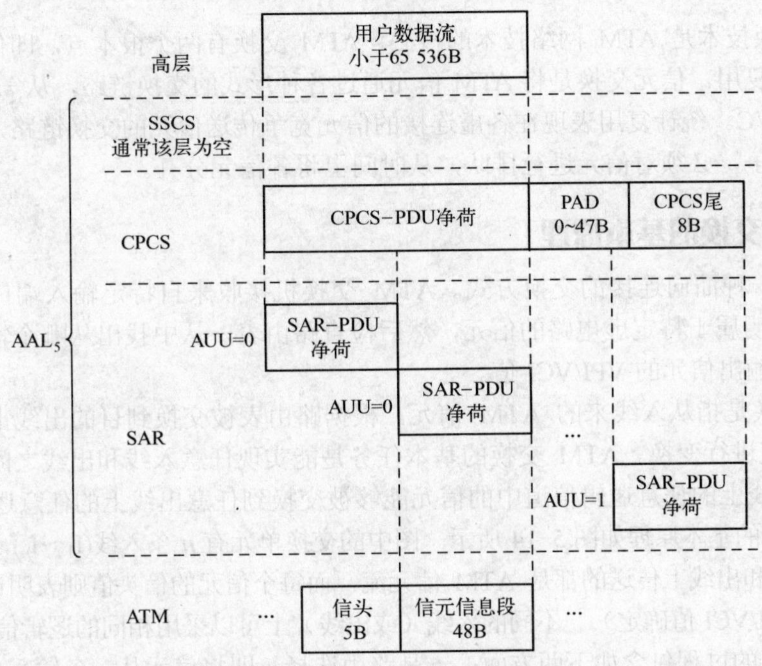

图 5-12　AAL_5 数据单元及层间关系

CPCS 子层从上层收到的用户数据流作为 CPCS-PDU 的净荷，长度可为 1～65535B，并在用户数据（CPCS-PDU 的净荷）后添加相应的控制尾部，共 8B，包括净荷长度指示、32 位 CRC 校验等信息。CPCS-PDU 的格式如图 5-13 所示。

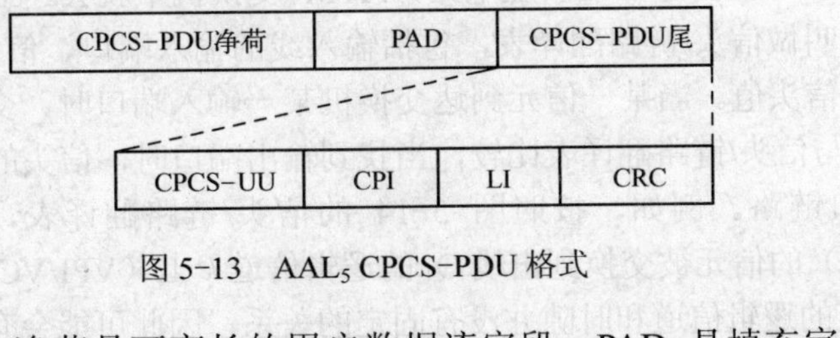

CPCS-PDU净荷	PAD	CPCS-PDU尾

CPCS-UU	CPI	LI	CRC

图 5-13　AAL_5 CPCS-PDU 格式

其中，CPCS-PDU 净荷是可变长的用户数据流字段。PAD 是填充字段，长度为 0～47B，使得 CPCS-PDU 的长度为 48 的整数倍。CPCS-PDU 尾部控制信息包括 1B 的 CPCS-UU 用于传送用户至用户的信息；1B CPI 为公共部分指示，作用是将 CPCS-PDU 尾的长度凑成 8B，此时 CPI 置为 0；2B 的长度指示 LI，用于指示 CPCS-PDU 的长度；4B 的 CRC 为

32 位的循环冗余校验，用于对 CPCS-PDU 进行差错校验。

AAL_5 的 SAR 层功能是将 CPCS 的数据单元划分成 48B 的段，成为 SAR-PDU 后传送到 ATM 层，作为 ATM 信元的净荷。在 SAR 层没有加头或尾，每个 SAR-PDU 也没有序号，只是利用 ATM 信元信头的 PTI 中的 AUU 位来标识。AUU=0 表示属于同一个 CPCS-PDU 的非最后一个 SAR-PDU；AUU=1 表示属于同一个 CPCS-PDU 的最后一个 SAR-PDU。

5.4 ATM 交换原理

ATM 交换技术是 ATM 网络技术的核心，ATM 交换有两个根本点，即信元交换和各虚连接间的统计复用。信元交换是将 ATM 信元通过各种形式的交换链路，从一个 VP/VC 交换到另一个 VP/VC。统计复用表现在各虚连接的信元竞争传送信元的交换链路，为解决信元对这些资源的竞争，必须对信元进行排队，从时间上将各信元分开。

5.4.1 ATM 交换的基本原理

ATM 是一种面向连接的交换方式。ATM 交换机接收来自特定输入端口的、带有标记 VPI/VCI 的表明属于特定虚电路的信元，然后检查路由表，从中找出从哪个输出端口转发该信元，并设置输出信元的 VPI/VCI 值。

ATM 交换是指从入线来的 ATM 信元，根据路由表被交换到目的出线上，同时对信头的 VPI/VCI 值进行变换。ATM 交换的基本任务是能实现任意入线和出线之间的信元交换，也就是任意入线上的任意逻辑信道中的信元能够被交换到任意出线上的任意逻辑信道上。

ATM 交换的基本原理如图 5-14 所示。图中的交换单元有 n 条入线(I_1～I_n)，n 条出线(O_1～O_n)，每条入线和出线上传送的都是 ATM 信元流，而每个信元的信头值则表明该信元所在的逻辑信道（由 VPI/VCI 值确定）。不同的入线（或出线）上可以采用相同的逻辑信道值。

ATM 交换的过程包含如下两方面：一是路由选择，即将信元从一条输入传输线（I_1）传送到另一条输出传输线（O_1）上去；另一个功能是信头翻译，按照信头翻译表，将信元从一个时隙变换到另一个时隙，即改变输入信元的信头 VPI/VCI 值。例如，I_1 上的 VPI/VCI 值 s 被翻译成 O_2 上的 r 值。ATM 交换过程是在信头/链路翻译表的控制下进行的。当发送端要和接收端通信时，通过用户网络接口（UNI）向 ATM 交换机发送建立连接请求的控制信令，接收端建立连接后，就会建立一条虚电路，ATM 交换机中就会建立一张虚连接表（路由对照表）。该表也叫做信头/链路翻译表，包括输入线的输入端口、信头值（VPI/VCI）和输出线的输出端口、信头值。当某一信元到达交换机某一输入端口时，交换机读出该信元信头的 VPI/VCI 值，并与信头/链路翻译表比较，当找到输出端口时，信头的 VPI/VCI 被更新，信元被发往输出端口链路。例如，按照图 5-14 的信头/链路翻译表，入线 I_1 上逻辑信道 x（VPI/VCI 等于 x）的信元被交换到出线 O_1 的逻辑信道 k 上（VPI/VCI 等于 k），以此类推。

由于 ATM 的逻辑信道和时隙并没有固定的关系，因此可能会有两个或多个不同入线上的信元同时到达 ATM 交换机并竞争同一出线的情况。图 5-14 中信元要从入线 I_1 的逻辑信道 z 交换到出线 O_n 的 n 信道，而入线 I_n 的 s 也要交换到出线 O_n 的 g 信道，虽然它们占用 O_n 的不同信道，但由于两个信元同时到达 O_n，不能同一时刻在同一出线上输出。为了避免多个信元在竞争同一出线时被丢弃，需要在交换系统内部设置一些缓冲器来存储那些暂时未被服务的信元，这些信元需要在缓冲器中排队等待服务，这就是 ATM 交换机的排队缓冲功能，如图 5-14 中在输出端口上设置了缓冲器。

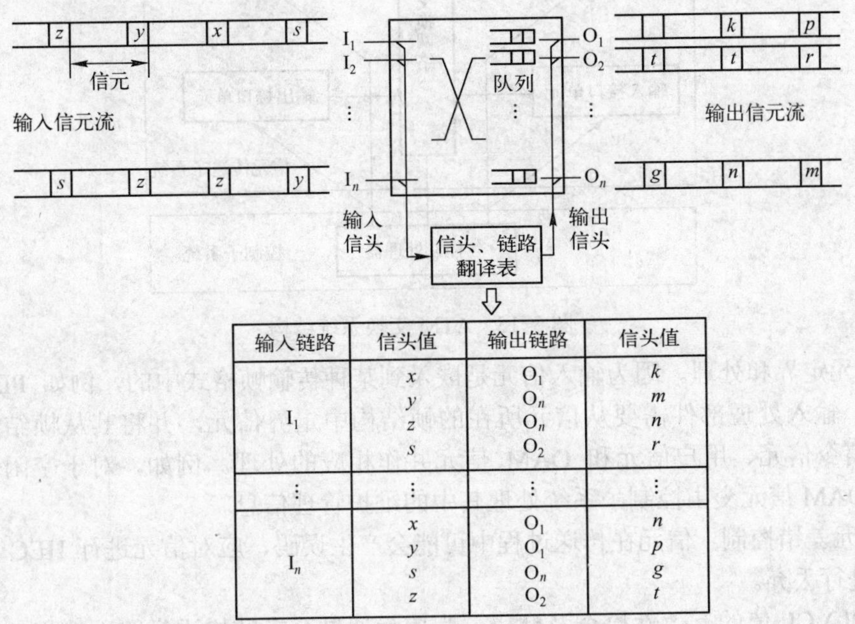

输入链路	信头值	输出链路	信头值
I_1	x y z s	O_1 O_n O_n O_2	k m n r
⋮	⋮	⋮	⋮
I_n	x y s z	O_1 O_1 O_n O_2	n p g t

图 5-14　ATM 交换的基本原理

综上所述，ATM 交换系统完成了 3 种基本功能，即选路、信头翻译和排队。

选路就是选择物理端口的过程，即信元从某一入线端口交换到某一出线端口的过程，选路具有空间交换的特征。

信头翻译是指信元的输入信头值（入线信元 VPI/VCI）被翻译成输出信头值（出线信元 VPI/VCI）的过程。VPI/VCI 的变换表明入线上某逻辑信道的信息被传送到出线的某一逻辑信道上去。

排队是指 ATM 交换结构设置缓冲器，提供信元排队等待输出的功能，用来存储在出线竞争或内部链路竞争中失败的信元，避免信元的丢失。

5.4.2　ATM 交换系统的基本结构

ATM 交换系统由信元传送子系统和控制子系统两大部分组成，如图 5-15 所示。信元传送子系统包括输入接口单元、输出接口单元、交换网络，主要完成 ATM 协议参考模型的物理层和 ATM 层功能。控制子系统由一组控制处理器组成，控制处理器除了负责建立连接外，还要完成管理和维护功能。

1. 输入接口单元

输入接口单元是信元进入交换系统的输入侧接口设备，用于接收输入信元，并执行物理层和 ATM 层的功能，将输入信元转换成为适合 ATM 交换结构处理的形式，它主要有以下 4 种功能。

1）光电信号的转换与同步。将串行码的光信号转换为并行码的电信号。

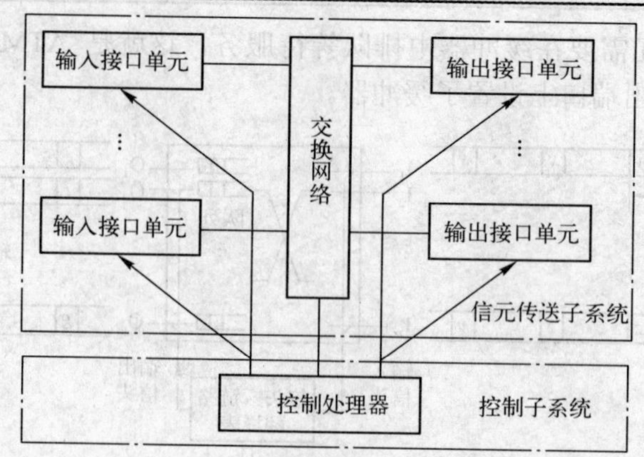

图 5-15 ATM 交换系统结构

2）信元定界和处理。因为输入信元是嵌入到某种传输帧格式中的，例如 PDH 或 SDH 的帧结构。输入处理部件需要从信元所在的帧结构中定界信元，并将其从帧结构中分离出来，区分信令信元、用户信元和 OAM 信元并作相应的处理。例如，对于空闲信元应该丢弃，对于 OAM 信元交由控制子系统处理其中的维护管理信息。

3）信元差错控制。信元在传送过程中可能会产生误码，应对信元进行 HEC 校验，对损坏的信元进行丢弃。

4）VPI/VCI 值的有效性检查及翻译。为信元通过交换结构进行路由选择，确定输出端口，并检查 VPI/VCI 的有效性。

2．输出接口单元

输出接口单元是信元离开交换系统的输出侧接口设备，完成与输入侧接口设备相反的功能，比输入侧简单，主要是将 ATM 信元流转换成适合在物理介质上传输的形式。它的主要功能有以下 4 点。

1）复合信令信元、OAM 信元和用户信元流，形成带有维护管理信息的信元流，送往出线输出。

2）信元速率匹配。当 ATM 信元流的传输速率比输出线路上的传输速率低时，需要加入空闲信元；当比输出线路上的传输速率高时，应设置缓冲存储器对信元进行缓存。

3）传输帧的形成。产生特定的传输帧结构（如 PDH 或 SDH），将信元嵌入，并产生传输帧结构中需要的 OAM 信息。

4）电光信号的转换与同步。将并行码的电信号转换为串行码的光信号。

3．交换网络

交换网络实现交换连接功能，具体就是信头变换、选路和排队功能。交换网络执行信元交换任务时，根据路由选择信息修改输入信元的 VPI/VCI 值，将信元从入线输入处理单元传送到指定的出线输出处理单元。ATM 的交换结构有多种类型，详见 5.4.3 节。

4．控制子系统

控制子系统通过处理信令信息，对交换结构进行接续控制，完成连接的建立、释放、带宽分配以及维护管理功能。控制子系统主要是由处理机系统及各种控制软件组成，其中主要包括呼叫控制软件与操作维护管理（OAM）软件。其中，呼叫控制软件主要完成呼叫连接的建立和拆除，包括寻址、选路、交换网络的控制等功能，包含 UNI 和 NNI 接口的信令处理；OAM 软件主要完成对交换系统的操作维护，具体包括配置管理、计费管理、性能管理、故障管理等功能。

5.4.3　ATM 交换网络

交换的实质是将某条入线的信息输出到特定的出线上。为实现大容量的交换，同时为了增加 ATM 交换机的可扩展性，往往构造小容量的基本交换单元，再将这些交换单元按一定的拓扑结构组成 ATM 交换网络。交换网络是实现 ATM 交换的核心，其控制机理在很大程度上影响交换系统以及 ATM 交换网络的性能。其各交换单元之间的拓扑结构、选路方法以及如何降低竞争、减少阻塞等问题一直是研究的热点。

ATM 交换网络的分类如图 5-16 所示。

根据输入和输出端口之间是否共享单一通路，将 ATM 交换网络分为时分交换网络和空分交换网络两种类型。其中，时分交换包括共享总线和共享存储器结构。空分交换网络包括单通路和多通路多级网络；单通路有基于 Crossbar 型和基于 Banyan 型，多通路有基于 Banyan 型（复份、扩展）、基于 Clos 型和基于 Benes 型。

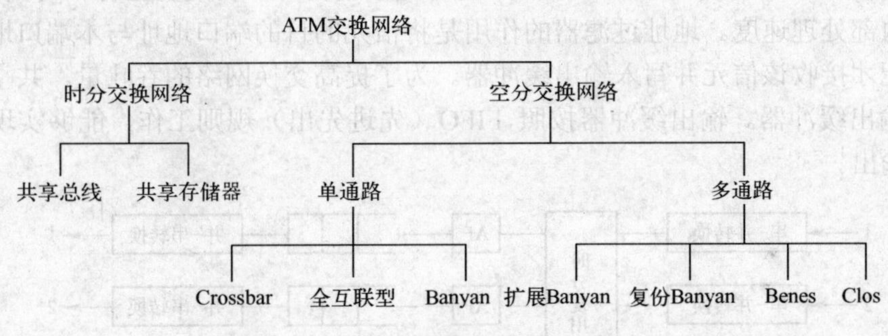

图 5-16　ATM 交换网络分类

1. 时分交换网络

在时分交换网络中，所有的输入和输出端口以时分复用方式共享一条通信介质，从各个输入端口来的信元都通过这一通信介质交换到输出端口。根据介质的不同，时分交换结构分为共享存储器和共享总线两类。下面分别介绍两种时分交换结构的工作原理。

（1）共享存储器交换结构

共享存储器交换结构如图 5-17 所示。共享存储器的工作原理类似于程控交换机中的 T 形接线器。它由共享存储器、控制存储器、复用器和分路器组成，其中存储器为所有输入端口和输出端口共用。从各个输入端口来的信元经过复用器被复用成单一的输入信元流而写入共享存储器，在存储器内部划分为若干队列，每个队列对应于一个输出端口。在写入时，应按照各个信元的目的端口写入相应的输出队列中，这样各出线只要从输出队列中取出地址，就可以根据该地址从共享存储器中取出信元从而形成输出的信元流，经分路后传送到各个输出端口。

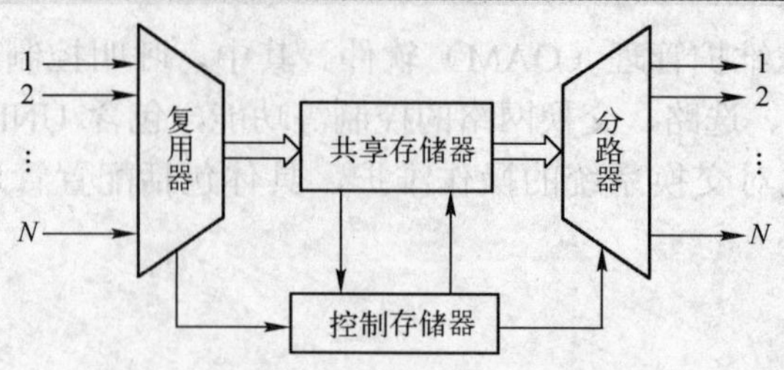

图 5-17 共享存储器交换结构

共享存储器交换结构的交换容量由存储器的容量决定，由于受到存储器访问速度的限制，交换结构的容量不可能太大。共享存储器结构本身是无阻塞的，信元丢失只发生在队列溢出时。

（2）共享总线交换结构

共享总线交换结构利用高速时分复用总线，将所有输入线上的信元复用到公共的传送总线上，并采用某种控制方法将总线上复用的信元流分路到各个输出端口。共享总线交换结构由时分复用总线、串-并转换、并-串转换、地址过滤器（AF）及输出缓冲器（FIFO）几部分组成。图 5-18 为共享总线交换结构图，每条入线都连接到总线上，每条出线通过输出缓冲器和地址过滤器也都连接到总线上。信元进入交换结构时，首先要进行串-并转换，以降低交换结构内部处理速度。地址过滤器的作用是将信元的目的端口地址与本端口地址进行比较，如果匹配才接收该信元并写入输出缓冲器。为了提高交换网络的吞吐量，共享总线交换结构设置了输出缓冲器。输出缓冲器按照 FIFO（先进先出）规则工作，能够实现按目的端口地址分路输出。

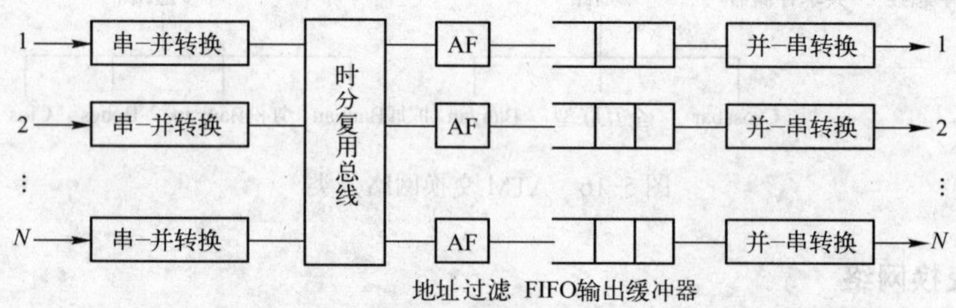

图 5-18 共享总线交换结构

共享总线交换结构的特点是结构简单，容易实现点对多点通信，容易实现优先级控制，但是其容量有限。对于 $N \times N$ 的交换结构，共享总线的速率至少为输入链路速率的 N 倍。因此，共享总线的速率限制使得其交换结构的容量受限。

2. 空分交换网络

空分交换结构是指在入线和出线之间存在多条路径，不同的信元流可以选择不同的路径。空分交换网络的优点是输入与输出端口间的一组通路可以同时工作，即信元可以并行传送，吞吐量和时延特性较好。

空分交换是通过各种类型的空间接线器按照不同方式组合连接起来的。最简单的空分接线器如图 5-19 所示，是 $N \times N$ 矩阵型 Crossbar 交换结构，N 条输入线与 N 条输出线之间有

N^2 个连接点（开关），利用触点开关或电子开关构成矩阵，控制开关通断来实现任一入线和出线之间的信元传输通路。

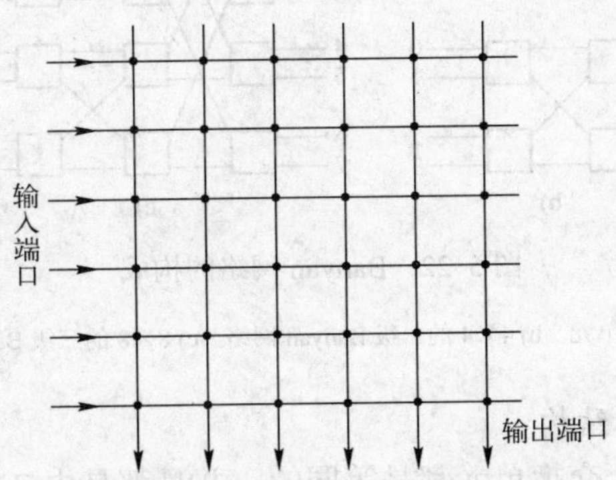

图 5-19　矩阵型 Crossbar 交换结构

空间接线器是一种无阻塞的交换结构，信元丢失只发生在队列溢出时，它易于扩展，但其交叉连接点的复杂程度随入线和出线的数量 N^2 增长，导致硬件复杂，因此其规模不宜过大，容量受限。

在 ATM 交换机中，利用多级互联方式将若干相同结构的空分交换单元互连起来，构成容量更大的空分交换网络。

空分交换网络又分为单通路网络和多通路网络两种类型。

1）单通路网络指的是从一个输入端口到达一个输出端口只有一条通路。图 5-20 所示是一种单通路网络。$N \times N$ 矩阵型 Crossbar 交换结构和 Banyan 交换结构都是单通路网络。

2）多通路网络是指从一个输入端口到一个输出端口存在着多条可选的通路，多通路网络可以减少或避免出现内部拥塞。图 5-21 所示是一种多通路网络。多通路网络类型较多，Benes 网络和 Batcher-Banyan 网络都是多通路交换网络。

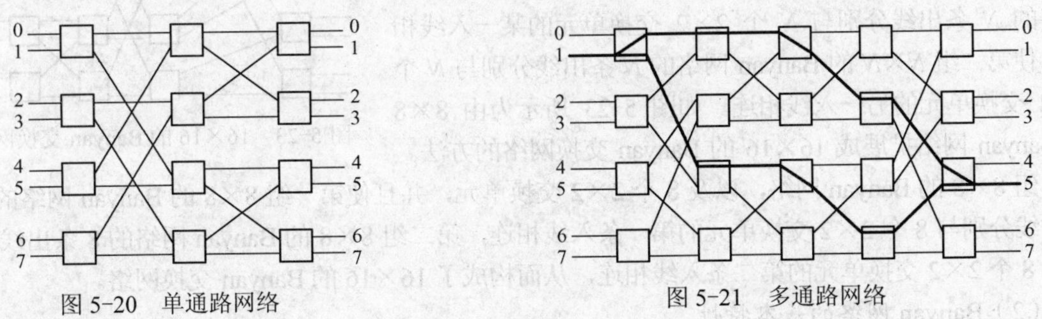

图 5-20　单通路网络　　图 5-21　多通路网络

Banyan 网络在 ATM 交换机中得到广泛应用。本章仅介绍 Banyan 和 Batcher-Banyan 网络。

3. Banyan 多级交换网络

Banyan 多级交换网络是一种空分交换网络，是由多个 2×2 的交换单元按照一定的级间连接方式构成的多级、空分的交换网络，如图 5-22 所示。

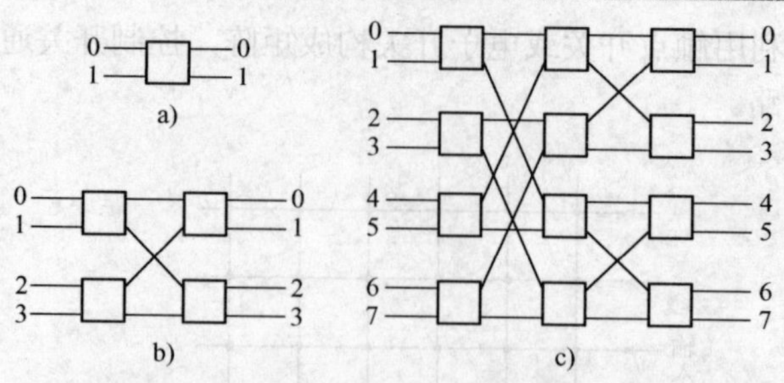

图 5-22 Banyan 网络的构成

a) 2×2 交换单元 b) 4×4 的二级 Banyan 网络 c) 8×8 的三级 Banyan 网络

（1）Banyan 网络的基本结构

构成 Banyan 网络的各个交换单元都是等同的，并且都是由 2×2 的交换单元按照一定的拓扑结构组成的多级网络。

每个输入端通过 N 级交换单元均可以到达任何输出端，构成了以某一输入端为根节点，以所有输出端为叶子节点的树结构。Banyan 网络的级数 $k=\log_2 N$，N 表示入线或出线数，每级有 $N/2$ 个交换单元。

Banyan 的构成具有一定的规律，可以采用有规则的扩展方法将较小容量的 Banyan 扩展成较大规模的网络。如图 5-22b 所示的 4×4 的二级 Banyan 网络由 4 个 2×2 交换单元组成，如图 5-22c 所示的 8×8 的三级 Banyan 网络由 2 个 4×4 的二级 Banyan 网络加上 4 个 2×2 交换单元，按照一定的连接方式组成。因此，可以采用有规则的方法使用较小规模的 Banyan 网络来构成较大规模的 Banyan 网络。设已有 $N×N$ 的 Banyan 网络，要构成 $2N×2N$ 的 Banyan 网络，则可用两组 $N×N$ 的 Banyan 网络，以及 N 个 2×2 交换单元，并且使第一组 $N×N$ 的 Banyan 网络的 N 条出线分别与 N 个 2×2 交换单元的某一入线相连，使第二组 $N×N$ 的 Banyan 网络的 N 条出线分别与 N 个 2×2 交换单元的另一入线相连。如图 5-23 所示为由 8×8 的 Banyan 网络扩展成 16×16 的 Banyan 交换网络的方法。用 2 组 8×8 的 Banyan 网络，以及 8 个 2×2 交换单元，并且使第一组 8×8 的 Banyan 网络的 8 条出线分别与 8 个 2×2 交换单元的第一条入线相连，第二组 8×8 的 Banyan 网络的 8 条出线分别与 8 个 2×2 交换单元的第二条入线相连，从而构成了 16×16 的 Banyan 交换网络。

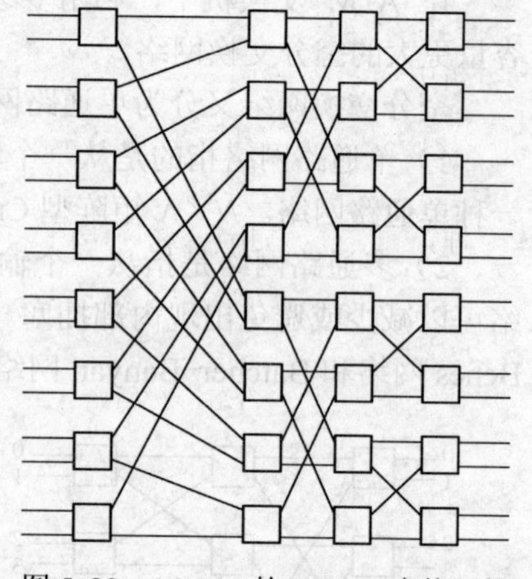

图 5-23 16×16 的 Banyan 交换网络

（2）Banyan 网络的基本特性

Banyan 网络具有唯一路径特性和自选路由功能。

唯一路径特性指 Banyan 网络的任何一条入线与任何一条出线之间存在并仅存在一条通路。

自选路由特性是指 Banyan 网络中给定信元要到达的出线地址，不用外加控制命令，就可使信元到达目的出线。Banyan 网络可以使用对应于输出线的二进制码的选路标签来自动选路。给进入交换网络的信息加上选路标签，该标签是信息要交换到的目的输出端口号的二进制值，在选路的过程中，每一级交换单元依次按照选路标签的相应位来自动选择路由。若该比特位为 0，则选交换单元的第 0 号出线，该比特位为 1 时选交换单元的第 1 号出线。图 5-24 中的粗黑线表示为信元从入线 0 交换到出线 3 的路径。只要给输入端口 0 上的信元加上选路标签“011”，即让 0 入线上输入信元的 VPI/VCI 地址为“011”，则该信元就会根据该地址标签自选路由，到达输出端口 3。在交换网络的第一级的相应标签的比特位为“0”，使用平行连接，从该级交换单元的“0”号线输出；到达第二级交换单元时，相应标签的比特位为“1”，使用交叉连接，从该级交换单元的“1”号线输出；到达第三级交换单元时，相应标签的比特位为“1”，使用交叉连接，从该级交换单元的“1”号线输出，最后到达出线 3。

4. Batcher-Banyan 多级交换网络

Banyan 网络具有内部竞争，是有阻塞网络。如图 5-24 中，如果输入线 0 上的 VPI/VCI 地址为“011”的信元进入交换网络的同时，另外一条输入线 4 上 VPI/VCI 地址为“010”的信元也进入交换网络，就会在交换网络的第二级交换单元发生内部阻塞。研究表明，在 Banyan 网络之前加上排序网络（Batcher）所形成的 Batcher-Banyan 网络可以消除内部阻塞。这里 Batcher 网络的作用是对要进入 Banyan 网络的各输入端信元先按信元要交换的出线地址的大小以升序或降序排列，然后再进入 Banyan 网络，以减少内部阻塞的发生。

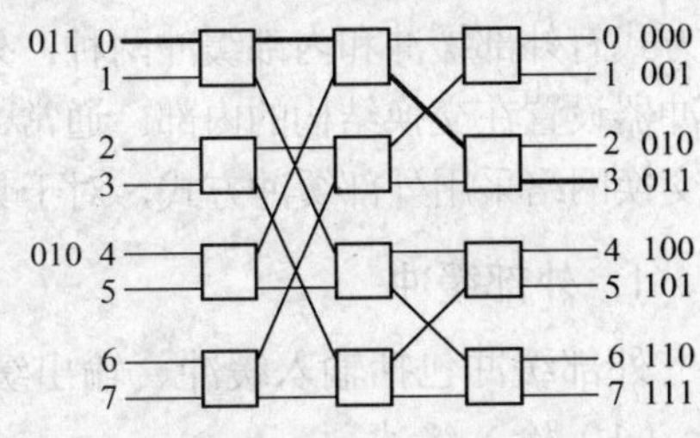

图 5-24　Banyan 网络自选路由示例

Batcher 网络由多级构成，每级由若干 2×2 的排序器构成。排序器实际上是一个两入线和两出线的比较单元，分为向下排序器（箭头向下）与向上排序器（箭头向上）两种。输入排序器的两个信元按照其标签指示的目的地址大小进行比较，目的地址大的信元按箭头指示的输出端输出，当到达排序器的输入信元只有一个时，排序器把它作为目的地址小的信元来处理，即按箭头指示反向端口输出。这样，只要目的地址没有重复，进入 Banyan 网络的所有信元都可以无冲突地到达所需的输出端。

Batcher-Banyan 网络是 ATM 交换机广泛使用的一种网络。如图 5-25 所示为具有 8 条入线和 8 条出线的 Batcher-Banyan 交换网络结构，描述了 Batcher-Banyan 网络的工作过程。假设在入线 0、1、4、6 上的信元，同时分别要交换到出线 3、7、2、4 上，则信元的选路标签分别是“011”、“111”、“010”、“100”，使用 Batcher-Banyan 网络完成上述交换，这 4 路信元经过 Batcher 网络后，按照选路标签（出线地址）大小递增的顺序排列，再进入 Banyan 网络，这样就能够消除内部竞争。

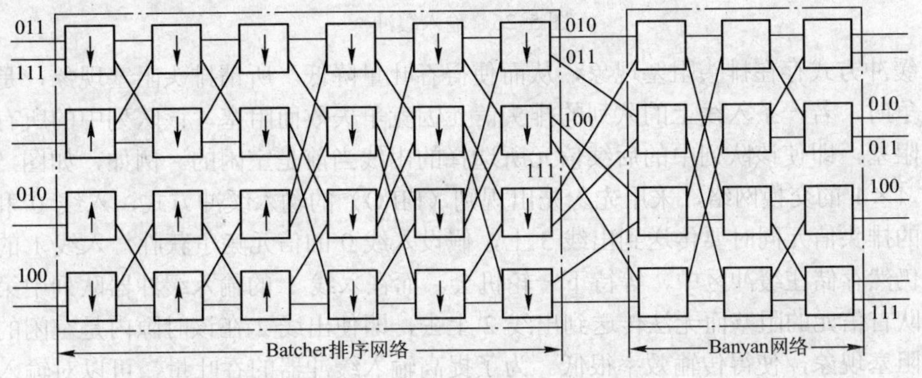

图 5-25　Batcher-Banyan 网络结构

5.4.4 ATM 缓冲策略

ATM 交换结构具有选路、信头变换和排队缓冲的功能以实现信元交换。设置排队缓冲是为了在多个信元竞争资源时减少信元丢失，对于交换单元无法立刻服务的信元，可以采用缓存存储方法将这部分信元暂时缓存，等待下一次服务。缓存策略或称排队策略是 ATM 交换结构设计中的重要内容，对 ATM 交换机性能有着决定性的影响，队列的溢出会引起信元丢失，信元排队是交换时延和时延抖动的主要原因。

缓冲策略包括缓冲器的设置方式、缓冲器的数量、存取控制以及缓冲器的管理。缓冲器的设置方式有外部缓冲和内部缓冲两种：外部缓冲是指缓冲器设置在交换结构的外部；内部缓冲是指缓冲器设置在交换结构的内部。通常，没有内部竞争（多个信元争用交换网络内部链路）的无阻塞交换网络采用外部缓冲方式，对于具有内部竞争的有阻塞交换网络采用内部缓冲方式。

1．外部缓冲

外部缓冲包括输入缓冲、输出缓冲、输入与输出缓冲、环回缓冲。

（1）输入缓冲

输入缓冲是在交换结构的每个输入端口（入线）设置缓冲器，每个缓冲器中信元采用先入先出规则，(First In Fist Out，FIFO）的排队规则来解决输入端可能出现的竞争问题，如图 5-26 所示。

如果出现多个入线上的信元竞争同一出线时，只有一个信元可以传送，要进行竞争仲裁，竞争失败的信元暂时留在缓冲器中，等待下一轮信元的传送。仲裁机制包括如下几种：

- 随机法：随机地从多条竞争的入线中选取一条入线，传送该入线上的信元。
- 固定优先级法：每条入线都有固定的优先级，不同优先级的入线发生出线冲突时，优先级高的入线获得发送信元的权利。
- 轮换优先级法：又称周期策略，即每条入线的优先级并不是固定不变的，而是轮流拥有最高优先级。

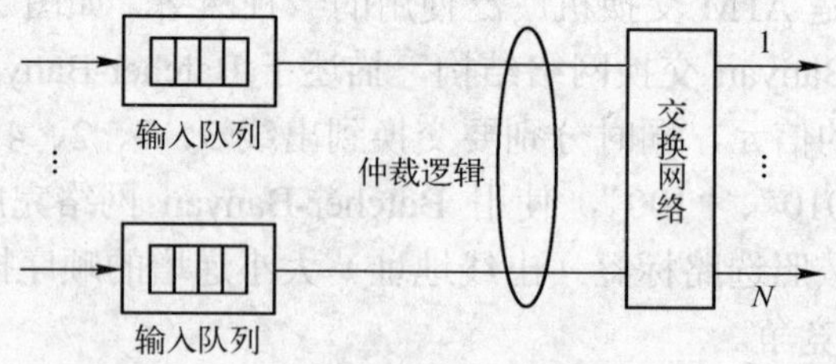

图 5-26 输入缓冲

输入缓冲方式存在排头阻塞现象，从而使得吞吐量降低。所谓排头阻塞现象，是指在发生出线竞争时，若一条入线上的队列的排头信元因竞争失败而阻塞，该队列中的所有后续信元也被迫阻塞，即使该队列中的后续信元所选择的出线当前是空闲的。例如，如图 5-27 所示的一个 4×4 的交换网络，采用先入先出规则（FIFO）的输入缓冲方式，入线 0 和入线 1 的缓冲器的排头信元同时要传送到出线 3 上，假设入线 0 的信元竞争获胜，入线 1 的信元竞争失败，仍然存储在缓冲区中，等待下一轮机会。而在入线 1 的输入缓冲器队列中第二个信元因为其队首信元的阻塞而无法传送到出线 2 上去，即使出线 2 在该时隙内是空闲的。由于存在排头阻塞现象，使得传输效率很低。为了提高输入缓冲器的吞吐量，可以对输入缓冲器的队列设置和排队规则加以改进，例如输入缓冲器采用按序进入随机抽取规则 FIRO 等。

（2）输出缓冲

输出缓冲是在每条出线上设置缓冲器，如图 5-28 所示。每条出线配置一个队列，以便对同时到达的竞争该出线的多个信元进行缓冲。一个信元周期内，一条出线只能为一个信元服务，未得到服务的信元将缓存在该出线的输出队列中。

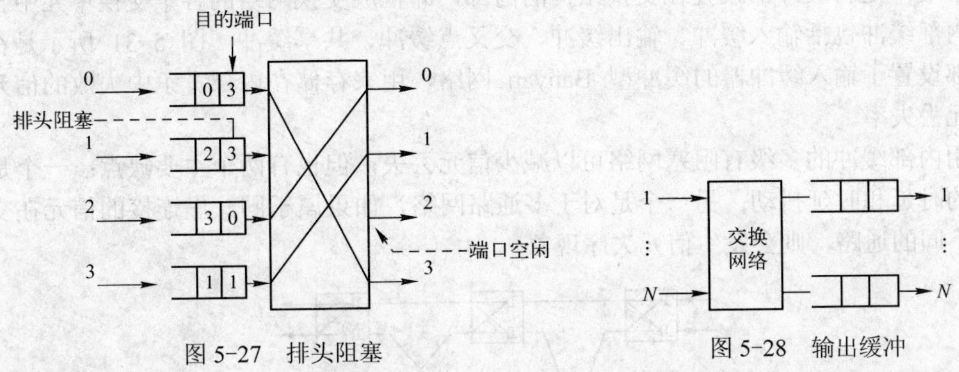

图 5-27　排头阻塞　　图 5-28　输出缓冲

为保证没有信元丢失，在传输交换介质中信元的传输交换的速率必须 N 倍于入线信元传输的速率，使得每个出端能够同时接收所有入端发来的信元。这就是说，当入线数为 N 时，考虑到最不利的情况，每个出端在一个时隙中最多应可接收 N 个信元。要做到这一点，就要提高处理速度和存储器的访问速度，于是引入了加速因子的概念。输出缓冲能在一个时隙内可以接收交换到该输出端口的最大信元数目，称为加速因子。加速因子的值越大，对处理速度和存储器的存储速率要求就越高，一般 $1<K<N$。这样，每个输出端口最多只能接收 K 个信元，如果有多于 K 个信元去向同一个端口，就要按照一定准则选取其中的 K 个信元，其余的丢弃。加速因子等于 N 时，完全消除了出线竞争，但对传输速率的要求较高。

（3）输入输出缓冲

输入输出缓冲综合了输入缓冲与输出缓冲的优点，在输入端和输出端都设置了缓冲器，如图 5-29 所示。假设其加速因子为 K（$1<K<N$）（N 为输入端口数目），则其输出缓冲器在一个信元时隙内最多能接收 K 个信元，若在某一时隙内有超过 K 个信元要交换到同一个目的端口，这些信元将会被存储在输入缓冲器中，而不像输出缓冲方式中那样把它们丢弃。

（4）环回缓冲

环回缓冲包括环回端口以及环回缓冲器，如图 5-30 所示。当发生出线竞争时，在竞争中失败的信元会通过环回端口存储在环回缓冲器中，并通过环回端口回送到输入端口，下一时隙与新到来的信元一起进行下一轮的竞争。

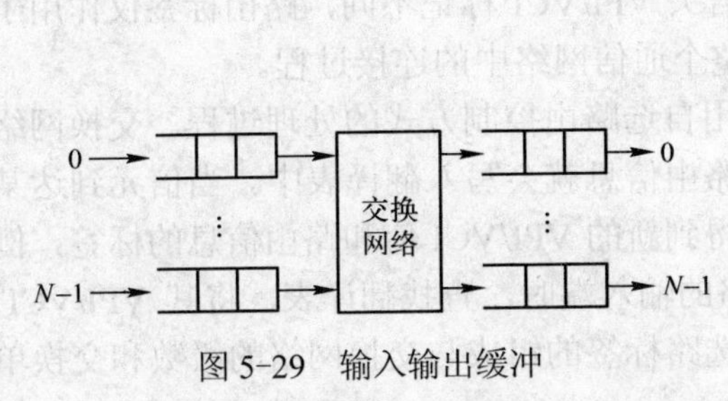

图 5-29　输入输出缓冲

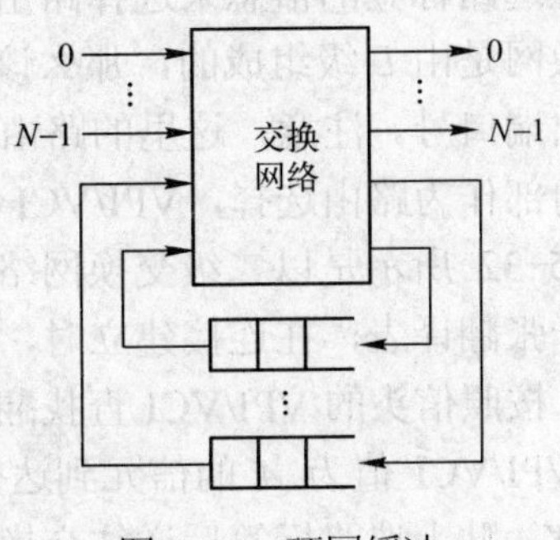

图 5-30　环回缓冲

环回缓冲的交换结构可以具有较高的吞吐量和较低的信元丢失率，但交换结构要增加用于环回的端口，环回还会使得属于同一虚连接的信元失序，时延也较大。

2. 内部缓冲

内部缓冲是将缓冲器设置在交换结构的内部，即构成交换网络的各个交换单元中含有缓冲器。内部缓冲包括输入缓冲、输出缓冲、交叉点缓冲、共享缓冲。图 5-31 所示是在交换单元内部设置了输入缓冲器的缓冲型 Banyan 网络，用来存储在内部竞争中失败的信元，以降低信元丢失率。

采用内部缓冲的多级有阻塞网络可以减少信元丢失，但也有两个主要缺点：一个是增加了信元的时延和时延抖动；另一个是对于多通路网络，如果属于同一虚连接的信元在交换结构选用不同的通路，则会发生信元失序现象。

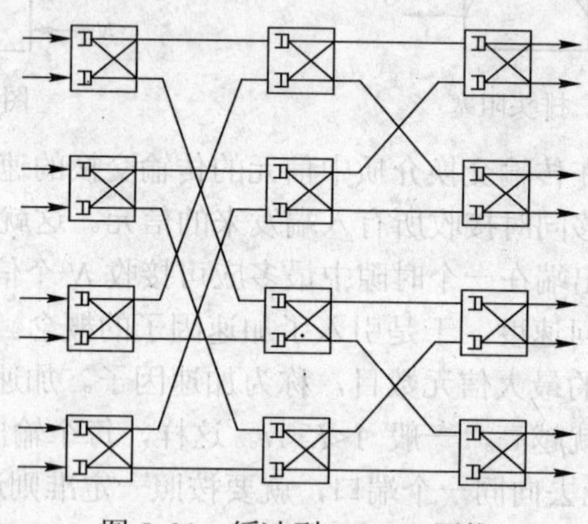

图 5-31 缓冲型 Banyan 网络

5.4.5 选路控制

在每个信元到来时，如何引导信元通过交换结构而正确地传送到所需的输出端口，是 ATM 选路控制要完成的功能。交换网络的选路方法是指有效控制和正确引导从输入端口进入交换网络的信元正确地传送到所需的输出端口的方法。在多级互联网络中，选路控制有两种方法，即自选路由法和路由表控制法。

1. 自选路由法

自选路由是给每个到来的信元在进入交换网络之前加上选路标签，然后交换网络会自动根据这些选路标签的信息来选择路由。路由标签必须包含交换网络的每一级路由信息。如果一个交换网是由 L 级组成的，那么该路由标签将有 L 个字段，各个字段中含有相应级交换单元的输出端口号。注意，这里的路由标签和信头 VPI/VCI 标记不同，路由标签仅作用于交换机网络内部作为路由选择，VPI/VCI 则标识整个通信网络中的连接过程。

图 5-32 所示是以二级交换网络为例采用自选路由控制方式的处理过程。交换网络的输入端有一张翻译表，在连接建立时，信元的路由信息就会写入翻译表中。当信元到达某一输入端口，按照信头的 VPI/VCI 查找翻译表，得到新的 VPI/VCI 值和路由信息的标签，例如图中信头 VPI/VCI 值为 A 的信元到达交换网络的输入端时，查找翻译表，将其 VPI/VCI 值 A 变换为 Y，贴上选路标签后送往交换网络。选路标签的组成与交换网络的级数和交换单元的

出线数有关，对于图中的二级交换网络，选路标签含有两部分“*m*，*n*”，依次对应各级交换单元。第一级交换单元根据选路标签中的 *m* 进行选路，即信元从第 *m* 条出线输出，并去掉该级选路标签，进入下一级交换单元；第二级交换单元按照选路标签中的 *n* 选择第 *n* 条出线输出信元，并去掉该级选路标签 *n*。这样，信元离开交换网络时，路由标签被完全去除，并且信元的 VPI/VCI 已经在输入端口被变换，完成了信元的交换。

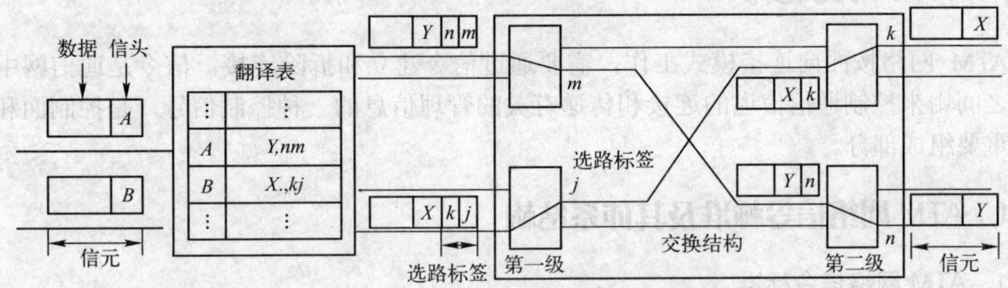

图 5-32　二级交换网络自选路由的控制方式

自选路由交换网络的特点是信元 VPI/VCI 的变换只在交换网络的输入端完成，同时给信元加上了额外的选路信息的标签，附加标签增加了交换网络的处理负担，但是交换网络的控制简单了。

2．路由表控制法

路由表控制法按照交换单元内部的路由表中的信息来完成选路。在路由表控制法中，交换结构中每级交换单元都有一张路由信息表，各个交换单元按照自己的路由表中的信息来完成选路和进行信头变换，利用信头中的 VPI/VCI 来查找交换单元中的路由表，当信元到达每级交换单元时，通过相应的路由表确定输出端口和变换 VPI/VCI 值。图 5-33 所示为采用路由表控制法的交换网络中的信元处理过程。当 VPI/VCI 值为 *A* 的信元进入第一级交换单元时，根据 *A* 查找该级交换单元的路由表，将 VPI/VCI 值替换成 *X*，并选择第 *m* 条出线输出。信元到达第二级交换单元时，根据 *X* 查找该级交换单元的路由表，将 VPI/VCI 值替换成 *Z*，并选择第 *n* 条出线输出。

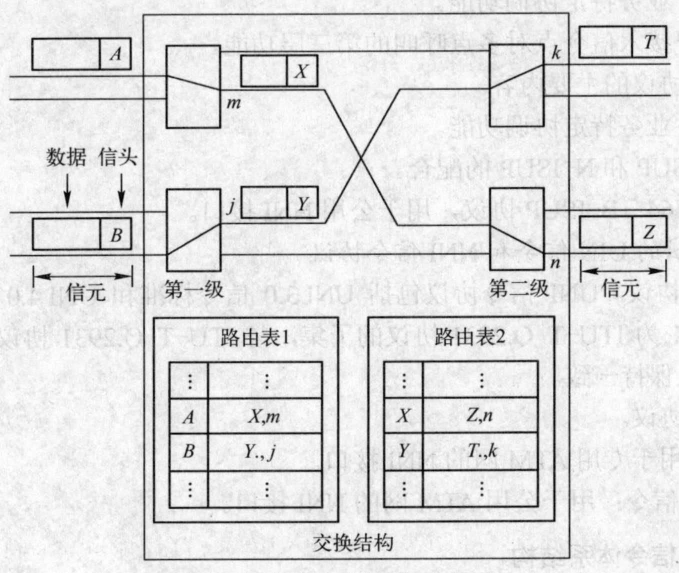

图 5-33　路由表控制的选路方式

在路由表控制法中，不用添加选路标签，因此信元本身的长度不会改变，不会增加信元处理开销，但是每个交换单元都需要路由表，需要较大的存储器开销。自选路由法和路由表控制法各有优点。就目前来看，自选路由法在寻路效率方面要高些，更适合构造大型交换网络。

5.5 ATM 网络信令

ATM 网络按面向连接模式工作，需要通过信令建立和拆除连接。信令是通信网中两个节点之间用来控制通信信道的连接和传递有关的管理信息的一种控制信号，是控制面和管理面的重要组成部分。

5.5.1 ATM 网络信令标准及其体系结构

1. ATM 网络信令标准

由于 B-ISDN 网络要支持各种各样的业务，所需的信令功能也不同，为了满足不同时期 B-ISDN 业务的要求，ITU-T 和 ATM 论坛先后制定了一系列相应的信令规范和协议。

（1）ITU-T 的 UIN 信令和 NNI 信令协议

1）UNI 信令规范和协议的主要内容。

Q.2931：B-ISDN DSS2 的第三层基本呼叫/连接信令规范，在 UNI 处提供用户呼叫建立和释放以及用户补充业务等操作。

Q.2961：B-ISDN DSS2 的附加流量参数。

Q.2010：B-ISDN 概述 CS1。

Q.2100：B-ISDN 信令适配层概述。

Q.2110：面向连接的特定业务协议规范（SSCOP）。

Q.2120：B-ISDN 元信令协议。

Q.2130：UNI 业务特定协调功能。

Q.2971：用户接入信令点对多点呼叫的第三层功能。

2）NNI 信令协议的主要内容。

Q.2140：NNI 业务特定协调功能。

Q.2660：B-ISUP 和 N-ISUP 的配合。

Q.2761～Q.2764：B-ISUP 协议，用于公用 NNI 接口。

（2）ATM 论坛的 UIN 信令和 NNI 信令协议

1）UNI 信令协议。UNI 信令协议包括 UNI 3.0 信令标准和 UNI 4.0 信令标准。其中，UNI 3.0 和 UNI 3.1 为 ITU-T Q.2931 协议的子集，与 ITU-T Q.2931 协议互相补充，互相促进，并在关键点上保持一致。

2）NNI 信令协议。

PNNI 信令：用于专用 ATM 网的 NNI 接口。

B-ICI 1.0/2.0 信令：用于公用 ATM 网的 NNI 接口。

2. ATM 网络信令体系结构

ATM 网络包括专用网络和公用网络。公用 ATM 网络属于电信公用网，由电信部门建立、管理和经营，可以连接各种专用 ATM 网和 ATM 用户终端；专用 ATM 网是指一个单位或部门范围内的 ATM 网。ATM 网络主要接口包括 UNI（用户网络接口）和 NNI（网络节点接口），按其所在网络位置又分为专用 UNI 和公用 UNI、专用 NNI 和公用 NNI。

信令与网络是密切相关的，在 ATM 网络内，不同接口上有不同的信令形式。ATM 网络信令结构分为 UNI 信令和 NNI 信令两大部分，按专用网络和公用网络又分为公用网的 UNI 信令与专用网的 UNI 信令和公用网的 NNI 信令与专用网的 NNI 信令（PNNI）。UNI 信令描述终端用户和网络接口上的信令消息格式和信令过程；NNI 信令描述网络节点间（ATM 交换机之间）的信令消息格式和信令过程。ATM 网络接口及其信令协议如图 5-34 所示。

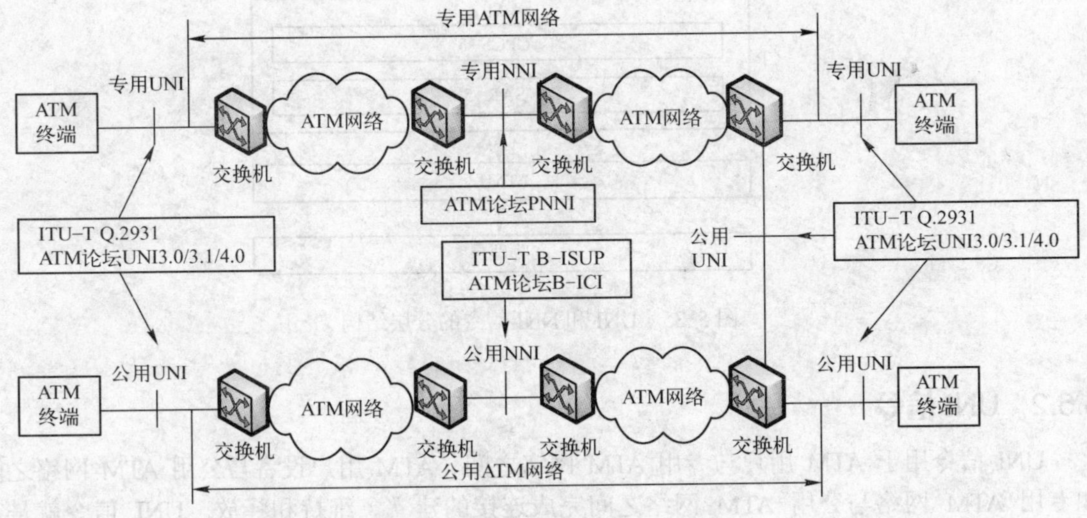

图 5-34 ATM 网络接口及其信令协议

- 专用 UNI 和公用 UNI 接口都采用 ITU-T Q.2931 和 ATM 论坛定义的 UNI3.0 UNI3.1、UNI4.0 信令协议。
- 专用 NNI 信令由 ATM 论坛制定的 PNNI 协议所规范，主要用于 ATM 局域网络互联。
- 公用 NNI 采用 ITU-T No.7 信令中 B-ISDN 用户部分 B-ISUP 系列协议信令系统（ITU-T Q.2761～Q.2764 建议），主要用于 ATM 广域网络互联。

UNI 和 NNI 信令的分层结构如图 5-35 所示，包括物理层、ATM 层、信令适配层（Signaling ATM Adaptation Layer，SAAL）和高层应用的呼叫控制协议。

物理层和 ATM 层的功能与 5.3 节所述的相关层功能一致。SAAL 信令适配层用于适配信令消息，由业务特定会聚子层 SSCS 和公共部分 CP 构成，CP 采用的是 AAL_5 规程，信令消息通过 SAAL 层适配成 ATM 信元后进行交换和传输。SSCOP（业务特定面向连接协议）的主要作用是建立和释放 SVC 连接，确保信令消息的可靠传输，提供传送信令消息所需的差错控制和流量控制等功能。SSCF（业务特定协调功能）是高层信令与 SSCOP 之间服务原语的映射，将上层的呼叫控制规程的特殊要求映射到 SSCOP 的服务中。由于 UNI 和 NNI 的呼叫控制协议不同，因此用于 UNI 和 NNI 的 SSCF 不同，分别为 SSCF-UNI 和 SSCF-NNI。

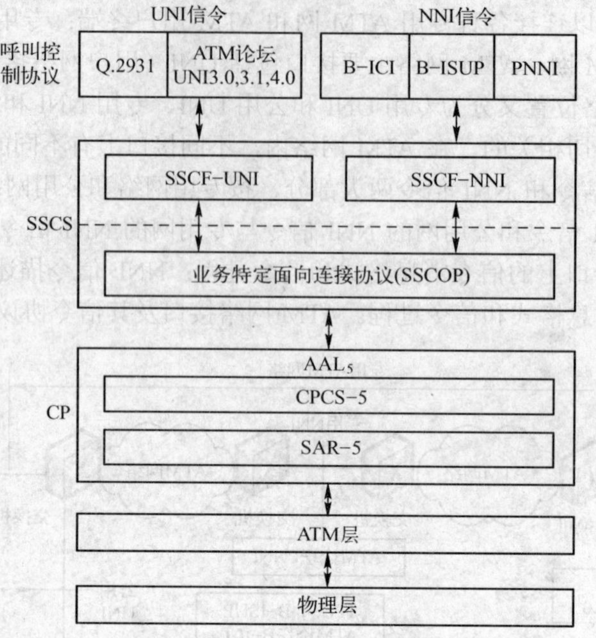

图 5-35　UNI 和 NNI 信令的分层结构

5.5.2　UNI 信令

UNI 信令用于 ATM 用户与专用 ATM 网络之间、ATM 用户设备与公用 ATM 网络之间和专用 ATM 网络与公用 ATM 网络之间完成连接的建立、维持和释放。UNI 信令就是在 UNI 接口上建立 ATM 连接的交互协议，UNI 信令消息不承载任何数据，只承载有关连接的信息，如目的 ATM 地址、业务流描述及 QoS 参数等。目前，关于 UNI 信令的协议主要有 ITU-T 的 Q.2931 信令和 Q.2971 信令以及 ATM 论坛的 UNI 3.1 信令和 UNI4.0 信令。下面主要介绍 ITU-T 的 Q.2931 信令。

1. UNI 信令结构及功能

UNI 信令规程建立在信令适配层之上，其信令协议栈结构如图 5-36 所示。

<table>
<tr><td colspan="3">UNI信令(Q.2931)</td></tr>
<tr><td rowspan="4">ATM信令
适配层（SAAL）</td><td rowspan="2">业务特定汇聚子层
SSCS</td><td>业务特定协调功能（SSCF-UNI）</td></tr>
<tr><td>业务特定面向连接协议（SSCOP）</td></tr>
<tr><td rowspan="2">公共部分
CP</td><td>公共部分汇聚子层（CPCS）</td></tr>
<tr><td>分段重装子层(SAR)</td></tr>
<tr><td colspan="3">ATM层</td></tr>
<tr><td colspan="3">物理层</td></tr>
</table>

图 5-36　UNI 信令协议栈结构

用户网络接口的业务特定协调功能 SSCF-UNI 的作用是将 UNI 信令协议（如 Q.2931）

的特定要求映射到紧邻的较低层 SSCOP 所提供的服务中。业务特定面向连接协议 SSCOP 提供了连接的建立、释放以及端到端的可靠的信息交换机制。公共部分汇聚子层 CPCS 为上层提供 SDU 的透明传输功能。分段重装子层 SAR 提供分段和重组功能。

UNI 信令协议主要支持以下信令能力：

- 支持 SVC 的建立和释放。
- 支持点对点连接的建立和释放。
- 支持点对多点连接的建立和释放。
- 支持带有声明服务质量类别的对称或非对称 QoS 连接。
- 支持带有声明带宽的对称或非对称连接。
- 支持端到端的兼容性参数，包括连接的 AAL 类别、数据封装方式等。
- 支持错误恢复。

2．UNI 信令消息的一般格式

UNI 信令消息的一般格式如图 5-37 所示。

UNI 信令消息格式由 5 部分组成，其中，协议鉴别符、呼叫参考、消息类型和消息长度 4 部分是公共部分，而不同的消息中所包含的信息单元的长度和种类不同。

（1）协议鉴别符

协议鉴别符为 1B（8 位），用于指示消息所属的协议，Q.2931 消息的协议鉴别符的编码为 00001001。

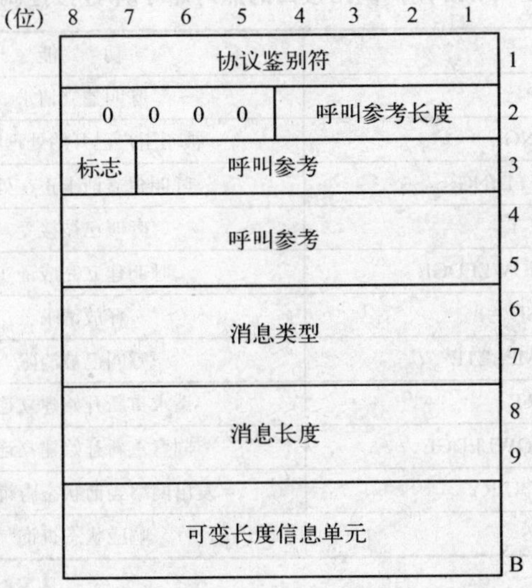

(位) 8 7 6 5 4 3 2 1		字节
协议鉴别符		1
0 0 0 0	呼叫参考长度	2
标志	呼叫参考	3
呼叫参考		4 5
消息类型		6 7
消息长度		8 9
可变长度信息单元		B

图 5-37　UNI 信令消息的一般格式

（2）呼叫参考

呼叫参考用来标识本地用户网络接口上的呼叫，使消息和呼叫相互联系，共有 4B，第一字节表示呼叫参考的长度（不包括本字节），默认值为 3B。第二字节的最高位是呼叫参考标志，用于识别消息是网络侧还是用户侧分配该呼叫的参考值，从而使两侧同时分配相同的呼叫参考值时能够区分开。其余部分为呼叫参考值，用来标识呼叫类型，以便区分呼叫处理过程。

（3）消息类型

消息类型标识不同的消息，共 2 字节，第一字节表示该消息的类型，即该消息所具备的功能，第二字节是消息兼容性指示语，用来指示如何处理不能识别的信息或者错误的消息。

（4）消息长度

消息长度标识信息单元的长度，有 2B，第一字节 1～7 位表示表示消息长度，第 8 位用于扩展消息长度字段，“1”表示消息长度字段只占 1B，“0”表示消息长度字段占 2B。

（5）可变长度信息单元

各种消息中携带了若干信息单元，作为消息的参数，不同消息的信息单元长度不同。信息单元的结构包括信息单元标识符（占 2B）、兼容性指示、信息单元内容的长度（占 2B）、信息单元内容（不定长）。UNI 信令协议定义了 19 种可变长信息单元，例如被叫号码、主叫号码、连接标识、AAL 参数、QoS 参数、ATM 业务流描述、宽带承载能力等。

3. UNI 信令呼叫/连接控制过程

ATM 是一种面向连接的技术，UNI 信令消息是被装载在信元之中沿虚通路 SVC 传送的。两个网络终端进行通信之前必须要建立一个端到端的连接，在 UNI 之间通过传送各种消息来建立相应的虚电路（包括 VPC 与 VCC）、保持通信连接以及在通信完成之后释放该电路。ATM 用户网络接口的点对点呼叫/连接控制消息见表 5-3。

表 5-3 ATM 用户网络接口的点对点呼叫/连接控制消息

消息名称		功能	消息类型编码
呼叫建立	SETUP	呼叫建立请求	0000 0101
	ALERTING	被叫用户已开始处理呼叫	0000 0001
	CALL PROCEEDING	呼叫建立请求正在处理	0000 0010
	CONNECT	呼叫已被接受	0000 0111
	CONNECT ACKNOWLEDGE	呼叫建立完成证实	0000 1101
呼叫释放	RELEASE	释放请求	0100 1101
	RELEASE COMPLETE	呼叫已被清除	0101 1010
	RESTART	请求重新开始建立连接	0100 0110
	RESTART ACKNOWLEDGE	同意重新开始建立连接	0100 1110
状态	STATUS ENQUIRY	发出网络当前状态查询请求	0111 0101
	STATUS	响应状态查询	0111 1101

由主叫用户向网络发送的呼叫建立与释放的信令过程如图 5-38 所示。

1）当主叫用户请求建立连接时，由主叫用户向网络发送一个建立消息 SETUP 请求建立连接。该 SETUP 消息包括 ATM 业务量描述、宽带承载能力、QoS 参数、被叫用户号码和连接标识等信息单元。

2）网络侧收到 SETUP 消息后，便进行信息单元检查以判断网络资源能否满足用户的要求。若可以接受的话，则向被叫用户所在的网络接口转发 SETUP 消息，同时向主叫用户发送响应消息 CALL PROCEEDING 以指示呼叫正在处理。

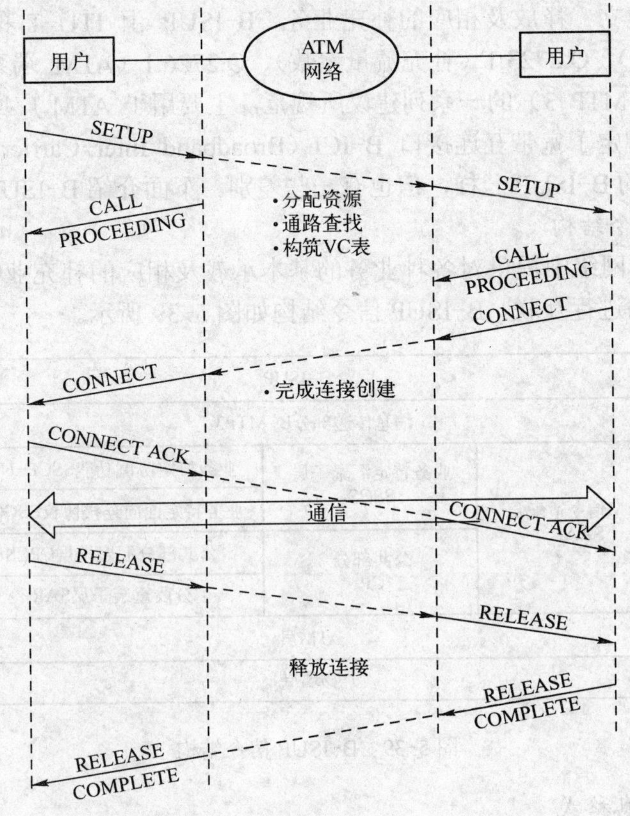

图 5-38　UNI 连接建立和释放过程

3）被叫用户在收到 SETUP 消息后，便进行地址及兼容性检查，若满足条件，向网络发送 CALL PROCEEDING 消息，并且被叫用户确认可接收该呼叫时，向网络发送 CONNECT 消息建立被叫用户链路，ATM 网络向主叫用户发 CONNECT 消息建立主叫用户链路。

4）主叫用户收到 CONNECT 消息后，向网络发送 CONNECT ACK 连接证实消息以响应 CONNECT 消息；网络向被叫用户发送 CONNECT ACK 消息，连接建立完成，双方进入通信阶段。

5）通信完毕，主叫用户向网络发送释放 RELEASE 消息请求释放链路；网络向被叫用户发送 RELEASE 消息准备释放链路。

6）被叫用户向网络发送释放完成 RELEASE COMPLLETE 消息释放被叫用户链路；网络向主叫用户发送 RELEASE COMPLLETE 消息释放主叫用户链路。

5.5.3　NNI 信令

ATM 网络分为公用 ATM 网络和专用 ATM 网络，两种网络的 NNI 信令差别较大，公用网络 NNI 信令为 No.7 信令体系的宽带 ISDN 用户部分 B-ISUP，而专用 ATM 网络的 PNNI 在 UNI 的信令结构基础上增加了一些功能。

1．公用网络 NNI 信令（B-ISUP）

在 B-ISDN 中将 NNI 信令应用协议称为 B-ISUP。B-ISUP 规定了公共网络节点间 B-

ISDN 业务呼叫的建立、释放及相应的补充业务。B-ISUP 由 ITU-T 的 Q.2761～Q.2764、Q.2722.1（点对多点）、Q.2723.1（补充流量参数）、Q.2726.1（ATM 端系统地址）和 Q.2210（宽带消息传递部分 MTP 3）的一系列建议所规范，主要用于 ATM 广域网络互连。ATM 论坛对宽带网络互联规定了宽带互连接口 B-ICI（Broadband Inter-Carrier Interface）协议，大部分内容与 ITU-T 的 B-ISUP 一样，但也有一些差别。下面介绍 B-ISUP 的基本内容。

（1）B-ISUP 信令结构

B-ISUP 在宽带网络中提供对各种业务的基本承载及相应的补充业务，主要用于广域网中对不同类型的网络进行互联。B-ISUP 信令结构如图 5-39 所示。

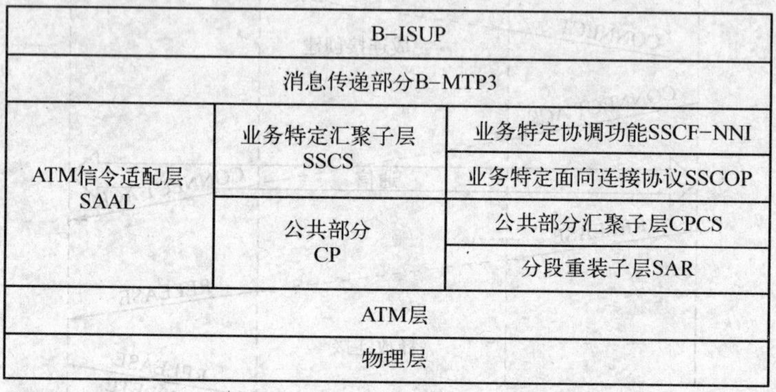

B-ISUP
消息传递部分B-MTP3
ATM信令适配层
SAAL
业务特定汇聚子层
SSCS
业务特定协调功能SSCF-NNI
业务特定面向连接协议SSCOP
公共部分
CP
公共部分汇聚子层CPCS
分段重装子层SAR
ATM层
物理层

图 5-39　B-ISUP 信令结构

（2）B-ISUP 消息格式

B-ISUP 的消息结构与 N-ISUP 相同，其业务指示语 SI 为 1001，信令信息字段 SIF 的一般格式如图 5-40 所示。

B-ISUP 信令消息格式由 5 部分组成。

1）路由标记。B-ISUP 的路由标记为 1～7B，用于标识 B-ISUP 的消息路由，属于同一呼叫虚连接的消息，其路由标记相同，以保持同一呼叫的信令消息的有序性。B-ISUP 路由标记的格式如图 5-41 所示，主要由 3 部分组成：信令链路选择（Signaling Link Select，SLS），大小为 1B，指示所选择的链路编号，用于信令业务的负荷分担；消息源信号点编码（Original Point Code，OPC），大小为 3B，指示发出信号点的地址；目的信号点编码（Destination Point Code，DPC），大小为 3B，指示消息要发送目的地信号点的地址。

路由标记	1~7B
消息类型	1B
消息长度	1~2B
消息兼容性信息	1B
信息单元	1~*n*B

图 5-40　B-ISUP 的消息格式

位 8 7 6 5	4 3 2 1	
备用	SLS	1B
OPC		3B
DPC		3B

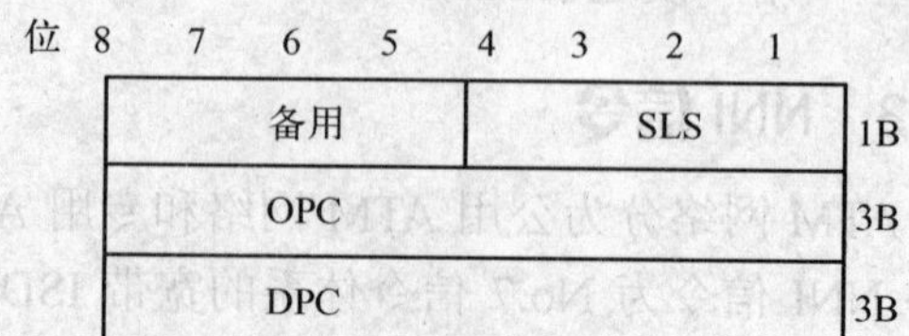

图 5-41　B-ISUP 的路由标记格式

2）消息类型。1B 的消息类型用来区分不同的信令消息。B-ISUP 能力级 CS-1 定义了

28 种不同的消息。表 5-4 是 B-ISUP 基本消息及其类型编码。

表 5-4 B-ISUP 基本消息及其类型编码

消 息 名 称	功 能	消息类型编码
ACM	地址全消息	0000 0110
IAM	初始地址消息	0000 0001
IAA	初始地址证实消息，表示 IAM 可接受	0000 1001
IAR	初始地址拒绝消息，表示资源不足，不能接受呼叫	0000 1011
ANM	应答消息，沿呼叫反向发送，表明被叫已应答	0000 1001
REL	释放连接消息，可由任一方发起	0000 1100
RLC	释放完成消息	0001 0000
RSG	复位	0001 0010
SUS	暂停消息，表明主叫方已被临时挂起	0000 1101

3）消息长度。B-ISUP 消息格式中的消息长度为 2B，用来指示消息长度以后的消息兼容性信息和信息单元的字节数。

4）消息兼容性信息。B-ISUP 的消息兼容性信息大小为 1B，用来指明当收到一个不能识别的消息类型时如何处理。消息兼容性信息中有 7 类描述，其格式如图 5-42 所示。

位 7	6 5	4	3	2	1	0
扩展位	宽带/窄带互通	无法传递	丢弃消息	转发通知	呼叫释放	中间局转接

图 5-42 消息兼容性信息

- 扩展位：1 位，为 0 时表示消息兼容性信息域长度包括下一字节；为 1 时表示消息兼容性信息域长度仅限于本字节。
- 宽带/窄带互通：2 位，00 表示传送消息；01 表示丢弃消息；10 表示释放呼叫；11 表示保留。
- 无法传送：1 位，0 表示释放呼叫；1 表示丢弃消息。
- 丢弃消息：1 位，0 表示传送而不丢弃；1 表示丢弃消息。
- 转发通知：1 位，0 表示不转发通知；1 表示转发通知。
- 呼叫释放：1 位，0 表示不释放呼叫；1 表示释放呼叫。
- 中间局转接：1 位，0 表示在转接点翻译；1 表示在终端节点翻译。

5）信息单元。信息单元是 B-ISUP 消息所包含的参数，同 Q.2931 的信息单元格式一样，其长度是可变的。不同消息所带的信息单元不同，信息单元格式也由标识符、信息单元长度、信息单元内容（不定长）几部分组成。

（3）UNI 与 NNI 信令协议关系

当两个不在同一个交换局的用户进行连接时，就需要进行 UNI 和 NNI 信令的互操作，即在发端交换机和收端交换机进行 Q.2931 和 B-ISUP 协议的转换。

UNI 与 NNI 信令协议关系如图 5-43 所示，在 ATM 终端与 ATM 交换机间采用 Q.2931

信令进行通信，在 ATM 交换机之间采用 B-ISUP 进行通信，Q.2931 和 B-ISUP 的转换就由 ATM 交换机完成。

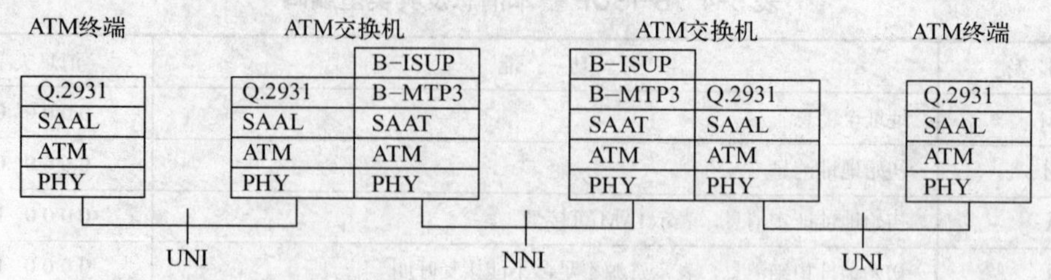

图 5-43 UNI 与 NNI 信令协议关系

（4）连接建立和释放过程

图 5-44 给出了一个典型的 UNI（采用 Q.2931）与 NNI（采用 B-ISUP）之间链路建立和释放过程。

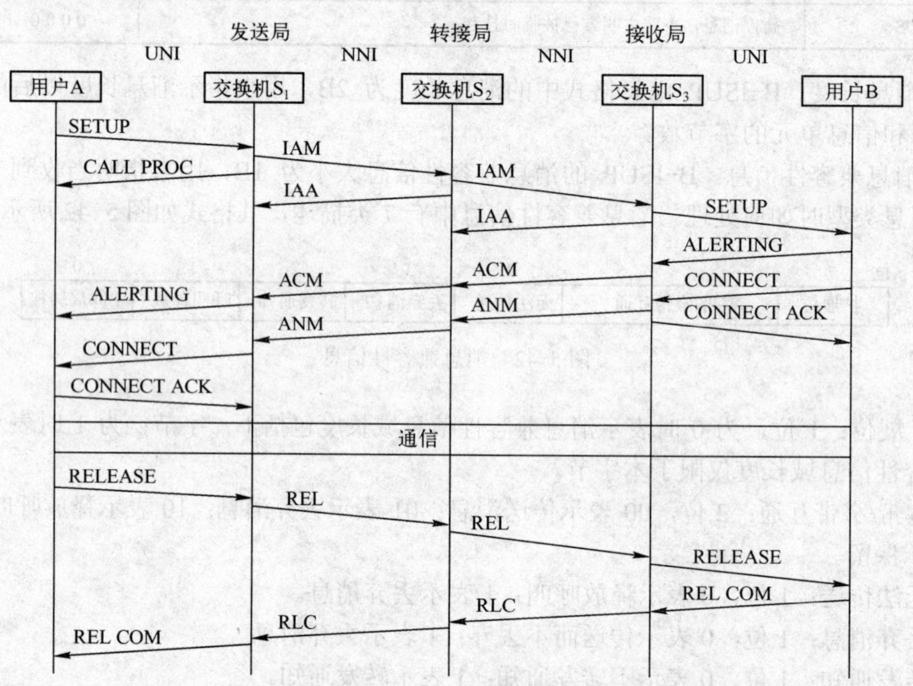

图 5-44 UNI 和 NNI 链路建立和释放过程

1）当主叫用户 A 呼叫 S3 局的用户 B 时，由用户 A 向直连交换机 S1 发送 SETUP 消息（UNI Q.2931 信令）请求建立 SVC。消息中包括用户 A 和用户 B 的 ATM 地址以及该请求的基本业务约定。

2）当交换机 S1 收到 SETUP 消息后，检查被叫用户地址，如果其路由表中存在用户 B 的 ATM 全球地址的入口、并且能够满足该连接请求的服务质量，那么 S1 为该虚连接保留资源，为该连接创建动态 VPI/VCI，并将 SETUP 消息及其信息单元映射到 B-ISUP 的初始地址消息 IAM 中，然后发给转接局交换机 S_2，同时交换机 S_1 把呼叫建立消息 CALL PROCEEDING 传回给呼叫用户 A。

3）转接局交换机 S_2 将 IAM 转发给接收局交换机 S_3 后，给交换机 S_1 返回一个初始地址证实消息 IAA。

4）接收局交换机 S_3 将 IAM 消息映射到 UNI 信令 SETUP 消息中，建立与用户 B 的 SVC，同时给交换机 S2 返回一个初始地址证实消息 IAA。

5）被叫用户 B 收到信令分组后，如果可以接受请求，则以连接消息作为响应，先给其所在的交换机 S_3 发送一个 ALERTING 消息表示可以接收该呼叫，再发送一个 CONNECT 消息表示同意建立连接。

6）交换机 S_3 将 CONNECT 消息映射成 B-ISUP 的地址全消息 ACM 和被叫应答消息 ANM，经转接局交换机 S_2 送回交换机 S_1，同时 S_3 给用户 B 送连接响应消息 CONNECT ACK 进行证实。

7）发送局交换机 S_1 分别将 ACM 和和 ANM 消息映射成 ALERTING 和 CONNECT 消息送给用户 A，用户 A 返回连接响应消息 CONNECT ACK 证实后，就在不同局用户间建立了虚连接。双方进入通信阶段。

8）SVC 连接释放的过程是主叫用户 A 向 S_1 发送连接释放请求 RELEASE 消息，S_1 依次向下游发送释放请求消息，目的端收到后发送释放完成的消息，并逐渐返回到主叫用户 A，完成连接的释放。

2. 专用网络 NNI 信令（PNNI）

PNNI（Private Network-to-Network Interface）规定了在专用 ATM 网络间互联所采用的路由和信令标准协议，主要用于多个 ATM 交换机构成的 ATM 局域网间互联。下面主要介绍构成 PNNI 协议的两大部分，即 PNNI 路由协议和 PNNI 信令协议。

(1) PNNI 路由协议

路由协议保证网络拓扑消息被可靠地广播到每一个节点以支持路由计算。PNNI 路由协议使用邻居发现技术在网络中自动寻找路径，然后在端系统间参与建立 SVC（交换虚电路），提供在交换机间或自治 ATM 网络间路由 ATM 信元的机制。PNNI 路由协议的主要功能是解决如何在有关的网络中发布网络拓扑信息，以确定发送用户终端和接收用户终端间的网络路由的问题。为适应大规模网络结构，PNNI 路由协议采用了分层机制定义 PNNI 网络路由结构。

1）PNNI 路由协议的分级结构。PNNI 路由协议以链接状态路由为基础，周期性地与相邻节点交换“Hello”分组，构成“链接状态更新”表，形成网络拓扑模型。PNNI 路由协议的分级结构如图 5-45 所示，分层路由能保证 PNNI 的可扩充性和可管理性。使用 PNNI 能够把ATM交换机连接到一个网状配置的多个链路中。点之间的所有链路能够分担负载，还可以在不中断网络的情况下添加或去掉链路。

每个 ATM 交换机称为一个节点，多个节点可以组合成对等组（Peer Group，PG），一个对等组是一个共享 ATM 地址前缀的拓扑状态数据库的 ATM 交换机集合。在此集合中，所有成员通过与组内其他成员互换信息（如可达性、QoS和拓扑信息）来保持相同的视图，如图 5-45 中的 PG(A)、PG(B)、PG(A.1)、PG(A.2)、PG(B.1)等。

每个对等组成员通过“竞争”选举一个对等组领导（Peer Group Leader，PGL），PGL 拥有其所在 PG 的完整的拓扑状态信息，如 PG(A.1)中的 A.1.3、PG(B.1)中的 B.1.2、PG(A)中的 A.2、PG(B)中的 B.1 等。

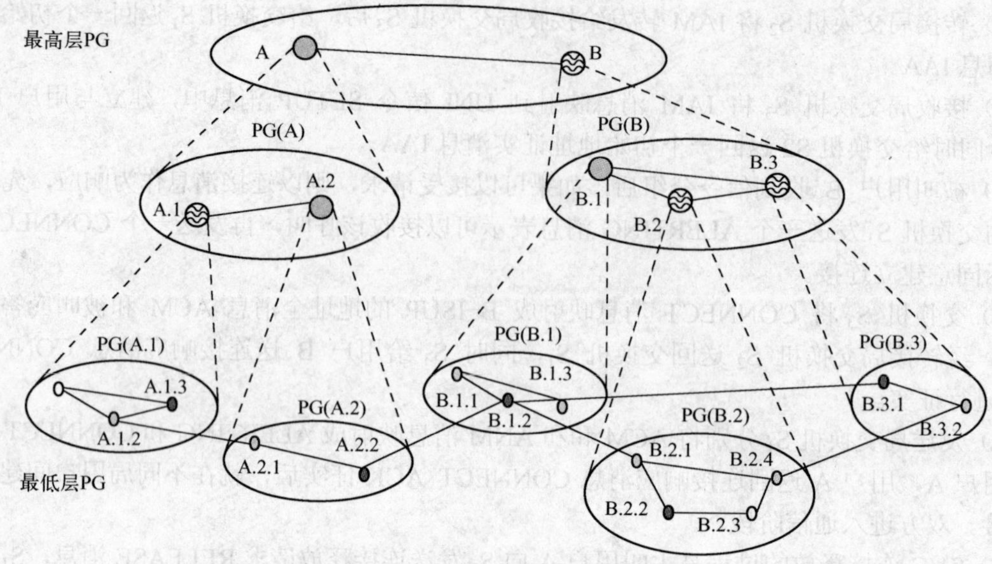

图 5-45 PNNI 路由协议的分级结构

各个对等组的 PGL 可以组成更高级别的对等组，并且作为这个高层对等组的成员，这种成员可被称为逻辑组节点（LGN）。LGN 并不是实际的物理交换机，而是其低层对等组拓扑结构的一个抽象代表。PGL 代表其成员加入到更高层对等组，同时负责将其拥有的对等组信息传输给其下属等级，以便每个节点对网络都有层次结构的视图。

对等组通过边缘节点和边界链路相互连接，具有跨过对等组边界逻辑链路的节点，称为边缘节点，用于实现两个 PG 间的连接。一个 PG 中可以有若干边缘节点，如 PG(A.1)中的 A.1.2、PG(B.1)中的 B.1.2 和 B.1.3 等。

2）Hello 协议。Hello 协议用于发现和验证邻居节点的标识并检查这些节点间逻辑链路的状态。PG 内的节点交换“Hello”信息，创建拓扑数据库，该数据库向各节点提供最新的对等组拓扑视图以及带宽和其他信息。“Hello”分组以一定间隔在相邻节点间交换，来验证其链路状态，并交换节点标识以检查这些节点是否属于同一个对等组，然后传送激活信息以保持相应链路的激活状态。当超过一定时间没有收到“Hello”分组包消息时，相应链路就被关闭。

3）PNNI 拓扑的广播。PNNI 网络拓扑包括节点信息、链路信息和可达地址。PNNI 路由是基于链路状态技术的，每个节点创建了描述其局部拓扑的拓扑状态单元 PTSE（PNNI Topology State Elements），通过 Hello 协议在对等组内广播。如果一个节点拥有了 PG 内所有节点的 PSTE，则它就拥有了该组内的完整拓扑，就能够计算出 PG 内任一可达地址的路径。

4）拓扑数据库同步。每个节点都有一个拓扑数据库来存放整个网络的拓扑信息，数据库中的信息单元即是 PSTE。当相邻节点检查到它们属于同一个对等组并运行相同协议时，就开始进行数据库交换。每个节点以一定的时间间隔向其他节点传送其数据库信息，并接收其他节点的数据库信息，以确保同一 PG 内所有节点的拓扑数据库同步工作。

（2）PNNI 信令协议

PNNI 信令包含了动态建立、维护和释放 ATM 连接的过程，该连接存在于专用 ATM 网络之间或 ATM 网络节点之间。PNNI 信令协议利用基于 PNNI 路由协议所传递和收集的信息来实现动态呼叫连接。

PNNI 信令协议的分层结构如图 5-46 所示。

<table>
<tr><td colspan="3">PNNI呼叫控制（Call Control）</td></tr>
<tr><td colspan="3">PNNI协议控制（Protocol Control）</td></tr>
<tr><td rowspan="4">ATM信令适配层
SAAL</td><td rowspan="2">业务特定汇聚子层
(SSCS)</td><td>业务特定协调功能(SSCF-NNI)</td></tr>
<tr><td>业务特定面向连接协议(SSCOP)</td></tr>
<tr><td rowspan="2">公共部分汇聚子层
(CPCS)</td><td>公共部分汇聚子层(CPCS)</td></tr>
<tr><td>分段重装子层(SAR)</td></tr>
<tr><td colspan="3">ATM层</td></tr>
<tr><td colspan="3">物理层</td></tr>
</table>

图 5-46　PNNI 信令协议的分层结构

在 PNNI 信令结构中，由 PNNI 的呼叫控制和协议控制构成了 PNNI 的信令层。PNNI 呼叫控制用于向高层提供服务，如资源的位置和路由信息等；PNNI 协议控制则是向呼叫控制子层提供服务，两者之间通过原语进行通信。SAAL 用于信令传输的适配层规范，其中的网络节点接口的业务特定协调功能 SSCF-NNI 的作用是将 NNI 高层信令协议（如 MTP3b）的特殊要求映射到紧邻的较低层 SSCOP 的业务中，用于协调特定业务。

PNNI 信令是在 UNI 4.0 信令规范能力上建立的，除了具备 UNI 信令的点对点连接控制的消息集外，还增加了一些额外的信息单元以及为 PNNI 特定功能所设的过程，例如源路由、遇忙返回以及软 PVPC/PVCC 等。不同于 UNI 信令的非对称方式，PNNI 信令是对称的，即终端发给网络的信令与网络发给终端的信令是对等的。

PNNI 信令采用源路由方式，路由选择利用其分级网络拓扑结构来确定连接源端和终端节点间的通道，以指定传送列表（Designated Transit List，DTL）的形式提供完整路径信息。PNNI 信令请求将 DTL 保存到堆栈中。在 PNNI 中，当一个主叫终端用户经 UNI 接口向源端交换机发送连接请求时，该交换机就利用所拥有的状态信息和最短路径算法确定连接源端和终端节点间的一条或多条路由，并生成相应的 DTL 来传送该连接请求。该连接请求在其所在的 PG 中被传送到边缘节点后，转交给与之相连的邻居 PG 的边缘节点，由该节点重新生成相应的 DTL 并在其所属的 PG 中传送。这个过程将依次进行，直到该连接请求被传送到被叫用户所在的 PG，而被叫用户对连接请求所作的响应又按原路返回，以完成建立连接所需要的应答过程。每一个中间节点交换机只传送 DTL，而不参与路径的计算。

PNNI 信令协议具有迂回和备用路由机制。在 PNNI 中，源点交换机在发送连接请求的同时，会备份其所发送的所有连接请求的状态信息，直到该连接请求被确认或被拒绝为止。如果该连接请求在中间节点遭到拒绝，则被拒绝的连接请求将按原路返回到源点交换机，源点交换机将采用备用路由或重新计算路由，并生成新的 DTL 再次传送该连接请求。

PNNI 信令协议增加了软 PVPC/PVCC 功能。原来的永久虚通道/虚信道连接（PVPC/PVCC）是一种通过管理（由网络管理人员）建立的连接，而不是根据需要用信令建立的连接。但在 PNNI 中，引入了软 PVPC/PVCC，即可在网络中通过信令建立连接。

5.6 小结

本章主要介绍了 ATM 交换技术，包括 ATM 的传输模式、信元结构、协议参考模型、交换原理和信令结构等。

异步转移模式 ATM 作为宽带综合业务数字网 B-ISDN 的传送模式，具有高效性和灵活性，能够适应各种网络传输环境和不同的服务质量(QoS)要求，因而被广泛用于高速的骨干网中。ATM 实质上是一种快速分组交换，是一种面向分组的传输模式。它使用异步时分复用技术，将信息流分割成固定长度的信元，进行传输和交换。ATM 网络是面向连接的。在通信实体间用固定长度的 ATM 信元以面向连接的方式传输用户信息，信头中 VPI/VCI 作为地址标签，网络根据 VPI/VCI 识别和转发信元。

ATM 交换系统由交换网络、输入侧接口设备、输出侧接口设备、控制系统组成。交换网络主要负责 ATM 信元在交换机中的缓存与转发，是 ATM 网络技术的关键环节，直接影响着网络的性能与质量。ATM 交换所要完成的 3 个基本功能是选路、信头变换与排队缓冲。ATM 交换网络包括时分交换网络和空分交换网络，本章重点介绍了 Banyan 网络的结构和特性。

ATM 协议参考模型为一个立体的分层模型，由 3 个平面组成，即用户平面、控制平面和管理平面，而在每个平面中又是分层的。用户平面和控制平面有相同的分层结构，分为物理层、ATM 层、ATM 适配层（AAL）。ATM 信元的交换在 ATM 层完成。

ATM 交换技术采用面向连接的方式，需要通过信令在通信的源和目的端建立和释放连接。连接的控制由 UNI 信令和 NNI 信令来完成。本章描述了 ATM 信令协议栈结构及用于呼叫连接控制的信令的工作原理，重点介绍了 UNI 信令的 Q.2931 协议规程、NNI 信令的 B-ISUP 协议规程以及 PNNI 路由和信令协议。

5.7 习题

1．简要说明 ATM 技术的基本特点。
2．试比较电路交换、分组交换和 ATM 交换技术。
3．ATM 采用固定长度的信元有什么优点？
4．描述 ATM 信元的格式。ATM 的 UNI 与 NNI 的信元结构有什么异同？
5．比较同步时分复用与异步时分复用，如何复用 ATM 信元？
6．简要说明 ATM 信元中信头错误检查 HEC 的作用。
7．ATM 虚连接有哪两种类型？简要说明 ATM 连接的建立。
8．比较 VP 交换与 VC 交换。
9．试画出 ATM 的协议参考模型，并解释各层的功能。
10．简要说明 AAL 适配层的类别及所支持的应用是什么？
11．ATM 交换系统是由哪几部分构成的？各完成什么功能？
12．ATM 交换结构所要完成的功能有哪些？
13．ATM 的缓冲方式有哪几种？各有什么优缺点？
14．交换结构内部的选路控制有哪两种基本方法？

15．Banyan 网络的基本特性有哪些？

16．试画图说明用 2×2 的交换单元如何构造 16×16 的 Banyan 网络，并举例说明其内部阻塞的情况。

17．简述 ATM 网络信令的体系结构。

18．用户-网络接口信令的主要功能有哪些？描述其消息格式。

19．何谓 B-ISUP？其主要作用是什么？描述 B-ISUP 信令的消息格式。

20．在一次成功的呼叫建立与释放过程中，主被叫用户与网络间都发送了哪些信令？

参考文献

[1] Uyless Black. ATM 宽带网络信令[M]. 北京：清华大学出版社，1998.

[2] 贾世楼，王钢，杨铁军. ATM 技术与宽带综合业务网[M]. 哈尔滨：哈尔滨工业大学出版社，2000.

[3] Schwartz. ATM 宽带网络性能分析[M]. 北京：清华大学出版社，1998.

[4] 陈锡生. ATM 交换技术[M]. 北京：人民邮电出版社，2000.

[5] 糜正琨，杨国民. 交换技术[M]. 北京：清华大学出版社，2006.

[6] 陈建亚，余浩，王振凯. 现代交换原理[M]. 北京：北京邮电大学出版社，2006.

[7] 尤克，黄静华，陈鸽. 现代电信交换技术与通信网[M]. 北京：北京航空航天大学出版社，2007.

[8] 金惠文，陈建亚，纪红，等. 现代交换原理[M]. 北京：电子工业出版社，2000.

[9] 卞佳丽. 现代交换原理与通信网技术[M]. 北京：北京邮电大学出版社，2006.

[10] 信息产业部. 通信行业标准 YD/T1084—2000 基于 ATM 的网络接口（PNNI）信令规范[S]. 2000.

[11] ATM Forum Approved Specifications[OL]. http://www.atmforum.com/standards/approved.html.

第6章

IP交换与MPLS交换技术

1996 年初,美国加州一个刚成立不久的名为 Ipsilon 的小公司提出了 IP 交换（IP Switching）这一革命性的概念。它将一个 IP 路由处理器捆绑在一个 ATM 交换机上，使其成为具有 ATM 交换机性能并可以执行路由器功能的设备。

1996 年秋，Cisco 公司提出了标记交换（Tag Switching）的概念。标记交换的提出让路由器能采用一种标签交换的转发机制，而不是采用传统的最长地址令牌的查询方法，从而提高以路由器为核心的网络的性能。几乎就在 Cisco 公司宣布其标记交换的同时，IBM 公司也提出了一个较为类似的概念“聚合的基于路由的 IP 交换”（Aggregate Route-Based IP Switching, ARIS）。ARIS 首先引入了多点对点交换通路的概念。

1996 年底，Internet 工程任务组（Internet Engineering Task Force，IETF）成立了一个工作组，对集成路由与交换的解决方案进行标准化，此标准被称为多协议标签交换（Multi-Protocol Label Switching，MPLS）。MPLS 被看做是一种可以给 Internet 服务供应商（Internet Service Provider，ISP）在帧中继或 ATM 网络基础上以更易于控制和扩展的方式提供 IP 路由服务的解决方案。

6.1 IP 技术概述

IP 交换是利用第二层交换作为传送 IP 分组通过一个网络的主要转发机制的一组协议和机制。IP 交换利用交换的高带宽和低延迟优势，尽可能快地传送一个分组通过网络。虽然在所有的 IP 交换解决方案中，有一些的确支持 IP 路由和转发，但它们都试图通过一个交换组件重定向所有或部分分组，从而避免执行任何第三层处理。

6.1.1 TCP/IP 结构

TCP/IP 起源于 Internet 的前身 ARPANET。TCP 最早由斯坦福大学的两名研究人员于 1973 年提出。1983 年，TCP/IP 被 UNIX 4.2BSD 系统采用。随着 UNIX 的成功，TCP/IP 逐步成为 UNIX 机器的标准网络协议。目前，TCP/IP 已成为实际上的因特网的标准连接协议。TCP/IP 其实是一个协议集合，内含了许多协议，其中最重要的是传输控制协议（Transmission Control Protocol，TCP）和网际协议（Internet Protocol，IP）。IP 用于在主机之间传送数据，TCP 则确保数据在传输过程中不出现错误和丢失。除此之外，还有多个功能不同的其他协议。

目前，因特网上使用的通信协议——TCP/IP 与 OSI 相比，简化了高层的协议，简化了会话层和表示层，将其融合到了应用层，使得通信的层次减少，提高了通信的效率。

图 6-1 所示为 TCP/IP 与 ISO OSI 参考模型之间的对应关系。

OSI体系结构	TCP/IP协议集	
应用层	应用层	TELNET、FTP、HTTP、SMTP、DNS等
表示层		
会话层		
传输层	传输层	TCP、UDP
网络层	网络层	IP、ICMP、ARP、RARP
数据链路层	网络接口层	各种物理通信网络接口
物理层		

图 6-1 TCP/IP 与 ISO OSI 参考模型之间的对应关系

1. TCP/IP 协议集

因特网的协议集称为 TCP/IP 协议集，协议集的取名表示了 TCP 和 IP 在整个协议集中的重要性。因特网协议集是对 ISO/OSI 的简化，其主要功能集中在 OSI 的第 3 和第 4 层，通过增加软件模块来保证和已有系统的最大兼容性，如图 6-2 所示。

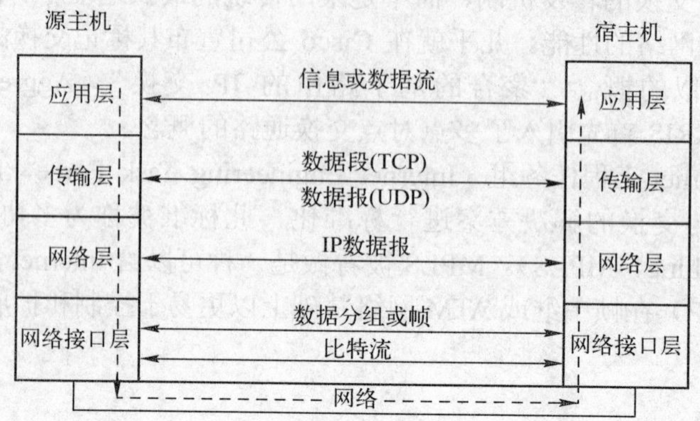

图 6-2 基于因特网的信息流示意图

TCP/IP 遵守一个 4 层的模型概念，即应用层、传输层、网络层和网络接口层。

（1）网络接口层

模型的基层是网络接口层。负责数据帧的发送和接收，帧是独立的网络信息传输单元。网络接口层将帧放在互联网上，或从互联网上把帧取下来。

（2）网络层

互联协议将数据包封装成 Internet 数据报，并运行必要的路由算法。网络层包含 4 个互联协议。

- 网际协议（IP）：负责在主机和网络之间寻址和路由数据报。
- 地址解析协议（ARP）：获得同一物理网络中的硬件主机地址。
- 网际控制消息协议（ICMP）：发送消息，并报告有关数据报的传送错误。
- 互联组管理协议（IGMP）：被 IP 主机用于向本地多路广播路由器报告的主机组成员。

（3）传输层

传输协议在计算机之间提供通信会话。传输协议的选择根据数据传输方式而定，主要有以下两个。

- 传输控制协议（TCP）：为应用程序提供可靠的通信连接。适合一次传输大批数据的情况，并适用于要求得到响应的应用程序。
- 用户数据报协议（UDP）：提供了无连接通信，且不对传送包的可靠性传输进行保证。适合于一次传输小量数据，可靠性则由应用层来负责的应用场合。

（4）应用层

应用程序通过这一层访问网络。

2. IP

IP 是 TCP/IP 使用的传输机制，它是一种不可靠的无连接数据报协议——尽最大努力服务。尽最大努力的意思是 IP 不提供差错检测或跟踪。IP 假定了底层是不可靠的，因此尽最大努力将数据传输到目的地，但可靠性没有保证。

当可靠性很重要时，IP 必须与一个可靠的协议（如 TCP）配合起来使用。

IP 用来封装 TCP 和 UDP 消息段。IP 为网络硬件提供了一个逻辑地址。这一逻辑地址是一个 32 位的地址，即 IP 地址，可以把由路由器连接在一起的各个物理网络区分开。IP 所提供的逻辑 IP 地址还表示了数据发往的目的网络及在那一网络上的主机地址。这样它就可以用于将数据单元（称为“数据报”）引向正确的目的地。

IP 是一个无连接的协议，它无需为发送数据报建立虚电路。

IP 是因特网中的基础协议，由 IP 控制传输的协议单元称为 IP 数据报。IP 屏蔽下层各种物理网络的差异，向上层（主要是 TCP 层或 UDP 层）提供统一的 IP 数据报。

IP 提供不可靠的、无连接的、尽力的数据报投递服务。

（1）IP 提供的服务

1）不可靠的投递服务。IP 无法保证数据报投递的结果。在传输过程中，IP 数据报可能会丢失、重复传输、延迟、乱序，IP 服务本身不关心这些结果，也不将结果通知收发双方。

2）无连接的投递服务。每一个 IP 数据报是独立处理和传输的，由一台主机发出的数据报，在网络中可能会经过不同的路径，到达接收方的顺序可能会乱，甚至其中一部分数据还会在传输过程中丢失。

3）尽力的投递服务。IP 软件决不简单地丢弃数据报，尽力将其向前投递。IP 软件执行数据报的分段，以适应具体的网络传输。数据报的合段则由最终节点的 IP 模块完成。

（2）IP v4 协议

IPv4 存在以下局限性：

1）IPv4 是两级地址结构（Netid 和 Hostid），分为 5 类（A，B，C，D，E）。地址空间的使用效率较低，浪费较大。目前可用的 IPv4 地址已快要耗尽。虽然划分子网策略可以克服编址时所遇到的困难，但却使路由选择变得更为复杂了。

2）因特网必须能适应实时音频和视频的传输。这种类型的传输需要最小时延的策略和预留资源，而这些在 IPv4 的设计中并没有提供。

3）对于某些应用，因特网必须能够对数据进行加密和鉴别，IPv4 不提供数据的加密和鉴别。

目前，因特网上广泛使用的 IP 为 IPv4。IPv4 的设计目标是提供无连接的数据报尽力投递服务。

一个物理网络上传送的单元是一个包含首部和数据的帧，首部给出了诸如（物理）源网点和目的网点的地址。因特网则把它的基本传输单元叫做一个 Internet 数据报（Datagram），有时称为 IP 数据报或仅称为数据报。与一个典型的物理网络帧类似，数据报被分为首部和数据区，而且数据报首部也包含了源地址和目的地址以及一个表示数据报内容的类型字段。数据报与物理层帧的区别在于，数据报首部包含的是 IP 地址，而帧的首部包含的是物理地址。图 6-3 所示为一个数据报的一般格式。

数据报首部	数据报的数据区

图 6-3 数据报的一般格式

IP 规定数据报首部格式，包括源和目的 IP 地址。IP 不规定数据区的格式，它可以用来传输任意数据。

图 6-4 给出了在一个数据报中各字段的分配情况。

（3）IP 数据报的封装

一个网络帧携带一个数据报的这种运输方式叫做封装（Encapsulation）。对于底层网络来说，数据报与其他任何要发送的报文是一样的。硬件并不识别数据报的格式，也不知目的网点的 IP 地址。因此，当一台机器把一个 IP 数据报发送到另一台机器时，整个数据报在网络帧的数据部分中运输。

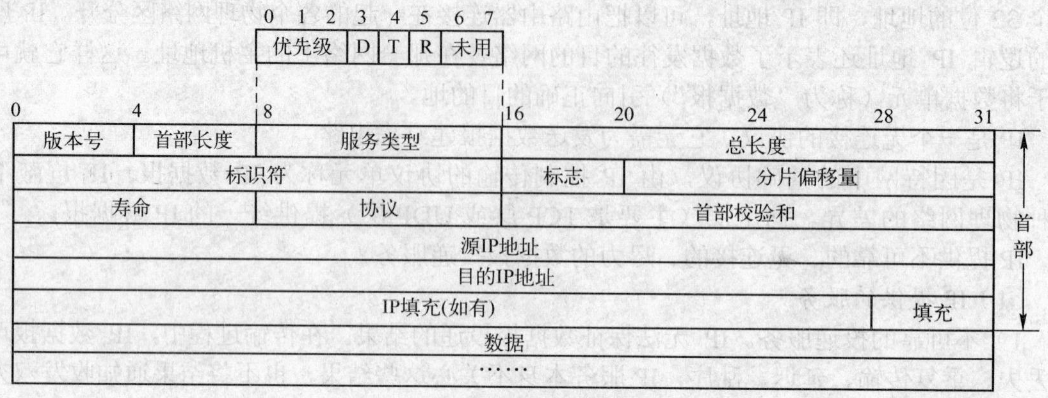

图 6-4　数据报中各字段

IP 屏蔽下层各种物理网络的差异，向上层（主要是 TCP 层或 UDP 层）提供统一的 IP 数据报。相反，上层的数据经 IP 形成 IP 数据报。IP 数据报的投递利用了物理网络的传输能力，网络接口模块负责将 IP 数据报封装到具体网络的帧（LAN）或者分组（X.25 网络）中的信息字段。如图 6-5 所示，将 IP 数据报封装到以太网的 MAC 数据帧中。

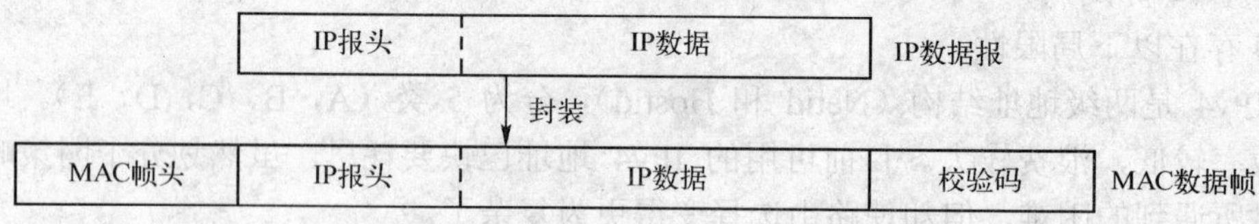

图 6-5　封装 IP 数据报的 MAC 数据帧

IP 数据报封装在一个帧中，物理网络把包括首部的整个数据报都看做数据传输。

（4）IP 数据报的寿命

生存时间（Time To Live，TTL）指明了该数据报在因特网中允许存在的时间，以秒为单位。只要一台机器向网上输入一个数据报，就为它设置一个最大生存时间。当数据报通过的主机和路由器对该数据报进行处理时，要递减其生存周期字段的值。若此值为 0，就将该数据报从网络上删除。只要一个 TTL 为 0，路由器就丢弃该数据报，并向源网点发送一个出错信息。为数据报设置定时器的思想，保证了即使路由表不可靠而选择了一个循环路由，数据报都不会在网络中无休止的流动下去。

（5）IP 路由

IP 数据报的传输可能需要跨越多个子网，子网之间的数据报传输由路由器实现。IP 模块根据 IP 数据报中的收方 IP 地址确定是否为本网投递。

1）本网投递的步骤如下：（收发方的 IP 地址具有相同的 IP 网络标识 Netid）

① 利用 ARP 取得对应 IP 地址的物理地址。

② 将 IP 数据报进行分段和封装。

③ 将封装后的数据帧（或分组）发往目的地；结束 IP 路由算法。

2）跨网投递的步骤如下：（收发方的 IP 地址具有不同的 IP 网络标识 Netid）

① 利用 ARP 获得路由器的对应端口的物理地址。

② 将 IP 数据报进行分段和封装。

③ 将数据帧（或分组）发往路由器。

④ 路由器软件取出 IP 数据报，重复 IP 路由算法，将 IP 数据报向前传递。

3）提高 IP 路由处理效率的方法。为了提高处理的效率，执行 ARP 的主机动态维护 IP 地址/物理地址的映射表，传输 IP 数据报之前，先查找该映射表。如果表中无对应项，则发送 ARP 报文，取得物理地址，并将 IP 地址/物理地址的映射关系记入该映射表；如果表中有对应项，直接取得物理地址。由于通信双方传输的信息往往包括多个 IP 数据报，这种动态缓存的方法可以大大提高 ARP 的执行效率，并降低为获得物理地址而需要的网络流量。

（6）IPv6 协议

为了弥补 IPv4 存在的局限性，IPv6 或 IPng（IP Next Generation）已经被提出并已成为标准。在 IPv6 中，网际协议修改了许多地方，IP 地址的格式和长度以及分组的格式都改变了。与 IPv4 相比，IPv6 具有如下优点：

1）更大的地址空间。IPv6 地址为 128 位，与 32 位的 IPv4 地址相比，其地址空间要增大很多倍。

2）更灵活的首部格式。IPv6 使用了新的首部格式，其选项与基本首部分开，并且在需要时插入到基本首部与上层数据之间。简化和加速了路由选择过程，且允许与 IPv4 在若干年内共存。

3）简化了协议，加快了分组的转发。例如取消了首部检验和字段，分片只在源站进行。

4）允许对网络资源的预分配。支持实时音频与视频等要求保证一定的带宽和时延的应用。

5）允许扩充。若新的技术或应用需要时，IP v6 允许协议进行扩充。

6）具有更高的安全性。在 IPv6 中的加密和鉴别选项提供了分组的保密性和完整性。

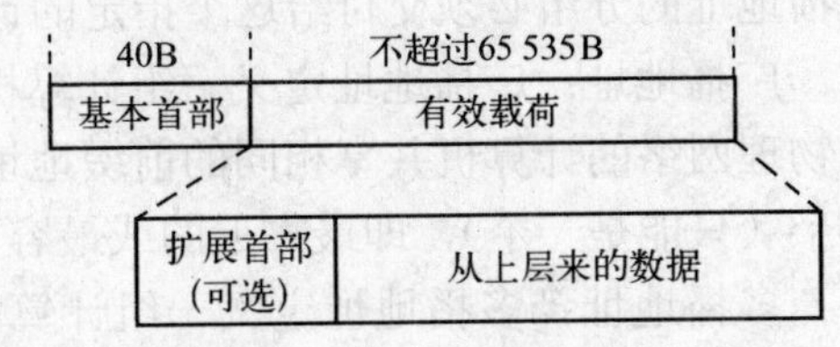

图 6-6　IP v6 的分组格式

IPv6 的分组格式如图 6-6 所示。

每一个分组由必须要有的基本首部和跟随在后面的有效载荷组成。有效载荷由可选的扩展首部和从上层来的数据（不超 65 535B）组成。

图 6-7 给出了具有 8 个字段的基本首部。

0	4	8	16	31
版本	优先级	流标号		
有效载荷长度			下一个部首	跳数限制
源站IP地址 (16B)				
目的站IP地址 (16B)				
有效载荷 扩展地址 + 从上层来的数据分组				

图 6-7　具有 8 个字段的基本首部

表 6-1 为下一个部首的代码表。

表 6-1 下一个部首代码表

代 码	下一个部首	代 码	下一个部首
0	逐级跳项	44	分片
2	ICMP	50	加密的安全有效载荷
6	TCP	51	鉴别
17	UDP	59	空（没有下一个部首）
43	源路由选择	60	目的地选项

IPv6 地址包括 16B（8 位组）；它共有 128 位，如图 6-8 所示。

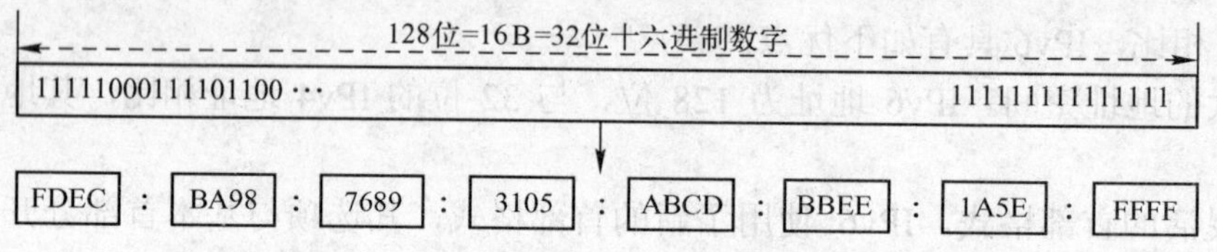

图 6-8 IP v6 地址

IPv6 定义了 3 种类型的地址，即单播地址、广播地址和多播地址。

单播地址：单播就是传统的点对点通信。单播地址定义一台单独的计算机，发送到一个单播地址的分组必须交付给这个指定的计算机。

广播地址：广播地址定义一组计算机，它们的地址具有相同的前缀。例如，连接到相同的物理网络的计算机共享相同的前缀地址。发送到广播地址的分组必须交付给该组成员中的一个（只能是一个），即最靠近的或最容易到达的。

多播地址：多播地址定义一组计算机，它们可以共享或不共享同样的地址前缀，可以连接到或不连接到相同的物理网络上，但发送给多播地址的分组必须交付到该组中的每一个成员。

IPv6 把每隔 16 位的量用十六进制值表示，各量之间用冒号分割，这就是 IPv6 地址的十六进制冒号记法（Colon Hexadecimal Notation）。例如，FDEC:BA98:7689:3105:ABCD:BBEE:1A5E:FFFF

冒号十六进制记法可以允许零压缩（Zero Compression），即一连串连续的零可以用一对冒号所代替。例如，FF05:0:0:0:0:0:0:B3 可以写成 FF05::B3。

冒号十六进制记法可结合有点分十进制记法的后缀使用。这种结合在 IPv4 项 IPv6 的转换阶段特别有用。例如，0:0:0:0:0:0:128.10.2.1 可以写成::128.10.2.1。

3. TCP

TCP/IP 协议簇指明了两个传输层协议，即 UPD 和 TCP。TCP 在应用层和 IP 层之间，是应用程序和网络操作的中介物。传输层协议具有几种职责，一种职责就是创建进程到进程（程序到程序）的通信信路，TCP 用端口号来完成这种通信；另一种职责就是在传输层提供流量控制和差错控制机制，TCP 用滑动窗口协议完成流量控制，它使用确认分组、超时和重传来进行差错控制。

传输层还应负责为应用程序提供连接机制，这些应用程序应当能够向传输层发送数据流。在发送端，传输层的责任应当是与接收端之间建立连接，将数据流分割成为可传输的单元，将它们编号后逐个发送。传输层在接收端的职责是等待属于同一个进程的所有不同单元的到达，检查并传递那些没有差错的单元，并将它们作为一个流交付给接收进程。当整个流发送完毕后，传输层应当关闭这个连接。

TCP 叫做面向连接的、可靠的传输协议，它给 IP 服务添加了面向连接和可靠性。

（1）TCP 的特性

TCP 在 IP 软件提供的服务的基础上，支持面向连接的、可靠的、面向流的投递服务。TCP 支持的服务见表 6-2。

表 6-2 TCP 支持的服务

主要特性	含义
（1）面向数据流的投递服务	应用程序之间传输的数据可视为无结构的字节流（或位流），流投递服务保证收发的字节顺序完全一致
（2）面向连接的投递服务	数据传输之前，TCP 模块之间需建立类似虚电路的连接，其后的 TCP 报文在此连接基础上传输
（3）可靠传输服务	TCP 是可靠的传输协议，它使用确认机制来检查数据是否安全和完整的到达。接收方根据收到的报文中的校验和来判断传输的正确性：如果正确，则进行应答，否则丢弃报文。发送方如果在规定的时间内未能获得应答报文，则自动进行重传
（4）缓冲传输	TCP 模块提供强制性传输（立即传输）和缓冲传输两种手段。缓冲传输允许将应用程序的数据流积累到一定的体积，形成报文后再进行传输
（5）全双工传输	TCP 模块之间可以进行全双工的数据流交换，即数据可在同一时间进行双向流动。当分组从 A 发往 B 时，它也可以携带对 B 发来的分组的确认，这就叫做捎带
（6）流量控制	TCP 模块提供滑动窗口机制，支持收发 TCP 模块之间端到端的流量控制

（2）TCP 端口、连接与端点

TCP 允许一台机器上的多个应用程序同时进行通信，它能对接收到的数据针对多个应用程序进行去复用操作。TCP 用端口号来标识一台机器上的多个目的进程。每个端口都被赋予一个小的整数以便识别。

TCP 端口与一个 16 位的整数值相对应，该整数值也被称为 TCP 端口号。需要服务的应用进程与某个端口号进行连接（Binding）。这样，TCP 模块就可以通过该 TCP 端口与应用进程通信。

IP 地址只对应到因特网中的某台主机，而 TCP 端口号可对应到主机上的某个应用进程。TCP 使用连接而不是协议端口作为基本的抽象概念，而连接使用一对端点来标识。

TCP 把端点定义为一对整数，即（Host,Port），其中 Host 是主机的地址，Port 则是该主机上的 TCP 端口号。例如，端点(202.114.206.234,80)表示的是 IP 地址为 202.114.206.234 的主机上的 80 号 TCP 端口。由于 TCP 使用两个端点来识别连接，所以一个机器上的某个 TCP 端口号可以被多个连接所共享。

（3）TCP/UDP 应用程序端口号分配

端口号的取值可由用户定义或者系统分配。TCP 端口号采用了动态和静态相结合的分配方法，对于一些常用的应用服务（尤其是 TCP/IP 协议族提供的应用服务），使用固定的端口号。例如，电子邮件（SMTP）的端口号为 25，文件传输（FTP）的端口号为 21，Web 服务的端口号为 80，远程登录服务(TELNET)的端口号是 23 等。

对于其他应用服务，尤其是用户自行开发的应用服务，端口号采用动态分配方法，由用户指定操作系统分配。

TCP/IP 约定，0～1023 为保留端口号，标准应用服务使用；1024 以上是自由端口号，用户应用服务使用。TCP/UDP 应用程序端口号分配如图 6-9 所示。

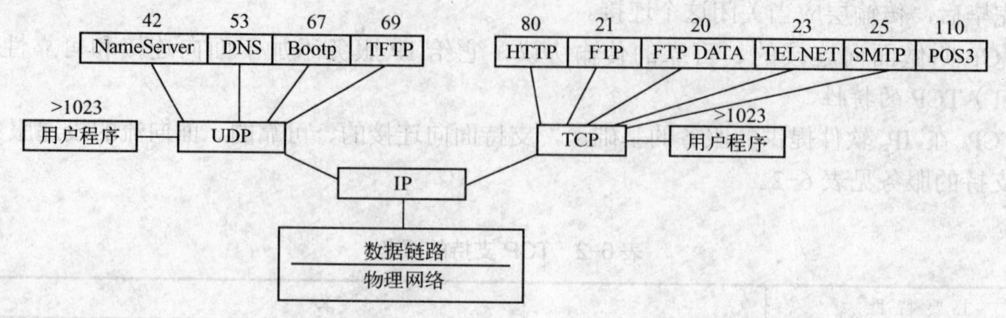

图 6-9 TCP/UDP 应用程序端口号分配

（4）TCP 的窗口机制

TCP 的特点之一是提供体积可变的滑动窗口机制，支持端到端的流量控制。TCP 的窗口以字节为单位进行调整，以适应接收方的处理能力。处理过程如下：

1）TCP 连接阶段，双方协商窗口尺寸，同时接收方预留数据缓存区。

2）发送方根据协商的结果，发送符合窗口尺寸的数据字节流，并等待对方确认。

3）发送方根据确认信息改变窗口尺寸，增加或者减少发送未得到确认的字节流中的字节数。调整过程包括：如果出现发送拥塞，发送窗口缩小为原来的一半，同时将超时重传的时间间隔扩大一倍。

TCP 的窗口机制和确认保证了数据传输的可靠性和流量控制。

TCP 的滑动窗口的要点如下：

1）源站不一定要发送出与整个窗口大小相等的数据。

2）窗口大小可由目的站改变。

3）目的站可在任何时候发送确认。

滑动窗口如图 6-10 所示。

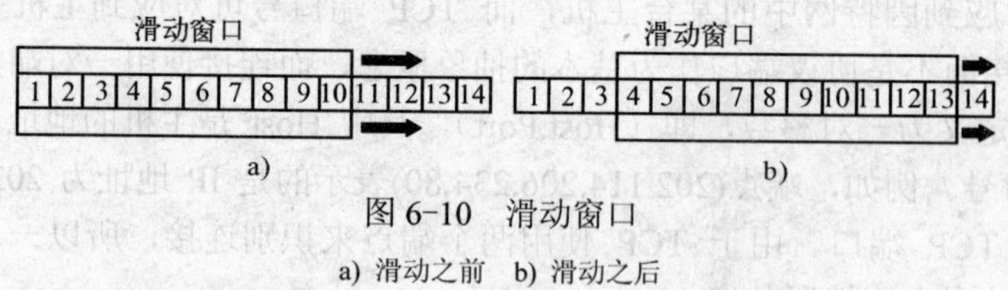

图 6-10 滑动窗口
a) 滑动之前 b) 滑动之后

图 6-10 表示滑动窗口大小为 10B，在收到目的站的任何确认之前，源站可以发送一直到 10B。但是，源站若收到对前 3B 的确认，它就将窗口向右滑动 3B。

（5）TCP 数据的封装

要将来自应用程序的报文发送到另一端，TCP 要将报文进行封装和拆装，如图 6-11 所示。

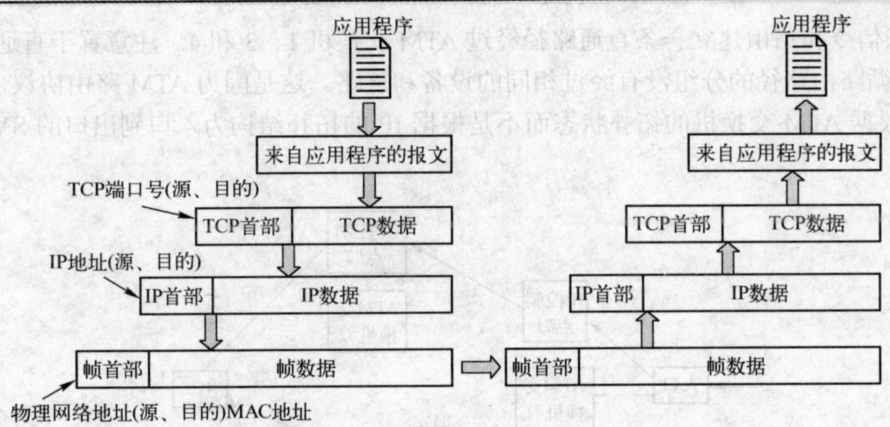

图 6-11　TCP 数据的封装和拆装

6.1.2　IP/ATM 结合的模型

IP 交换有两个基本模型，它们的不同之处在于是否使用 ATM 协议和组件（包括 IP 交换机或虚拟 IP 交换机）。这两种模型称为对等和叠加模型。

1．叠加模型

IP 交换的叠加模型包括运行在一个独立的 ATM 层之上的一个 IP 层。换句话说，它由运行 IP 路由协议、具有 IP 地址的 IP 设备和运行 ATM 信令及路由协议、具有 ATM 地址的 ATM 设备（IP 主机、IP 路由器、ATM 交换机等）组成。由于 IP 和 ATM 单元的运行大部分基于标准的协议，叠加模型可能是最容易实现的。但在两个地址空间内有些叠加功能必须加以维护且必须支持两个路由协议。叠加模型的一个例子是 ATM 上的多协议（Multi-Protocol Over ATM，MPOA）。

叠加模型的特性如下：

1）独立寻址。

2）在 IP（如开放最短路径优先（Open Shortest Path First，OSPF））和 ATM（如专用网络到网络接口（Private Network-Network Interface，PNNI））上运行独立的路由协议，意味着要维护两个独立的拓扑结构且它们之间互不通信。例如，运行 OSPF 的 IP 路由器可以了解 IP 网的拓扑结构，但不了解 ATM 交换机的工作情况。

3）如果 SVC 用于常规或直通路径的建立，则需要 IP 和 ATM 间的地址解析以及用户网络接口（User Network Interface，UNI）/ PNNI 信令和路由。

4）通常使用虚拟 IP 交换机。例如连接到一个 ATM 骨干网边缘的一簇 IP 主机和路由器。

5）支持默认路由和直通路径。

6）对于在其他非广播多接入（Non Broadcast Multiple Access，NBMA）技术上的 IP 有同样的特性。

图 6-12 是一个叠加模型的例子。IP 与 ATM 连网设备同时存在意味着独立寻址。默认路径是通过两个路由器跳转，即 IP 控制点 1 和 2 的一条路径。一条旁路路由器跳的直通路径可以在所示的入口和出口间建立。一旦入口确定了出口的 ATM 地址，就可以使用标准的

ATM 论坛信令和路由建立一条直通路径经过 ATM 交换机 1、3 和 4。注意置于直通路径上的分组与遵循路由路径的分组没有经过相同的设备和链路。这是因为 ATM 路由协议（如 PNNI 阶段 I）根据 ATM 交换机的拓扑状态而不是根据 IP 的拓扑结构为入口到出口的 SVC 来建立路径的。

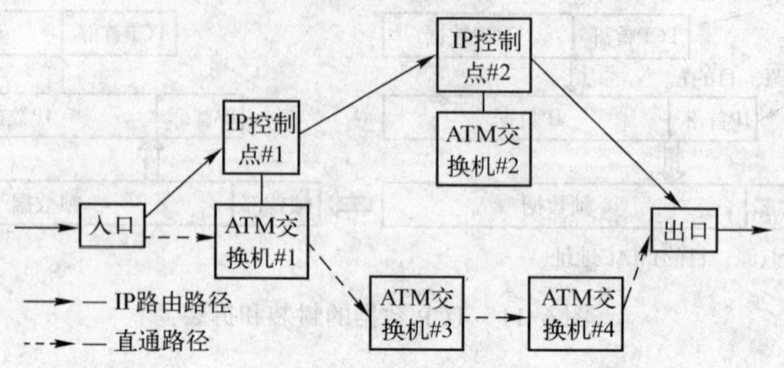

图 6-12　叠加模型

2. 对等模型

IP 交换的对等模型规定，IP 交换机组件维护一个单一的 IP 地址空间并支持一个单一的 IP 路由协议。对等模型也意味着用于将 IP 业务流映射到直通路径上的一个独立控制协议的存在。

对等模型的一个例子是运行 Ipsilon 公司的流管理协议（Ipsilon's Flow Management Protocol，IFMP）和通用的交换机管理协议（General Switch Management Protocol，GSMP）的 IP 交换机的一个网络。

对等模型的特性如下：

1）维护一个单一的 IP 地址空间。

2）具有一个单一的 IP 路由协议。

3）IP 交换机使用特殊控制协议将 IP 业务流映射到直通路径上。

4）它支持默认路由和直通路径。

图 6-13 给出了对等模型的一个例子。由于不存在运行 ATM 论坛协议的 ATM 交换机组件，意味着使用 IP-to-VC 寻址。注意，路由和直通路径经过相同的设备，分别是 IP 交换机 1 和 2，且路由和直通路径的业务流经过相同的链路。这是因为一个单一的 IP 路由协议将基于一个单一的 IP 网络拓扑结构计算出到一个目的地的最佳路径。IP 交换对等模型与叠加模型之间的一个总结性比较在表 6-3 中描述。

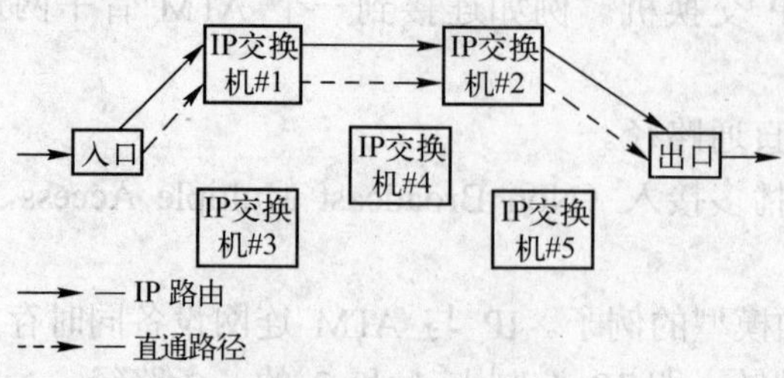

图 6-13　对等模型

表 6-3　IP 交换对等模型与叠加模型的比较

属　性	叠　加	对　等
寻址	独立的（IP 和 ATM）	单一的（IP），使用直接的 IP-to -VC 的映射
路由协议	IP 和 ATM 都需要	只有 IP
ATM 论坛协议	有	无
专用的 IP 到直通路径协议	无	有
地址解析（IP-to-ATM）	有	无
直通路径与 IP 路由的拓扑结构相同	无	有
IP 交换组件	虚拟 IP 交换机、路由器、主机	IP 交换机、路由器、主机
例子	MPOA、连到 ATM 网络的路由器	动行 IFMP GSMP、ARIS 等的 IP 交换机

在叠加模型中，连接到一个大 ATM（或其他 NBMA）网络的路由器可能需要相互对等地交换路由协议更新信息以得到一个对 IP 网络拓扑结构精确和及时的描述。支持大量对等连接的路由器必须处理相当多的路由协议更新信息，这还不包括路由器已经相互建立的任何数据连接。在对等模型中，IP 交换机只需要与它们的邻接交换机对等交互，如同一个路由器网络中相互间的对等交互。

另外，与一个大 ATM 网络相连的路由器自然希望相互间建立直接 VC，因为它提供了最佳的性能。一个连接所有路由器的全连接网会消耗大量的 VC 资源。一些对等模型的实现将全连接网的连接所需要的 VC 资源消耗最小化。ARIS 引入的一个技术称为 VC 合并，它将多个上游 VC 合并为一个单一的下游 VC。这极大地减少了必须穿过 ATM 网络来建立并由每个路由器支持的 VC 数目。

6.1.3　各种 IP 交换技术的比较

表 6-4 和表 6-5 对目前常见的几种 IP 交换技术的特性和功能进行了比较。

表 6-4　IP 交换技术的特性比较

	3COM Fast IP	Cisco NETFlow	Ipsilon IP 交换	Cabletron SecureFast
应用环境	LAN	LAN、WAN	LAN	LAN、WAN
边缘或核心模式	边缘	核心	核心	边缘
转发模式	多层交换（路由+交换）	第三层路由	第三层路由	多层交换（路由+交换）
数据通路	路由一次，随后交换	路由器到路由器	IP 交换机到 IP 交换机	路由一次，随后交换
标准	NHRP 802.1p/Q 和 IFM（可选）	专用技术	IFMP 和 GSMP（开放但专用）	专用技术
标准 IP 配置	是	是	是	不是
兼容交换机	传统报文交换机和 ATM 交换机	只能适用路由器	ATM 交换机	传统报文交换机和 ATM 交换机
可用性	好	好	好	好

表 6-5 IP 交换技术的功能比较

	3COM Fast IP	Cisco NETFlow	Ipsilon IP 交换	Cabletron SecureFast
要求改变的边缘	NIC 安装 Fast IP 软件	路由器软件更新	支持 FMP 的 IP 交换机或路由器	改变 TCP/IP 堆栈配置
要求改变的核心	没有	要求路由器全部升级，以获得性能优势	要求所有 IP 交换机都升级，以获得性能优势	SecureFast 交换机并采用 SFVNS 和 VNET 管理器
支持的其他协议	IPX	IPX	IPX	IPX 和 NETBIOS
VLAN 支持	802.1p/Q	专用（802.10）	无	专用（SecureFast VLAN）
QoS 支持	802.1p/Q	没有	流标识符、RSVP	没有
安全性	路由器过滤器	路由器过滤器	路由器过滤器	SFVNS
LAN 和 WAN 集成	传统路由器+IFMP	传统路由升级到标签交换	IFMP	传统路由器

6.2 标记交换的基本概念

1996 年秋天，Cisco 公司提出了标记交换的一整套解决方案。它集成了选路和交换，使用控制协议信息把 IP 业务流映射到交换通路上，而不是对每个数据流进行分类并映射到动态建立的直通路径上。具体来说，标记交换依据选路协议信息（如目的端地址前缀）并沿着路由通路把相应的标记分配给有关的设备。去往特定目的端的分组被添加了适当的标记，并根据标记的内容在标记交换网络中转发。实质上，标记交换用简单的第二层的标记表查询和替换操作代替了标准的第三层的路由表查询，并且在某个路由通路上分配标记以构建交换通路。

标记交换在叫做标记交换机路由器（Tag Switch Router, TSR）的设备内进行。TSR 支持标准的单播和组播选路协议，如 OSPF 和 PIM，并且可能具有沿着默认路由通路进行 IP 业务流转发的功能。TSR 设备使用附加的控制协议 TDP 来分发标记关联，即地址前缀与标记的映射关系。在 TSR 设备的网络中分发与目的地址前缀相联系的标记将创建通往目的端的交换通路（直通路径）。与标准的路由表查询相比，按照所携带的标记进行标记替换并转发分组改善了传输性能。标记交换使用与 ATM 交换和帧中继交换相同的标签替换和转发机制。对于参与标记分发的网络层业务，标记交换是透明的，这使得任意数量的不同网络层功能能够映射到简单和快速的转发机制中，而且这种转发机制的性能和扩展性已经在大型帧中继和 ATM 网络中得到证明。

标记交换是拓扑驱动的 IP 交换协议。换句话说，通过路由表的更新告知了目的网络前缀的存在，从而创建了一条通往该目的端的交换通路。标签交换转发方法不仅包含在 ATM 中，而且包含在帧中继、PPP 和实际上任何的介质封装中，标记交换使标签交换转发方法更一般化。标记交换的基本目标是提高骨干路由器的转发性能，它使用了简单的按照标记的标签替换转发功能，并把不同的网络层选路服务（如单播、组播、COS 等）与这种标签替换转发的机制联系起来，同时保持与介质无关。

6.2.1 体系结构

标记交换的体系结构可以从几个不同的层面来看。在概念层面上，它是为提高性能以及大规模选路系统所支持的业务而设计的。考虑到大型 ISP 网络中骨干路由器在任意时刻可能有成百上千的数据流通过，所有这些数据流共同的要素是它们都是去往选路系统知晓的某个目的地址前缀。一种简单的提高整个网络性能的技术是把标记分配给所有路由器，以便加速所有通过选路系统的数据流的转发过程。另外，标记的创建和分发与特定数据业务流的到达无关，主要靠控制信息驱动，或者说标记的创建和分发依靠反映网络拓扑变化的选路协议的更新消息。

在动态 IP 选路协议根据目的端地址选择的通路上转发数据流这一方案未必是最佳的。例如，应该采用在整个网络中分配业务量负荷的方法，从而使业务流均摊在几个费用相同或者相近的通路上。通过一系列选定的节点和链路的通路可以提供非默认服务，例如安全监测、业务量计费或者一些其他特殊业务。

另一个看待标记交换的层面是 TSR 的转发功能。典型的路由器要执行基于目的地址的路由表查询，以及 TTL 递减、分组头校验和介质转换。业务流的有效转发不仅依赖于路由器自身的能力，而且依赖于选路协议计算的通往目的地的最佳的下一跳。标记交换简化了转发功能，它按照每个分组中固定长度的标记内容进行简单的查表和标签替换操作，从而替代了标准的路由表查询。图 6-14 为基于标记的标签替换示意图。标记值为 4 的输入分组查询连接表，确定相应的输出端口和输出标记，然后替换标记并在端口 6 发送。值得注意的是，分组的输出链路依据的是标记本身而不是目的地前缀。

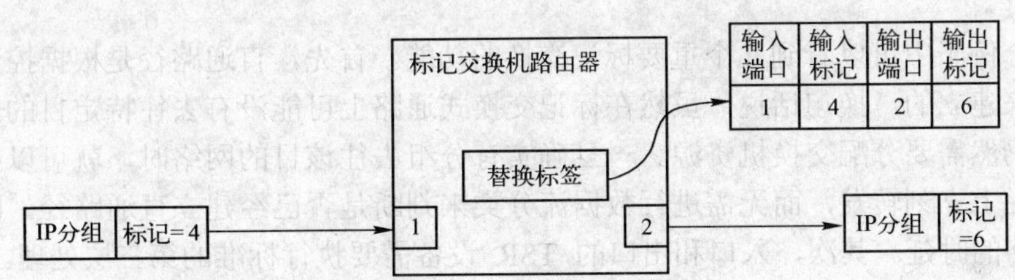

图 6-14　基于标记的标签替换

标记交换的一个重要的结构特征是把标记交换转发操作从网络层的控制功能中分离出来。

二者的分离是一个深思熟虑的设计，使网络运营商能够把若干当前和未来的业务与简单可扩展的转发机制联系起来。例如，目的地选路、组播选路以及显式选路等特定业务与一组标记联系起来，当这些标记在网络中分配时，将形成针对每一种业务的端到端的交换通路。尽管业务可能不同，但是基本的转发机制仍然保持不变。这样，如果引入新的网络层控制功能，就不必重新优化或者升级转发通路上的组件和设备。当发生不可预见的必要的网络层的变化时，已有的网络投资就能够得到保护。例如，突然需要引入 IPv6 以获得更大的地址空间时，不需要对现有的转发通路进行任何修改。

标记交换由两个基本组件组成，即控制和转发。控制组件负责在标记交换机设备中创建和维护一组正确的标记，标记的分发是通过独立的控制协议（如 TDP）或者经过修改的能在 TSR 设备之间传送标记的现有控制协议（如 RSVP、PIM）来完成。转发组件使用分组内部的标记信息和标记交换机设备中存储的标记信息来执行分组转发过程。尽管标记的形式可能随着物理介质的不同而不同（如 VPI/VCI、DLCI 等），但是基本的转发机制保持不变。这意味着标记信息和标记交换能在任何数据链路技术上操作，而不是限于某种数据链路实现。

图 6-15 所示为把标记交换操作应用于基本的按照目的地选路的实例。网络由 3 个内部 TSR 设备、输入 TSR 设备和输出 TSR 设备构成，每个 TSR 都包含目的网络 184.16/16 的路由表表项。

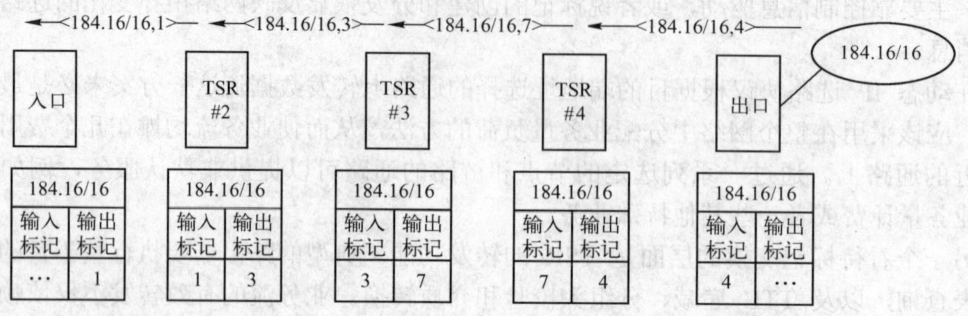

图 6-15 基于目的地址的标记交换

通往目的网络沿途的下游 TSR 在输入端口分配一个标记，然后向上游 TSR 设备发送标记关联<184.16/16，tag>。上游 TSR 设备接到该消息并在输出端口上设置相应的标记。标记关联交换是各自执行的，可以创建入口到出口的直通路径，传送所有去往网络 184.16/16 的业务流。

从这个例子中可以看到几个重要标记交换的功能。首先，直通路径是根据控制信息而不是数据流来建立的。换句话说，虽然在标记交换式通路上可能没有去往特定目的网络的数据流，但是仍然需要分配交换机资源。一旦确实有分组去往该目的网络时，就可以在已经存在的直通路径上立刻转发，而无需进行数据流分类来判断是否已经建立直通路径，因此没有建立交换通路的时延。其次，入口和出口的 TSR 设备需要执行标准的第三层处理。入口 TSR 设备在发往网络中的分组上添加标记时查询转发表，而出口 TSR 设备删除标记并按照选路协议计算的下一跳转发分组。另外，对每个分组，内部 TSR 设备不再进行第三层处理。可以推测，这将提高转发性能并能够把标记不同的若干网络层业务联系在一起。

6.2.2 组件

标记交换模型包含若干不同的功能组件和设备定义，具体如下：

1）控制组件。控制组件负责在一组 TSR 设备之间产生和维护标记的一致性。创建标记时首先分配标记，然后把它与特定目的地关联。目的地可以是主机地址、地址前缀、组播组地址或者只是任何关于网络层的信息。标记关联的分配可以使用 TDP 或者在现有控制协议如 RSVP 或者 PIM 上通过“捎带”来实现。

2）转发组件。转发组件利用分组中的标记以及每个 TSR 设备中的标记信息库（TIB）来转发分组。具体来说，当 TSR 接收到包含标记的分组时，它按照标记来检索 TIB 的表项。TIB 的表项包含输入标记、输出标记、输出接口以及一些输出数据链路的信息或者封装信息。如果分组中的标记与 TIB 中的一个输入标记匹配，则对每个相应的输出表项进行标记替换，并应用数据链路层的信息，在输出链路上发送分组。图 6-16 所示为标记交换机的转发例子。

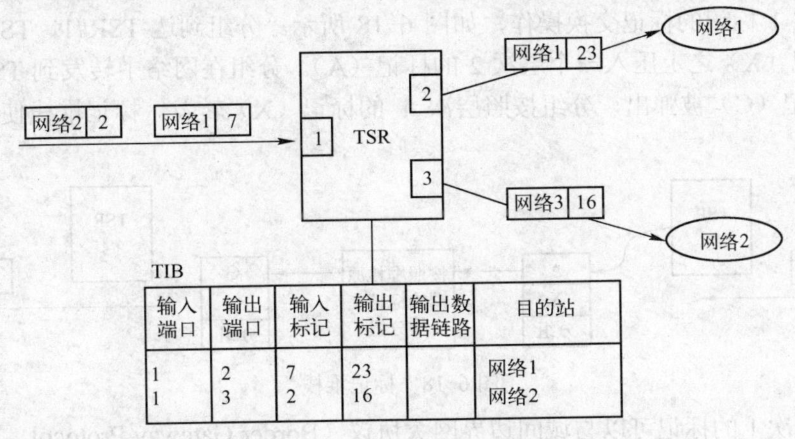

输入端口	输出端口	输入标记	输出标记	输出数据链路	目的站
1	2	7	23		网络1
1	3	2	16		网络2

图 6-16 标记交换机的转发

3）标记交换。标记交换是指把网络层的信息与标记关联在一起并使用标签（标记）替换机制进行分组转发的体系结构、协议和过程。

4）TSR。TSR 是转发设备，它运行标准的单播和组播选路协议，可能具有第三层转发分组的能力和硬件或软件驱动的标签替换转发机制。TSR 能够在相邻或者互联的 TSR 设备之间分发标记关联。TSR 的应用实例有传统路由器、ATM 交换机以及混合式交换机/路由器。

5）标记边缘路由器（Tag Edge Routers，TER）。TER 设置在 TSR 的网络的入口和出口。它能够在输入或者输出端口上分配标记、执行第三层的转发、运行标准的单播和组播选路协议。TER（或者 TER 功能）在入口把未加标记的分组加上标记，并在网络出口删除分组的标记。

6）标记。标记是分组包含的一个短的固定长度的分组头字段。标记可以是 ATM 信元的虚通道标识符（Virtual Path Identifier，VPI）和虚电路标识符（Virtual Circuit Identifier，VCI）、帧中继 PDU 的 DLCI 头或者分组中第二层和第三层寻址信息之间插入的“薄垫片”标志。图 6-17 所示为薄垫片标志的例子，它的总长度为 32 位，其中前 20 位分配给标记，3 位分配给 COS，1 位作为堆栈标志，8 位作为 TTL。标记交换要求每个分组包含标记，因此如果介质封装信息不能提供一个类似 ATM 和帧中继的“专门的标记”，薄垫片标记则能作为 TSR 设备网络中进行分组标签交换的依据。

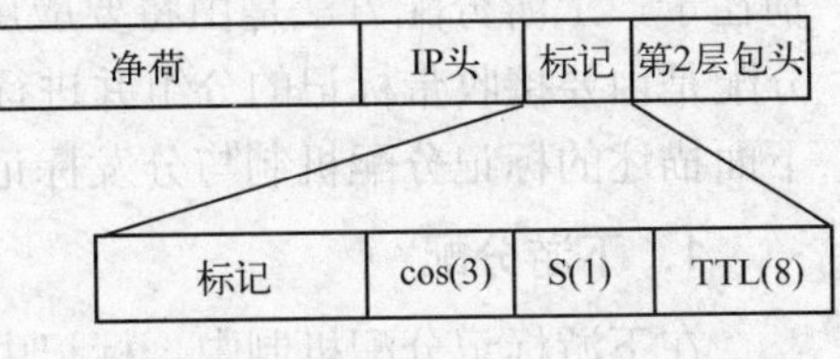

图 6-17 薄垫片标志

7）TIB。TIB 是连接或者标签替换表，由标记交换设备创建和维护。指示网络中分组转发依靠的是 TIB 而不是路由表（FIB）。图 6-15 所示为 TIB 的一个实例。一旦接收到 TDP 或者其他控制协议中的标记，TIB 的表项将被更新。

8）TDP。TDP 是基于对等实体的控制协议，TSR 设备用它分发标记关联。在标记交换网络中 TDP 消息的交换只发生在对等实体或相邻节点之间。

9）标记堆栈。这是标记交换引入的有趣功能之一，大致相当于对 IP 分组又一次应用 IP 封装，使得一个分组能够携带多个标记。通过在已标记的分组（层次 1）之上“压入”一个新标记（层次 2），网络中分组的转发依据层次 2 的标记，然后“弹出”层次 2 的标记，继续进行依据层次 1 标记的标记交换操作，如图 6-18 所示。分组到达 TSR#1，TSR#1 在已有的层次 1 的标记（X）之上压入一个层次 2 的标记（A）。分组在网络中转发到 TSR#4，在这里层次 2 的标记（C）被弹出，分组按照层次 1 的标记（X）转发。标记堆栈使得标记交换适用于分层选路。

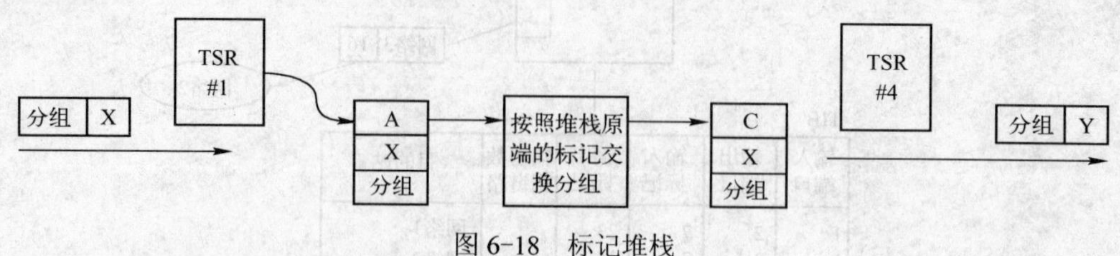

图 6-18　标记堆栈

例如，层次 1 的标记可以与域间边界网关协议（Border Gateway Protocol，BGP）选路相联系，而层次 2 的标记可以支持域内 OSPF 选路。

10）转发等价类（Forwarding Equivalence Class，FEC）。FEC 是具有一组共同特性的分组数据流，它们以相似的方式在网络中转发。为了标记交换的目的，一个 FEC 映射到沿路由通路的一组标签上。例如，所有具有相同目的地址前缀的分组可被看做一个 FEC，并且能关联到标记关联中的一个标签。FEC 也可以细化为主机到主机的数据流。

11）标记交换通路。它是由 FEC 与一组标记联系起来形成的，跨越了一系列 TSR 设备，是入口到出口的交换通路。

12）捎带。标记交换允许用现有的类似 RSVP 和 PIM 的控制协议进行标记分发。这种分发标记的方式称为捎带。

6.2.3 标记分配方法

标记交换操作的一个重要组成部分是标记和标记关联的分配与分发。利用 TDP 或者在现有的控制协议上捎带进行标记的分发。目前定义了 3 种如何分配标记以及由哪个 TSR 设备分配标记的方法，即下游分配、下游按需分配、上游分配。上游分配与下游分配的基本区别在于，上游分配方法是由将要应用标签（标记分组）的 TSR 设备进行标记关联；而下游分配是由要接收带标记的分组并进行 TIB 查找的 TSR 设备进行标记关联。值得注意的是，下面描述的标记分配机制与分发标记关联采用的是 TDP 还是捎带方式无关。

1．下游分配

在下游标记分配机制中，标记由下游 TSR 设备分配，并传送到上游 TSR 邻机中。下游标记分配机制（依据路由表项）包含下列基本步骤，如图 6-19 所示。

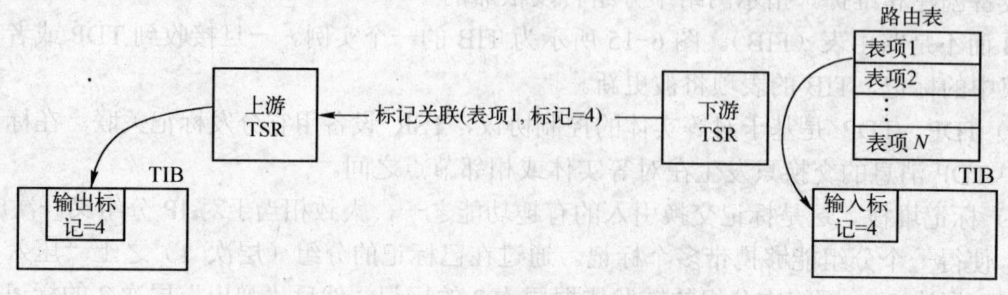

图 6-19　下游标记分配

对路由表中的每个表项，下游 TSR 设备分配一个标记并更新 TIB 的输入表项，标记关联<地址前缀，标记>发送到上游 TSR 设备。

当上游 TSR 设备接收到标记关联并判断出该信息来自通往目的地的下一跳时，它把该标记以及输出链路层的信息放入自己的 TIB 的输出标记表项中。

2．下游按需分配

在下游按需分配机制中，用与下游分配机制相同的方法将标记由下游 TSR 设备分配并传送到上游，但是下游 TSR 设备仅当上游 TSR 设备有某个请求时才分配标记。这种方法非常适合包含 ATM 交换机组件的 TSR 设备，因为 ATM 交换机通常只支持有限的标记集合（VPI/VCI 标签）。在 ATM 环境中，标记交换的实际实现很可能同时支持标记交换和直接 ATM 业务。这意味着整个 VPI/VCI 标签的范围分为两个部分，进一步减少了标记交换能够使用的标记数量，因此仅当需要时才分配标记比较合理。另外，下游标记分配机制与发起选路协议的更新消息（实际目的网络）的方向一致，与 RSVP 和 PIM 等接收端驱动的控制协议的控制流一致。下游按需标记分配机制如图 6-20 所示。

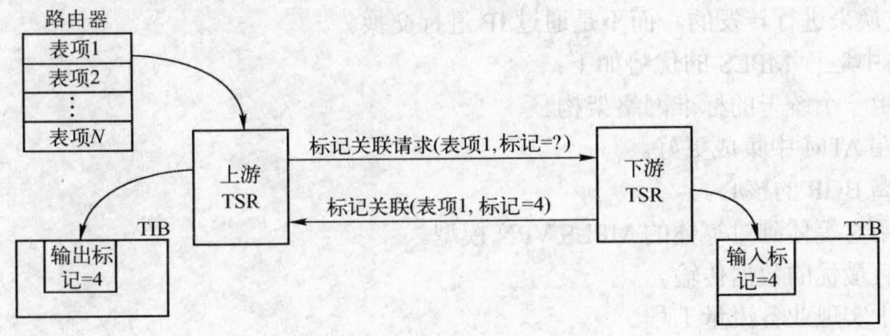

图 6-20　下游按需标记分配

下游按需标记分配机制的实现步骤如下：

1）对路由表中的每一个表项，上游 TSR 设备产生一个标记关联的请求并发送到去往目的地的下一跳。

2）当去往目的地的下一跳的下游 TSR 设备收到请求后，分配一个标记并更新自己的 TIB 的输入表项，产生标记关联<地址前缀，标记>并向上游 TSR 设备发送。

3）当上游 TSR 设备收到标记关联时，它把标记以及输出链路层信息设置到自己 TIB 的输出标记表项中。

3．上游分配

在上游标记分配机制中，上游 TSR 设备分配标记并通过点对点链路传送到下游 TSR 设备。上游分配仅限于点对点配置，因为对于某个标记关联，上游 TSR 设备所维护的输出 TIB 的表项必须在给定输出端口上保持唯一。

上游标记分配机制实现的基本步骤如下：

1）对于路由表中包含通过点对点链路可达的下一跳地址的每个表项，上游 TSR 首先分配一个标记，接着把分配的标记以及每个接口的链路层信息设置在输出标记表项字段，以便更新输出 TIB 表项，然后产生标记关联<地址前缀，标记>。

2）上游 TSR 把标记关联发送到下游 TSR 设备，它位于通往目的地的下一跳。

3）下游 TSR 设备收到标记关联，替换 TIB 输入表项对应于目的网络的标记。

6.3 MPLS 的基本原理

多协议标签交换（Multi-Protocol Label Switching, MPLS）工作组于 1997 年 3 月 3 日成立。在 MPLS 之前，帧中继和 ATM 都很流行。它们都是通过标签交换技术在网络中传递帧或者信元。在帧中继中，帧的长度可以是任意的。而在 ATM 中，一个固定长度的信元包含了 5B 的头部和 48B 的有效负载。在整个网络中，帧中继和 ATM 每一跳的传递方式都是一样的，即头部的“标签”值将随着每一跳改变。这种方式和转发 IP 报文是有区别的，因为当一台路由器转发 IP 报文的时候，不会修改报文中的目的 IP 地址。也就是说，如果用 MPLS 标签来转发报文，MPLS 将不再考虑报文的目的 IP 地址。路由器通过在其之间的 MPLS 标签来创建标签到标签的映射关系。而这些标签都是粘连在 IP 报文中的，这使得路由器可以通过标签来查找转发的数据流量，而不需再通过目的 IP 地址。于是，这些报文都是通过标签交换来进行转发的，而不是通过 IP 进行交换。

在网络中运行 MPLS 的优势如下：

1）使用一个统一的标准网络架构。

2）比在 ATM 中集成更好。

3）脱离 BGP 的核心。

4）采用对等体到对等体的 MPLS VPN 模型。

5）具有最优的数据传输。

6）便于实现业务流量工程。

6.3.1 MPLS 标签的格式

在 MPLS 中最重要的术语是标签。标签交换表明了报文的交换不再依靠 IP v4 报文或 IP v6 报文，也不依赖数据帧，而是根据标签进行。

一个 MPLS 标签由 32 位组成，并有统一的标准结构。图 6-21 给出了一个 MPLS 标签的结构。

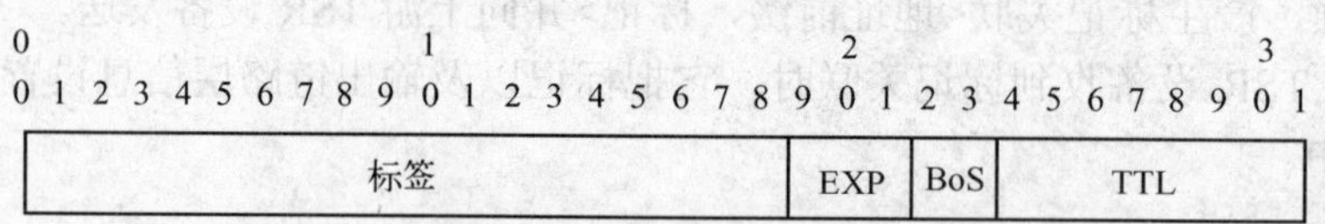

图 6-21 MPLS 标签的结构

前 20 位为标签值，其范围是 0～2^{20}-1，即 1048575。不过，前 16 位不能随便定义，因为它们都有特定含义。第 20～22 位是试验（EXP）位。高位专用于服务质量（QoS），第 23 位是栈底（BoS）位，其值应为 0，除非这是栈底的标签。如果是栈底的标签，该位被置为 1。

标签栈是指报文前段标签的集合。标签栈可以只包含一个标签，也可以包含多个标签。

标签栈中的标签（即上述的 32 位）数量无限制，但一般少于 4 个。

从第 24～31 位用做生存周期（TTL）。这里的 TTL 和 IP 报文头部中的 TTL 功能完全相同。每经过一跳，TTL 的值就减 1，其主要作用是避免路由环路。如果在产生路由环路时没有 TTL 保护，则报文的环路将无法停止。若存在 TTL，一旦标签中的 TTL 值减少到 0，该报文就会被丢弃。

6.3.2　MPLS 的网络结构

1. MPLS 系统的组件

作为一个系统，MPLS 是由标签交换路由器（Lable Switching Router，LSR）、标签交换式路径（Label-Switched Path，LSP）以及打标分组概念组成的。

标签交换路由器又包括转发信息库、路由判决模块和转发模块。

（1）转发信息库

在 MPLS 体系结构中，转发信息库（Forwarding Information Base, FIB）的组件定义如下：

- 下一跳标签转发表目（Next Hop Label Forwarding Entry，NHLFE）是指包含下一跳信息（接口及下一跳的地址）和标签操作指令的一个表目；也可能包括标签编码、第二层（L2）封装信息，以及在相关业务流中处理分组所需的其他信息。
- 输入标签映射（Incoming Label Map，ILM）是指从输入标签到相应 NHLFE 的一个映射。
- FEC-to-NHLFE 映射（FTN）是指从任何输入分组的 FEC 到相应 NHLFE 的一个映射。

需要注意的是，如何访问所需的 NHLFE 取决于 LSR 在特定 LSP 中的角色。如果该 LSR 是入口，则它使用一个 FTN；否则，使用一个 ILM。

（2）路由判决模块

在 MPLS 操作的常规模式下，通常采用路由判决功能来创建 FIB 表目。

LSR 可以下列方式之一来创建 NHLFE：

- 分配一个或者多个标签作为输入标签，为每个标签建立 ILM，再将每个 ILM 绑定到 NHLFE 的集合上，将被分配的标签分布到上游 LSR。
- 为与特定路由表目相关联的 FEC 建立 FTN，并且用相应的下一跳信息将每个 FTN 绑定到一系列的 NHLFE 上。

需要注意的是，不包含一个下游标签的 NHLFE 将执行一个弹出标签的指令，或执行一个丢弃转发的指令。因此，建立一个与 FIN 相关联却不具有一个下游标签的 NHLFE 是没有意义的。

在某些时候，例如在一个与给定的 FEC 相关联的路由被删除的时候或者下一跳信息被改变的时候，也可以将路由判决功能用于删除或者更新 FIB 表目。

（3）转发模块

MPLS 的转发功能是以一个标签到一个 ILM 的简单的严格匹配为基础的，ILM 反过来也映射到一个 NHLFE 中。LSR 遵循 NHLFE 的标签操作指令，并将分组传递到下一跳信息指定的接口。LSR 也可能需要使用 NHLFE 提供的第 2 层（L_2）封装信息来相应地封装分组，使分组能被正确地传递至下一跳。

对于标签交换式路径，通常需要考虑其入口、出口、中间体和透明度。

在一个 LSP 的入口处，一个 LSR 将至少压入一个标签到标签堆栈中，而被压入标签堆栈中的标签可能是该堆栈中的第一个（批）标签。

将至少一个标签从标签堆栈中弹出的 LSR 是倒数第二跳，或者是一条 LSP 的出口。当倒数第二跳及出口都弹出一个标签时，两者的区别很小。

在实际实施中，可以允许在一个 NHLFE 中有更复杂的标签操作指令。一个 LSR 可以将两种类型的 LSP 结合起来。对于其中一种类型的 LSP 而言，该 LSR 是多个层次的出口；而对于另一种类型而言则是多个层次的入口。依此类推，对于每条 LSP，它既弹出一个相应的标签，也压入一个相应的标签到标签堆栈，于是该 LSR 就成为一个连接多条 LSP 的中间 LSR。

总而言之，MPLS 功能的简单性是以以下事实为基础的：对于任何一个特定的原动力转发决策而言，其决策完全建立在顶层标签的基础上。

此外，除了一条与 LSP 相关联的转发信息外，还可能需要保持一些其他的特性和状态信息：

- LSP 的 QoS 特性，用来确定队列的指派和优先权。
- 用来决定一条在建立过程中的 LSP 是否被允许与一条已存在的 LSP 合并的信息（如果支持合并）。
- LSP 建立的状态，用来决定将 LSP 用于转发数据的时机。

最后介绍一下组成一个标记过的分组的 MPLS 特定的组件，即标签和标签堆栈。

MPLS 既定义了用于 ATM 和帧中继的特定标签格式，也定义了用于大部分其他介质的一般标签格式。ATM 标签和 VPI/VCI 的数目一致，并可长达 24 位。帧中继标签与 DLCI 的数目一致，长度为 10 位或 23 位。一般标签的长度是 20 位。

标签堆栈是按从上到下顺序排列的一连串标签。在标签堆栈上的操作如下：

- 将一个或多个标签压入堆栈（添加到堆栈的开始部分或顶部）。
- 将一个标签弹出堆栈（从堆栈的开始部分或顶部删除）。
- 置换标签。

2．MPLS 系统的功能

MPLS 系统的功能包括分布标签、合并 LSP、操作 MPLS 标签堆栈以及选择一个路由并在此路由上转发一个打标过的分组。

（1）分布标签

MPLS 主要依赖的机制包括标签与 FEC 绑定的分配、分布和撤销在内的标签分布。

标签可以携带在路由协议消息中传送。通过在相同的协议中捎带标签分配，可以使分配、有效性和一致性得到提高。

通过使用为某种特定目的而设计的协议也可以分布标签。在没有合适的捎带协议可以使用时，标签分布协议是很有用的。

（2）合并 LSP

为了使 MPLS 达到至少是一个典型路由网络的规模，合并是其本质特征。如果不具备合并能力，则必须从每个入口点到每个出口点建立 LSP（LSP 以 n^2 量级增长，n 是作为边缘节点的 LSR 的数目）。

标准路由的典型能力是帧合并。对于在一个第 2 层（L_2）帧内部封装一个完整的第 3 层（L_3）分组的媒质而言，帧合并是很自然的结果，并不需要 LSR 采取任何行动。典型例子是非 ATM 的第 2 层（L_2）技术。

VC 合并是指让 ATM 交换机能够有效地执行帧合并的技术。此技术要求与单个 AAL 帧相关的信元进行排队，直到接收到最后一个信元，然后按照接收顺序传送这些信元。

VC 合并要求来自其他合并的输入 VPI/VCI 的最后一个信元在相同的输出 VPI/VCI 上传输之前，把来自于各个输入 VPI/VCI 的即将进行合并的信元进行排队。

VP 合并是将输入接口上的不同 VP 上不同 VCI 映射到某一个输出接口上同一个 VP 上的技术。因在某一个输出接口上传输信元时需要用到不同 VCI，所以来自输出接口上不同输入业务流的信元有可能会产生交织。

（3）堆栈操作

在一个标签置换中，把用于选取一个 ILM 的标签与作为 NHLFE 中置换标签操作指令一部分的标签相置换。这样，NHLFE 中与下一跳相关的对等体 LSR 将分布一个新的标签给本地 LSR。

在一个弹出操作中，从分组中删除用于选取一个 ILM 的标签，然后使堆栈中的下一个标签取代该标签的位置。于是标签堆栈中剩余的每个标签都上升一层。假如没有剩余的标签堆栈，就以未标记的形式通过 NHLFE 中指示的接口把分组发送出去。

在一个压入操作中，插入一个来自某个 NHLFE 的新标签，于是标签堆栈中现存的标签下降一层，并为新增加的标签设立一个新的堆栈表目。假如以前没有堆栈存在，则 LSR 创建一个堆栈表目来容纳这个新标签。

（4）路由选择

在一个 LSR 中选择路由可以采用一跳接一跳的方式或显示路由方式。

一跳接一跳的路由方式与常规的路由方式一致。每个 LSR 使用自己内部保存的路由来选择下一跳，再利用下一跳将分组转发到目的地。

显示路由是指将某个其他 LSR 指定跳的一个非集合用于该 LSP 中的过程。若所有的跳都被指定，那么这就是一个严格的显示路由；否则，就是松散的显示路由。事实上，“常规路由”是松散的显示路由的一个特殊情况，它只指定了目的地。

3. MPLS 的操作模式

（1）标签分配模式

标签分配模式又分为下游标签分配模式和上游标签分配模式。

下游标签分配模式是目前针对 MPLS 定义的唯一一种模式。此种方法可使标签协商的数量达到最少，因此被要求解释标签的 LSR 来负责分配这些标签。

目前的 MPLS 版本并不支持上游标签分配模式。但此模式的优势在于，因其能针对组播业务流在大量不同接口上使用相同的标签，所以交换硬件可以从中获得极大的利益。

（2）标签分布模式

标签分布模式主要采取下游按需标签分布模式和下游主动的标签分布模式。

在下游按需标签分布模式中，只在需要时对一个上游 LSR 提供标签映射。此种方式可以大大减少用于空闲标签的标签释放业务流。此外，即使一个 LSR 在很大程度上依赖于下游主动提供的标签分布，该 LSR 有时也需要获得一个它以前释放的标签。因此，不论一个 LSR 采取什么主导模式，与下游按需分布有关的基本能力都是必须具备的。

而在下游主动的标签分布模式中，标签映射是提供给所有对等体的。本地 LSR 可能是针对某个给定 FEC 的一个下一跳。在相邻的 LSR 间保持对等关系的时间内，此种方式将至少实现一次。

（3）标签保持模式

一个 LSR 处理它目前没有使用的标签映射的方法称为标签保持模式，而在使用下游按需标签分布模式时，标签保持模式可能就没什么意义了。

标签保持模式分为保守标签保持模式和自由标签保持模式。

1）在保守标签保持模式中，从一对等体 LSR 接收但却没在一个活跃的 NHLFE 中使用的任何标签都将被释放。此种模式的优势在于，在现有拓扑结构情况下，只有被用到的标签才得以保留，这样就减少了保留标签所消耗的存储器容量。不过，当拓扑结构发生变化时，获得的新标签将会有延时。但当该模式与下游按需标签分布模式相结合时，相邻对等体分布的标签数目也会相应减少。

2）在自由标签保持模式中，任何曾作为某个活跃的 NHLFE 一部分使用的标签映射都将被保留，也包括所有接收到的标签映射。此种模式的优势在于，即使一个拓扑结构发生改变，将在新拓扑结构中使用的标签通常已经到位，但代价是要存储没有正在使用的标签。那么，对于具有大量端口的交换设备来说，这种存储方面的代价可能非常大。

从以上标签分布与保持模式之间的相互作用来看，保守保持模式更适合于下游按需分布，而自由保持模式更适合于下游主动分布。一来，在这两种分布模式中都需要通过发送消息来释放未使用的标签；二来，需要在下游按需分布模式中明确地请求标签。

（4）控制模式

控制模式通常分为有序控制模式和独立控制模式。它们之间的差别在实际运用中比人们在理解上的差别要小得多。

1）在有序控制模式中，LSP 的建立是起始于某一点的，再由该点将 LSP 的建立传播到某个终止点。若 LSP 的建立起始于某个入口，则标签请求就会沿路传播到某个出口；等到某个标签映射到达该入口后，就返回标签映射。若 LSP 的建立起始于某个出口，则标签请求就会沿路传播到入口点。有序控制的特征是，只有当相关消息从一端传播到另一端之后，一个 LSP 才完全建立。所以，只有在确定该 LSP 无环路后才能将数据传送到该 LSP 上。

单纯地实施有序控制模式有可能在 LSR 添加新的对等体时引入环路，而在 LSR 撤销所有上游标签映射时产生严重的网络中断。避免以上问题的方法是让一个有序控制的 LSR 在等待标签映射时像以前一样以一个已知的（非零）跳计数持续转发。这样，本地 LSR 可以采用 IP 转发连续不断地将分组转发到该本地 LSR 以前向其转发的路由对等体。

2）独立控制模式是当一个 LSR 出现以下情况时采用的模式：

- 当一个 LSR 可以确定它将针对某一特定 FEC 从下游对等体获得标签映射时。
- 当一个 LSR 将用于该 FEC 的标签分布到其上游对等体时，不管该 LSR 是否已经从下游接收到所期望的标签映射。

在此种情况下，发送标签映射的 LSR 包含了一个跳计数。使用特定的零计数值（未知跳计数）可以表示该 LSR 不是出口，并且没有从作为出口的 LSR 那里接收到标签映射的事实。如果针对包含一个已知跳计数 LSP 的一个标签映射在某条 LSP 的入口上，且被接收到之前该 LSP 从未被使用过，那么网络看起来就好像所有沿着该给定 LSP 的 LSR 都采用了有序控制。

（5）标签空间

标签空间是指在一个特定 LSR 内部的一个标签范围。每个接口或每个平台指定一个标签空间。

实现 LSR 可以进行以下概括：

- ATM LSR 很有可能不支持每个平台的标签空间，这就意味着将含义相同的 VPI/VCI 分派到所有 ATM 接口。
- 通过采用普通的 MPLS 标签（如 PPP、LAN 封装或标签堆栈）可以很容易地支持每个平台接口。
- 每个平台的标签空间有可能应用到某些接口而不是其他接口；否则，单个 ATM 接口（或者多样的接口）的存在将使每个平台的标签空间不能使用。
- 对于单个对等体 LSR 的操作，只要求对"每个平台"的解释一致即可。分布到单个 LSR 对等体的标签所应用的规则没有必要应用于分布给另一个对等体的标签，即使这两个对等体采用的都是同一个平台的标签空间。

一个 LSR 可能有能力支持多个平台的每个标签空间，只要该 LSR 能保证不会以任何 LSR 对等体实例可见的方式支持多个平台的每个标签空间。如果一个 LSR 不能确定哪些接口和哪个 LSR 对等体相同，那么它就可能不能支持多个平台的每个标签空间。

为了理解每个平台标签的使用方法，有必要理解定义每个平台标签空间的动机。从理论上说，每个平台标签空间允许只在标签的基础上执行一个匹配操作。但在实际运用中，这可能是不能被接受的。原因有两个：一是，这样做就允许在一个接口上接收到的标签会在标记后被分组引导到相同的接口，这是一种不正常的分配方式；二是，这样做将允许一个 LSR 使用该 LSR 起初并未使用的标签以及相关的资源。

使用每个平台的标签空间的另一个可能动机是避免为一对 LSR 之间的公共接口广告多个标签。不过，这时有必要将共享标签用于公共接口。在具体实施中，这点可以很容易实现。

6.4　标记分发协议

标记分发协议（Tag Distribution Protocol，TDP）是标记交换体系结构采用的几种控制协议之一，它是唯一用于在相关的 TSR 设备之间传送标记关联信息的控制协议。TDP 与标准的单播和组播选路协议一起运行在 TSR 和 TER 设备上，它的运行与要求创建和分发标记关联的消息无关。根据请求，TDP 能够有效和可靠地在 TSR 设备之间分发标记关联。

6.4.1 TDP功能

TDP的基本功能是在相关的TSR设备之间进行标记关联的分发、请求和释放。TDP运行在对等TSR设备之间建立的TCP连接上。用TCP传输有以下几个原因：

首先，TDP采用增量更新的方式，即只传送新的或者修改后的状态。这与OSPF和BGP所采用的概念和运行方式相似。为了达到这个目的，信息必须按照正确的顺序可靠地传送到目的地。TCP具有这个能力，因此所有的TDP消息都是在TCP连接上传送的。

其次，TCP提供的可靠传送机制不再需要在TDP中完成这个功能，使得TDP的设计和扩展更容易。

准备交换标记关联的两个TSR设备首先建立彼此之间的TCP连接，由于TCP连接是双向的，因此TDP消息能够在两个方向上传送。

每个TDP消息包含一个固定的分组头以及一个或者多个可变长度的协议信息单元（Protocol Information Elements，PIE）。PIE由一个或者多个TLV字段构成。图6-22所示为TDP的分组格式。

在TCP连接建立后，通过交换一系列的初始化信息，使得对等TSR设备处于操作状态。此后，可以开始用TDP交换标记关联。具体来说，标记关联放入TDP的PIE结构中，与TDP固定的分组头组成帧，在TCP连接上传送。按照前一节中描述的不同的标记分配机制传送TDP消息。如果TCP连接中断，则删除标记关联并且回收标记。

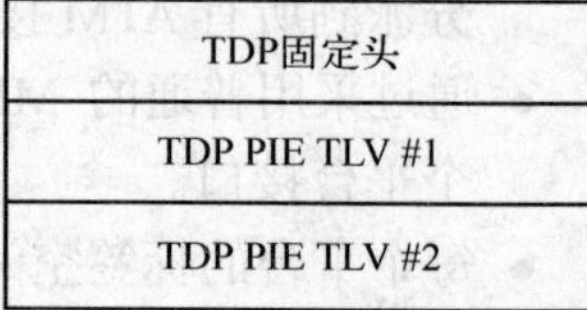

图6-22 TDP的分组格式

假如把ATM当做一种自然的标签交换技术，那么在ATM网络上进行标记交换操作是可行的。TDP以及更一般的标记交换对ATM网络提供了以下支持：

- TDP消息在VPI/VCI=0/32的虚通路上传送。
- TDP消息的默认封装是按照RFC1483定义的LLC/SNAP封装的。
- 标记可以包含VPI和/或VCI值。
- TDP允许两个TSR设备决定ATM封装的类型（LLC/SNAP或者VC复用）以及所支持的VCI值的范围。

6.4.2 TDP信息单元的类型

TDP最初的版本支持以下PIE类型：

- TDP_PIE_OPEN：这是与对等体建立TCP连接后TSR发出的第一个PIE。收到该PIE的TSR需要立刻用TDP_PIE_KEEPALIVE或者TDP_PIE_NOTIFICATION进行响应。这个PIE支持的TLV包括是否需要下游按需分配、所支持的VCI范围以及VC封装类型。
- TDP_PIE_BIND：这个PIE从一个TSR发往另一个TSR，分发标记关联。它可能是由事件触发（例如路由表的更新）的，也可能是对TDP_REQUEST_BIND的响应。标记关联包含在TLV结构中，由标记值、地址前缀和长度组成。图6-23所示为TDP_PIE_BIND的格式。

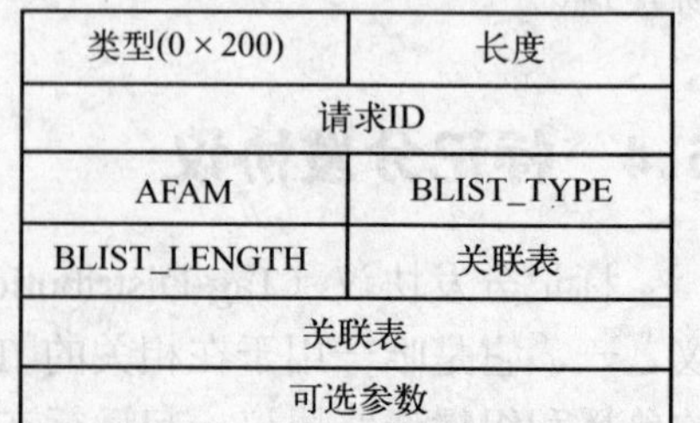

图6-23 TDP_PIE_BIND格式

- 请求 ID：请求 ID 把响应与 TDP_BIND_REQUEST 对应起来。
- AFAM：指定标记关联中的网络层地址族，有关地址族的细节参见 RFC1700。
- BLIST_TYPE：指定 BINDING_LIST 中的 BLIST 表项的格式和语法。表 6-6 为 BLIST_TYPE 的值。BINDING_LIST 是由一个或者多个 BLIST 表项构成的可变长度字段，BLIST_TYPE 指明了表项的类型。BLIST 表项由 32 位的标记值和相关的单播地址前缀或者组播组地址组成。在单播地址前缀的情况下，要包含地址前缀长度。BLIST 类型 5 和 6 中定义的跳数（Hop Count，HC）值指示了带有标记的分组在逐级跳的转发中可能通过的路由器的个数。图 6-24 所示为不同 BLIST 表项的格式。

表 6-6 BLIST_TYPE

BLIST_TYPE	BLIST 表项格式	BLIST_TYPE	BLIST 表项格式
0	空	3	22 位组播上游指定（*G）
1	32 位上游指定	4	22 位组播上游指定（S，G）
2	32 位下游指定	5	32 位上游指定的 VCI 标记

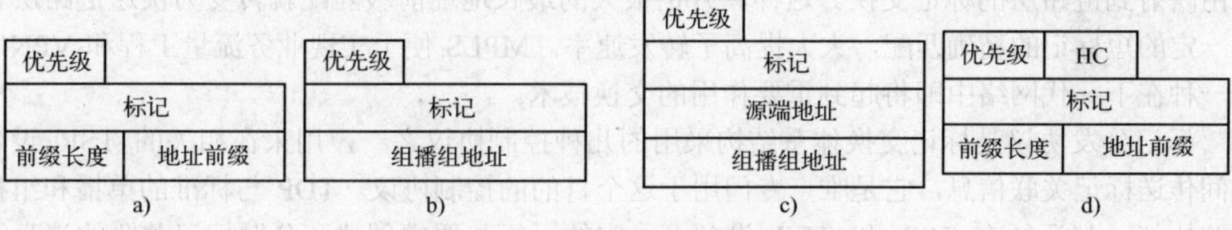

图 6-24 不同 BLIST 表项的格式

a) 类型 1 和 2 b) 类型 3 c) 类型 4 d) 类型 5 和 6

- BLIST_LENGTH：关联表的长度。
- TDP_PIE_REQUEST_BIND：查询特定地址前缀的标记关联或者所查询的 TSR 设备中全部的标记关联。
- TDP_PIE_WITHDRAW_BIND：由分配标记关联的 TSR 设备发出，通知其他 TSR 设备可以使用已分配的标记关联。
- TDP_PIE_KEEP_ALIVE：替代实际 TDP 消息来复位定时器。如果定时器超时，对等体 TSR 设备将关闭 TCP 连接。
- TDP_PIE_NOTIFICATION：通知对等体 TSR 设备"重要"事件，包括 TSR 功能或者操作状态的错误和变化。
- TDP_PIE_RELEASE_BIND：由不再需要某个标记关联的 TSR 发出，该标记关联来自先前的上游请求/下游指派操作。

6.5 小结

本章主要介绍了 IP 交换技术的基本知识、标记交换基本概念、MPLS 的基本原理以及标记分发协议。

IP 交换是利用第二层交换作为传送 IP 分组通过一个网络的主要转发机制的一组协议。

IP 交换利用交换的高带宽和低延迟优势尽可能快地通过网络传送一个分组。Internet 的协议集称为 TCP/IP 协议集，协议集的取名表示了 TCP 和 IP 在整个协议集中的重要性。Internet 协议集是对 ISO/OSI 的简化，其主要功能集中在 OSI 的第 3 和第 4 层，通过增加软件模块来保证与已有系统的最佳兼容性。

标记交换用简单的第二层标记表查询和替换操作代替了标准的第三层路由表查询，并且在某个路由通路上分配标记以构建交换通路。标记交换是拓扑驱动的 IP 交换协议。换句话说，通过路由表的更新通知目的网络前缀的存在，从而创建了一条通往该目的端的交换通路。标签交换转发方法不仅包含在 ATM 中。而且包含在帧中继、PPP 和实际上任何的介质封装中。标记交换使标签交换转发方法更一般化。标记交换的基本目标是提高骨干路由器的转发性能，它使用简单的按照标记的标签替换转发功能，把不同的网络层选路服务（如单播、组播、COS 等）与这种标签替换转发的机制联系起来，同时保持与介质无关。

MPLS 技术是将第二层交换（ATM）和第三层路由（IP）结合起来的一种集成的数据传输技术，它不仅支持网络层的多种协议，还可以兼容第二层上的多种链路层介质，在多种数据链路层介质上进行标记交换。MPLS 体现了 IP 与 ATM 技术的融合，可以将网络层的 IP 路由映射到链路层的标记交换。这样，开销很大的最长地址前缀匹配就转变为快速链路层长度一定的短标记的精确匹配，大大提高了转发速率。MPLS 便于实现业务流量工程和 VPN，是一种在下一代网络中即将起到重要作用的交换技术。

标记分发协议是标记交换体系结构采用的几种控制协议之一，用来在相关的 TSR 设备之间传送标记关联信息，它是唯一专门用于这个目的的控制协议。TDP 与标准的单播和组播选路协议一起运行在 TSR 和 TER 设备上，它的运行与要求创建和分发标记关联的消息无关。根据请求，TDP 能够有效和可靠地在 TSR 设备之间分发标记关联。

6.6 习题

1. TCP/IP 与 ISO/OSI 参考模型之间的对应关系是怎样的？
2. IP v6 与 IP v4 相比有哪些优势？
3. IP 交换的两个基本模型分别是什么？各有什么特点？
4. 上游标记分配机制包含哪些步骤？
5. 列举出一个标签中的 4 个字段。
6. 标签栈中可以驻放多少个标签？
7. 为什么 MPLS 标签需要生存周期（TTL）字段？
8. 标记分发协议的基本功能是什么？为什么采用 TCP 传输？

参考文献

[1] Uyless Black．ATM: Foundation for Broadband Networks[M]．北京：清华大学出版社，1998.

[2] 吴靖，等译．IP 交换技术协议与体系结构[M]．北京：机械工业出版社，1999.

[3] Braden R, Zhang L, Berson S, et al．Resource Reservation Protocol (RSVP), Version 1

Functional Specification, RFC 2205[S]. 1997.

[4] Luc De Ghein．MPLS Fundamentals[M]．陈麒帆，译. 北京：人民邮电出版社，2008.

[5] Eric W Gray．MPLS 实现技术[M]．罗志祥,等译.北京：电子工业出版社，2003.

[6] John T Moy．OSPF: Anatomy of an Internet Routing Protocol, Reading, MA: Addison Wesley Longman, 1998.

[7] Guerin, R, H Ahmadi, and M Naghshineh．Equivalent Capacity and Its Application to Bandwidth Allocation in High-speed Networks[J]．IEEE Journal of Selected Areas in Communication, 1991, 9(7):968-981.

[8] Black, Uyless．OSI: A Model for Computer Communications Standards [S]. Englewood Cliffs, NJ: Prentice Hall, 1991.

[9] Perlman, Radia．Interconnections, Bridges and Routers, Reading[M]. MA: Addison Wesley, 1992.

[10] Siller, Curtis A, Mansoor Shafi．SONET/SDH: A Sourcebook of Synchronous Networking [M]. New York: IEEE Press, 1996.

[11] Tanenbaum, Andrew S．Computer Networks[M]. Third Edition, Prentice Hall, 1996.

第7章

光交换技术

光交换（Photonic Switching，PS）技术也是一种光纤通信技术，它在光域中直接将输入光信号交换到不同的输出端。与电子数字程控交换相比，光交换无须在光纤传输线路和交换机之间设置光端机进行光-电（O-E）和电-光（E-O）交换，并且在交换过程中，它还能充分发挥光信号的高速、宽带和无电磁感应的优点。光纤传输技术与光交换技术融合在一起，可以起到相互促进的作用，从而使光交换技术成为通信网交换技术的一个发展方向。

7.1　光交换技术概述

光交换技术是指不经过任何光-电转换，在光域直接将输入光信号交换到不同的输出端。光交换系统主要由输入接口、光交换矩阵、输出接口和控制单元 4 部分组成。

由于目前光逻辑器件的功能还较简单，不能完成控制部分复杂的逻辑处理功能。因此，国际上现有的光交换控制单元还要由电信号来完成，即所谓的电控光交换。在控制单元的输入端进行光-电转换，而在输出端需要完成电-光转换。随着光器件技术的发展，光交换技术的最终发展趋势将是光控光交换。

随着通信网络逐渐向全光平台发展，网络的优化、路由、保护和自愈功能在光通信领域越来越重要。采用光交换技术可以克服电子交换的容量瓶颈问题，实现网络的高速率和协议透明性，提高网络的重构灵活性和生存性，从而大量节省建网和网络升级的成本。

光交换技术能够保证网络的可靠性并提供灵活的信号路由平台。尽管现有的通信系统都采用电路交换技术，但发展中的全光网络却需要由纯光交换技术来完成信号路由功能以实现网络的高速率和协议透明性。光交换技术为进入节点的高速信息流提供动态光域处理，仅将属于该节点及其子网的信息上下路一并交由电交换设备继续处理，因此具有以下几个方面的优点：

1）可以克服纯电子交换的容量瓶颈问题。

2）可以大量节省建网和网络升级成本。如果采用全光网技术，将使网络的运行费用节省 70%，设备费用节省 90%。

3）可以大大提高网络的重构灵活性和生存性，加快网络恢复的时间。

7.2　光交换技术的分类

目前，光交换技术可分为光的电路交换（Optical Circuit Switch，OCS）和光分组交换（Optical Packet Switch，OPS）两种主要类型。光的电路交换类似于现存的电路交换技术，采用光交叉连接器（Optical Cross Connecter，OXC）、光分插复用器（Optical Add Drop Multiplexer，OADM）等光器件设置光通路，中间节点不需要使用光缓存。目前，对 OCS 的研究已经较为成熟。根据交换对象的不同，可以对 OCS 进行分类。

（1）时分光交换技术

时分复用是通信网中普遍采用的一种复用方式，时分光交换就是在时间轴上将复用的光信号的时间位置 t_1 转换成另一个时间位置 t_2。

（2）波/频分光交换技术

波/频分光交换技术是指光信号在网络节点中不经过光-电转换，直接将所携带的信息从一个波长/频率转移到另一个波长/频率上。

（3）空分（包括自由空间）光交换技术

空分光交换技术即根据需要在两个或多个点之间建立物理通道。这个通道可以是光波导，也可以是自由空间的波束，信息交换通过改变传输路径来完成。

（4）光码分技术

光码分复用（Optical Code Division Multiple Access，OCDMA）是一种扩频通信技术，将不同用户的信号用互成正交的不同码序列来进行光学编码，编码后的备用户信号由星形耦合器叠加在一起，形成一个总的信号数据流入光纤。在接收端，利用光解码器对收到的扩频码序列与本地地址码进行相关运算，采用相干或非相干的方法进行解扩处理，并通过特定阈值判决技术恢复源信号，传送给数据接收器实现数据恢复。

（5）ATM 光交换

此种技术应用于光交换之中的异步传输模式（Asynchrous Transfer Mode, ATM），它不同于时分、空分等光交换方式，也和光分组交换不完全类似。它是将用户光信息分割成同一文本的信息包（也称“光信元”）。光信元包含信头和净荷，以 ATM 方式传输。不同的光信元可以在不同的时间占用一条路由通道，根据光信元交换的要求，通过改变信头的信息来改变光信元的路由通道，从而实现光信元的光交换。

（6）复合型光交换

如果采用两种或多种光交换方式便可称为复合型光交换。

未来的光网络要求支持多粒度的业务，其中小粒度的业务是运营商的主要业务，业务的多样性使得用户对带宽有不同的需求。OCS 在光子层面的最小交换单元是整条波长通道上数 GB 的流量，很难按照用户的需求灵活地进行带宽的动态分配和资源的统计复用，所以光分组交换应运而生。光分组交换系统根据对控制包头处理及交换粒度的不同，又可分为光分组交换技术、光突发交换技术、光标记分组交换技术、智能光交换技术。

1）光分组交换（OPS）技术。它以光分组作为最小的交换颗粒，数据报的格式为固定长度的光分组头、净荷和保护时间 3 部分。在交换系统的输入接口完成光分组读取和同步功能，同时用光纤分束器将一小部分光功率送入控制单元，用于完成如光分组头识别、恢复和净荷定位等功能。光交换矩阵为经过同步的光分组选择路由，并解决输出端口竞争。最后，输出接口通过输出同步和再生模块降低光分组的相位抖动，同时完成光分组头的重写和光分组再生。

2）光突发交换（Optical Burst Switching，OBS）技术。它的特点是数据分组和控制分组独立传送，在时间上和信道上都是分离的。它采用单向资源预留机制，以光突发作为最小的交换单元。OBS 克服了 OPS 的缺点，对光开关和光缓存的要求降低，并能够很好地支持突发性的分组业务，同时与 OCS 相比，它又大大提高了资源分配的灵活性和资源的利用率。被认为很有可能在未来互联网中扮演关键角色。

3）光标记分组交换（Optical Multi Protocol Label Switching，OMPLS）技术。光标记分组交换也称为通用多协议标志交换（Generalized Multiprotocol Label Switching，GMPLS）协议或多协议波长交换（MPλS），它是 MPLS 技术与光网络技术的结合。MPλS 是多层交换技术的最新进展，将 MPλS 控制平面贴到光的波长路由交换设备的顶部，就得到了具有 MPλS 能力的光节点。由 MPλS 控制平面运行标签分发机制，向下游各节点发送标签，标签对应相应的波长，由各节点的控制平面进行光开关的倒换控制，建立光通道。2001 年 5 月，NTT 公司开发出了世界首台全光交换 MPλS 路由器，结合 WDM 技术和 MPLS 技术，实现全光状态下的 IP 数据报的转发。

4）智能光交换。将以 IP 为核心的智能控制技术引入到了光交换网络中，这样可以有效地支持交换路由的动态连接与拆除；也可基于流量工程、按业务分布模式动态分配带宽资源；还可以在光层上直接承载各种通信业务，使网络变得简单、扁平化；同时可提供良好的网络保护/恢复功能等。

7.2.1　时分光交换

时分光交换是将不同用户的信息分配在不同的时隙子通道上，形成时分复用帧信号，通过对光信号时隙的交换来实现不同用户信息的交换。在不同的光交换系统中，时隙信号的组成形式可以不同。按时隙信号的组成形式分类，有以下 4 种不同的时分光交换方式。

1. 比特交换

比特交换是指帧信号中的每个时隙承载着一个用户的一个比特信息，每个时隙之间的交换就是各用户信息按位进行的交换。图 7-1 所示是同步时分光交换帧信号结构的一个例子：4 个用户具有相同的信息传输比特率 B，它们的信息经抽样、压缩后组成比特复用帧信号。每帧信号中的时隙 T_1～T_4 分别承载用户 1～4 的一个比特信息（其时延为Δ），于是比特传输速率提高 4 倍，而帧信号传输速率仍为 B。在实际的时分光交换系统中，为了保持帧同步还需要在帧结构中添加用于控制、恢复等的比特开销。当用户的信息比特率不相等时，也需要在帧结构中加入辅助比特，以调节其比特率的差异。

2. 块交换

块交换是以每个用户的几个连续比特信息（串或块）作为一个时隙，即取各用户长度相等的信息块来组成帧信号，对每个帧信号的时隙进行交换就能实现不同用户的比特信息块交换。这种时分光交换通常是同步的，其帧传输速率 F 与信息块长度 m、用户信息比特率 B 的关系是 $F=B/m$。

如果对上例的 4 用户信息进行抽样，取 $m = 6$，即取连续 6 位作为一个信息块长度，然后按序排列它们并组成信息块复用帧，如图 7-1 所示。可以看出，这里的帧传输速率 F 不再等于用户的比特传输率 B，而是减少为 $F=B/6$。在这种时分块交换中，也允许对各用户的信息块取不同的长度，但需要在帧结构中附加上一定的时延进行调整。

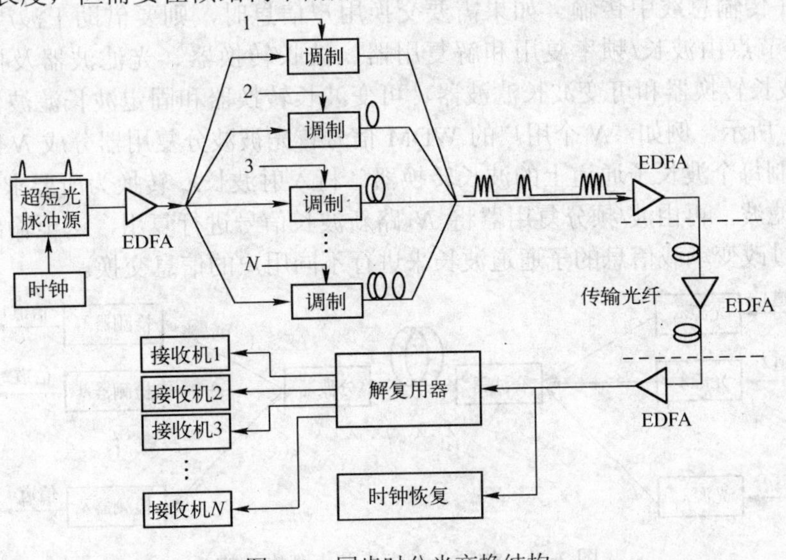

图 7-1　同步时分光交换结构

3．OCDMA 交换

OCDMA 交换用特殊的码序列表示用户的每一个位信息，不同用户有各自不同的码序列，彼此并不相关。OCDMA 交换结构以及用户信息被这些码序列编码的情况如图 7-2 所示。各个被编码的信号复合起来，成为一个 OCDMA 信号在光纤网上传输。在接收端需要采用相干解码技术，当某接收用户从这个 OCDMA 信号中提取了其需要的、来自发射端某一用户（具有特定码序列）的位信息时，这个 OCDMA 信号中的其他码序列信号就不能被其接收。只有更换解码器，即提供相应的码序列解码器，才能通过相干解码获得其他用户的位信息，从而可以接收其他码序列的用户信息。

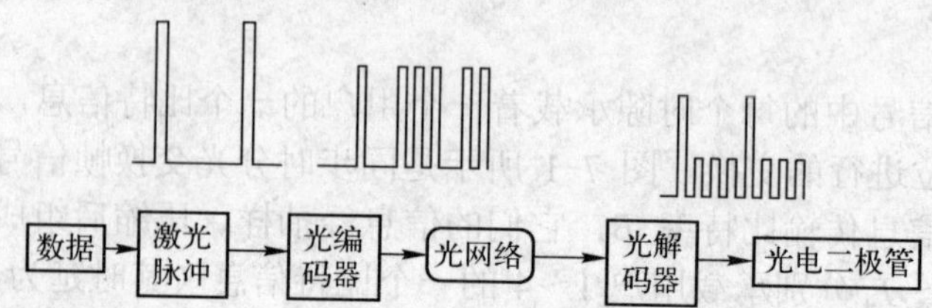

图 7-2　OCDMA 交换结构以及码序列的编码情况

4．分组时分光交换

分组时分光交换不同于以上交换情况，它是对用户的分组信息进行交换。分组则由报头、净荷和保护带等部分组成。报头含有该分组的源、目的地、优先度等信息，通过对报头识别、处理来选择或改变分组的路由，以实现用户信息的变换。这种光交换是通过分析、更新报头信息来确定和改变分组路由的，而对报头的识别或再生、路由选择等控制是分布的、灵活的，并允许改变用户分组的传输速率（称之为异步接入）。

7.2.2 波/频分光交换

波/频分光交换是将互不干涉的波长或频率作为用户信息的载体，形成传输信息的不同波长/频率子通道。各子通道的用户信息被复用成光波复用（Wavelength Division Multiplex，WDM）信号在传输总线中传输。如果需要交换用户信息时，则要借助于波/频分光交换节点。这种交换节点由波长/频率复用和解复用器、波长转换器、光滤波器及控制回路组成（其中有固定波长转换器和可变波长滤波器、可变波长转换器和固定波长滤波器两种组合方式），如图 7-3 所示。例如，N 个用户的 WDM 信号首先被波分复用器分成 N 路，再根据波长交换要求控制每个波长子通道上的波长转换器，将入射波长λ_i 转换为所要求的波长λ_k，随后经光滤波器滤波，再由波/频分复用器将 N 路新波长信号进行复用，送至输出光纤总线，从而实现了通过改变承载信息的子通道波长来进行不同用户的信息交换。

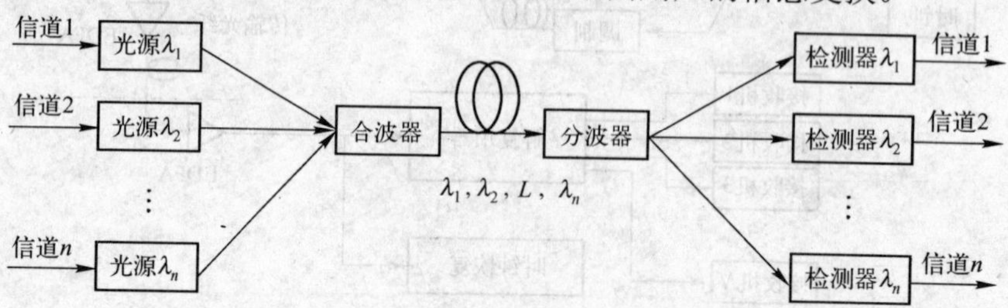

图 7-3　波/频分光交换节点基本结构

波/频分光交换利用了波长资源和光频宽带性，其光信号具有透明性。波/频分光交换区别于时分光交换的特点在于，各波长通道的比特率是独立的，便于实现不同速率的宽带信号交换。其交换硬件较少，控制信令相对简单，且不要求控制回路达到很高的运行速度。

7.2.3　空分光交换

空分光交换是以空间不同的物理位置（称为空间子通道）作为用户光信号的传输通道，利用空分光交换功能器件改变输入与输出端用户光信号的连接通道，从而实现用户光信号的交换。这种光交换如果在自由空间中完成，则被称为自由空间光交换。自由空间光交换是电交换中不具有的一种形式。

1. 基本结构及特点

空分光交换方式的基本结构如图 7-4 所示，有 *M* 个输入、*N* 个输出和一个空分光交换矩阵（节点）。空分光交换节点包括光开关阵列和控制回路，由控制回路给出控制信号，控制光开关的状态处于“通”或“断”状态，使用户光信号从一个空间子通道变换到另一个空间子通道上，从而实现用户光信号的空分交换。也就是说，通过改变光信号的空间子通道实现用户光信号在空间的任意输入端到任意输出端的直接光互联，通常用符号(m，n，k)表示空分光交换节点。其中，m、n 分别表示输入、输出数；k 表示节点容量，即表示节点在任何时间内能够处理的最大子通道数。在图 7-4 中，若 $M>N$，且在任何时间内该节点都能提供 *N* 个输出通道，则该节点可表示为（M，N，N）。

由于平行波导的长度和两波导之间的相位差变化，只要所选取的参数适当，光束就在波导上完全交错，如果在电极上施加一定的电压，可改变折射率及相位差。因此，通过控制电极上的电压，可以得到平行和交叉两种状态。

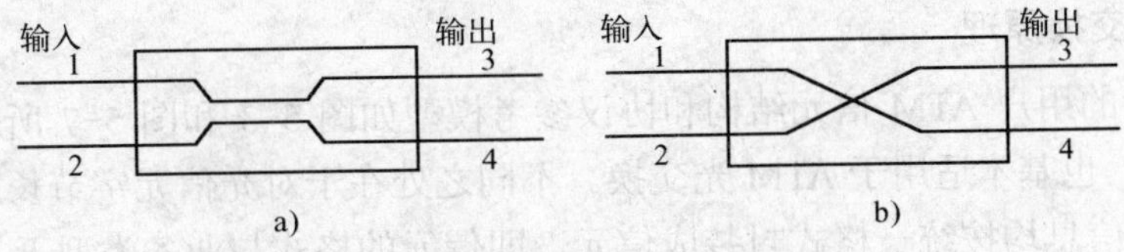

图 7-4　空分光交换方式的基本结构

a) 平行状态　b) 交叉状态

空分光交换从结构和通道交换过程来看，实质上是实现光信号按需的动态光互联。因此选择什么样的光互联拓扑结构和光开关器件是实现空分光交换的关键所在。想要设计出高性能的空分光交换节点就必须解决这两方面的问题。不同的光互联拓扑结构有其各自的网络性能，而基于不同物理机理的光开关也有不同的开关响应时间、插入损耗、隔离度等性能。不过，不论空分光交换节点的组成器件和网络结构怎样，它们都具有以下突出特点：能够直接利用光的宽带特性，提供大容量的不同速率的信号传输和交换，其光交换矩阵结构简单，易于实现。

2. 空分光交换网络

空分光交换网络由空分光交换节点和链路组成。其性能的好坏主要取决于构成节点的光开关（主要部件）的数量及性能的好坏、网络的拓扑和链路的长度等。通常应选用插损小、隔离度大的光开关。在交换容量一定的情况下，其光开关的数量应尽量少，同时尽量采用光集成技术，以减小体积、降低成本。当网络拓扑和链路连接选择适当时，可以减少光路损耗，提高通道利用率，降低网络复杂性和成本等。综合以上因素，可以选定以下几个主要性能指标来评价空分光交换网络：光开关数量、信噪比、光路损耗、网络阻塞性、可集成度。其中，光开关数量由交换网络的规模和拓扑结构决定；信噪比、插入损耗、可集成度与所选的光开关类型及网络结构等有关。

3．自由空间光交换

自由空间光交换实质上是空分光交换，它也同样以空间分割的方式建立用户光信号的传输通道。其基本结构与前面介绍的空分光交换的结构相同，包括光开关阵列、控制回路等。不同的是它的路由交换基于光波在自由空间的传播规律，并且在二维或三维空间中实现。正是因为这个特点，使得这种光交换方式能充分利用光波的高速传输、并行处理优势，同时在自由空间的光互联不需要物理介质，从而减少了通道间的干扰，可充分利用空间维数扩大容量。

自由空间光交换网络的基本单元利用了几何光学的反射、折射及衍射原理、声光效应、偏振机理及非线性效应等，形成了液晶开关、声光开关、偏振开关、全息光栅、全息透镜、微透镜阵列、自电光效应器件（Self Electrooptic Effect Devices，SEED）、微电子机械系统（Micro Electro Mechanical Systems，MEMS）开关阵列等器件，它们是实现自由空间光交换的关键。

7.2.4 ATM 光交换

20 世纪 90 年代初，电交换技术已不能适应高速、大容量通信业务的发展需求，新型光电子器件的出现促使人们去研究、发展 ATM 光交换技术。

1．ATM 光交换原理

ITU-T 确定的用户 ATM 信元结构和协议参考模型如图 5-3 和图 5-7 所示。它们既适用于 ATM 电交换，也基本适用于 ATM 光交换。不同之处在于对光信元字节长度未做出硬性规定。任何业务的信息均按统一格式封装成信元，即信元的格式与业务类型无关。

ATM 光交换与前面介绍的时分、波/频、空分光交换不同，它交换的对象是光信元，光信元以 ATM 方式传输，光信元流是统计复用的。信元的异步时分复用方式使 ATM 具有很强的灵活性，可以适应不同类型、不同速率的通信业务。由于信元的信头功能简化，使得处理信头的速度提高，并且 ATM 层没有逐层链路的差错控制和流量控制，这也简化了网络的控制，进而提高了交换速率。

2．ATM 光交换节点

ATM 光交换节点的基本结构有的类似于时分、波/频、空分光交换交叉互联的结构，也有的类似于时分、波/频、空分光交换的共享介质结构。对于 ATM 光交叉互联的节点结构，光信元的交换是通过集中映射控制来实现的；而对于 ATM 共享介质的光节点结构，须在接收、发送端分别实现光信元的交换。

类似于 ATM 电交换，ATM 光交换节点也具有 3 大基本功能，即光信元排队、信头处理和路由选择。用于实现这 3 大功能的技术包括：ATM 光信元的产生、压缩技术；采用光纤延迟线和高色散光纤，设计 ATM 信元的不同时延量缓存和阻塞解决方案；利用副载波技术，研究信头的产生和更换；借助光纤和非线性光环境技术实现信头的提取和识别；针对信元的路由选择问题，提出 ATM 自路由、多跳迂回路由、波长寻址路由等方案；光同步技术、路由选择的控制技术等。

7.2.5 光分组交换

光分组交换因为能够充分利用光纤的带宽，避免出现“电子瓶颈”问题，易与光纤传输网匹配，具有动态分配带宽、高速、透明、可升级性和高效等优势，已经成为光网络发展的重要技术之一。

1. 光分组的格式和交换原理

通常按统一的文本格式对用户光信息进行分组。光分组包括报头、净荷和保护带 3 个部分。报头包含了光分组的源、目的地、分组类型及序号、同步、报头纠错、运行管理维护等信息。保护带处于报头和净荷之间或者光分组之间，用来保证光分组的正常传输与处理。通常，光分组方式分为带内、带外和副载波光分组方式。带内光分组方式的报头和净荷采用同一波长作为载波。带外光分组方式以不同的波长分别作为报头和净荷的载波，并在一根光纤中用一个波长集中传送光分组报头。副载波光分组方式采用同一波长、占用相同的时间段来复用光分组报头与净荷，但报头为电调制低频信号，而净荷为光基带调制信号，所以它们的频率相差甚远。

光分组有固定长度（时隙型）和可变长度（非时隙型）的区别。前者用于同步时分分组网中。在严格要求同步的情况下，它可降低缓存难度、缩短光分组保护带；而后者用于异步光分组网中，不需要同步，它可提高信道利用率，却增加了光缓存的难度，相应的也增加了光分组保护带，并且其协议、管理复杂。

光分组交换（Optical Packet Switching，OPS）分为全光型和光电混合型两种方案。全光型的光交换功能与控制功能均在光域中完成，这就可以利用光信号的带宽较宽的优势，提高交换速率和信号透明性。不过，全光技术目前在实现方法和灵活性方面都还不理想。光电混合型方案则是将交换功能放在光域中实现，而控制功能放在电域中实现，利用成熟的电技术保证了光分组净荷进行高速路由，有效地通过节点。

OPS 在光域中实现光分组的封装与复用、传输与交换，具有以下特点和优势：

1）可解决网络的电子瓶颈问题。

2）对用户的数据格式透明，可扩展性好。

3）以光分组作为最小的交换颗粒，可按用户需求灵活地分配带宽。

4）对光分组信道实现统计复用，充分利用网络资源，适合承载突发性的 IP 业务。

5）可支持多粒度业务，提高光层带宽利用率。

6）提供非连接和面向连接的服务，提供灵活、透明的异构通信环境。

7）以光分组为单位来处理、存储信息，降低了对交换机存储容量等性能的要求，从而降低成本。

8）采用 OPS 作为 IP 层与光传输层间的适配层，有利于简化网络层次，提高系统运行效率，实现紧凑的集成网络模型等。

因此，OPS 被认为是未来 IP 业务理想的承载平台。图 7-5 所示是 OPS 的基本原理图。

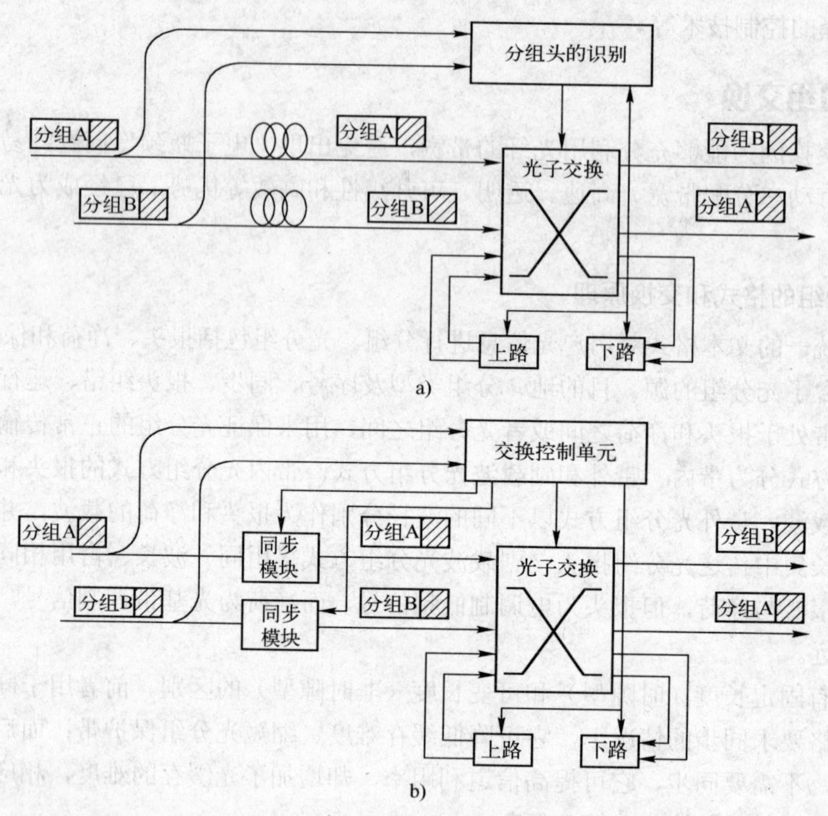

图 7-5 OPS 的基本原理

a) 异步分组交换 b) 同步分组交换

2. OPS 节点与 OPS 关键技术

(1) OPS 节点的类型

具有代表性的 OPS 节点有纯空分型、广播-选择型和波长路由型 3 种。

1）纯空分型 OPS 节点。和空分光交换节点一样，纯空分型 OPS 节点的交换速率和容量取决于组成光交换矩阵的核心器件——光开关。常用的光开关有 MEMS 光开关、SOA 光门等。MEMS 开关可以实现大容量光交换，开关速度为毫秒（ms）数量级。SOA 光门的开关速度快，可达皮秒（ps）数量级，同时便于集成，有较好的应用前景。光线延迟线或光双稳器件常用来对分组进行缓存，用来解决分组竞争的问题。纯空分型 OPS 节点具有结构简单、控制分布管理和易于实现等优势。

2）广播-选择型 OPS 节点。OPS 节点的广播-选择功能通常采用共享介质结构或树结构来实现。

3）波长路由型 OPS 节点。通过选取不同的光器件、缓存器位置和节点内部结构可以形成多种形式的波长路由型 OPS 节点。它们具有的一个共同特征是均采用可变波长转换器来实现不同波长的路由选择。

（2）OSP 关键技术

从以上 3 种典型 OPS 节点进行的光分组交换，可以归纳出实现 OPS 需要以下关键技术：

1）光分组的产生（包括光分组的封装、复用与解复用技术等）。

2）报头的处理（识别、再生等）。

3）同步与时钟恢复技术。

4）光分组缓存技术。

5）光分组的压缩与解压缩技术。

6）路由选择与冲突解决。

7）大容量、高速光分组交换矩阵。

8）光分组的 QoS（包括业务控制、调度、保护与恢复、协议等）。

3. 光分组交换协议

光分组的 QoS 涉及功能配置、运行以及多个 OPS 互连、协调，业务控制、调度、保护与恢复等，这些均由 OPS 协议来保证。

（1）MAC 相关协议

保证 OPS 节点公平接入的 MAC 协议有 Simple 协议、S++协议、周期预留多址接入（Cycle Reservation Multiple Access，CRMA）协议和基于计数方式的 MAC 协议等。

（2）分组竞争的解决

由于在光域中没有类似电域中随机读取的 RAM 器件来解决多个分组在同一时隙竞争同一输出端口的问题，相应地产生了多种从时间上、空间上来考虑分组阻塞的解决方法。

一种措施是利用光纤延迟缓存受阻塞分组（一个或几个时隙），然后再发送。

另一种措施是对受阻塞的分组进行偏折路由，即先输出到空闲的节点，在经过迂回路径到达目的端口。它利用了网络连接的冗余度来解决资源缺乏。不过，由于被迂回的分组将引入不同的时延，造成到达目的端时的顺序可能被打乱，需要重新排序。因此，虽然这种方法实现简单，但不能提供理想的网络性能。

第三种措施是利用波长变换技术，让一个分组输出到正确的输出端口，其他受阻分组的波长被变换到其他不同的波长上，然后从同一输出端口输出。此种措施能弥补前两种措施的不足，还具备噪声控制和信号整形功能。

（3）光分组网的保护倒转

各种光分组局域/城域网络有不同的结构，如星形、环形和总线型结构等，它们基于不同的 MAC 方案。为防止因链路或节点失效对网络造成影响，需要采用相应的安全机制及其实现硬件。

7.2.6 复合型光交换

1. 各种光交换方式的比较

各种光交换方式在相关的光电子/光子材料、器件及其封装等技术的支持下，得以不断发展。通过以上对各种光交换技术的讨论，表 7-1 对它们的优缺点进行了比较和分析。

表 7-1 光交换方式的比较

类型	优点	缺点
时分光交换	1）能与现有光传输系统良好匹配构成全光通信网 2）与 WDM 相比，交换硬件减少，控制和管理简单 3）可利用光的高速处理能力，支持任意速率及任意格式的数据	1）光定时检测、同步及控制较难 2）硬件限制，仅能小规模集成（缺少成熟的高速光处理器件）
波/频分光交换	1）利用波长资源，光交换信号具有透明性 2）波长子通道传输速率独立 3）利用光频的宽带性，速率达 100Tbit/s 4）相对于其他光交换方式，交换硬件减少	1）器件开发难 2）同步与控制较困难
空分光交换	1）直接利用光波的宽带特性 2）能够以低速进行光交换 3）只采用光矩阵开关即可构成交换网 4）构成简单，易于实现（小容量集成）	1）实现大规模交换有困难 2）同步与控制困难
自由空间光交换	1）所需互联不用物理接触 2）无信号干扰和串音 3）有效利用空间维数 4）能以低速交换宽带信号 5）分辨率高	1）光机械封装技术困难 2）交换控制复杂
ATM 光交换	1）利用 ATM 方式，对信道统计复用 2）充分利用光频宽带特性 3）充分利用光纤系统的巨大潜力	1）程序庞大，控制复杂 2）机械封装技术困难
光分组交换	1）动态分配带宽 2）充分利用网络资源 3）高效、高速、透明 4）具有可升级性	1）新型光逻辑器件缺乏 2）控制复杂

2．复合型光交换方式分类

（1）空分+时分

通常对 OTDM 信号采用时分/空分的 MOS 方式，对于 WDM/OTDM 信号，也可以实现空分+时分的 MOS 方式。

（2）空分+波分

对多个波长复用的 WDM 信号采用波分/空分 MOS 方式。这种结构最简单，只需利用光开关、波分复用器/解复用器，进行适当的配置就能实现。

（3）时分+频分

对于 OTDM/OFDM 光信号可以实现时分+频分的 MOS 方式。

（4）时分+频分+空分

在时分+频分复合系统中再加入空分光交换方式，可进一步提高系统容量。

（5）光 ATM+TDM/WDM

该方式用来实现不同波长、不同时隙的 ATM 信元的 MOS 方式，由多级 WDM/OTM 转换、路由模块组成。

7.2.7 光突发交换

突发交换的概念在 20 世纪 80 年代的话音通信中就已被提出，它兼顾了电路交换和分组交换的优点。90 年代末期，此概念已经被扩展到光交换中，并形成了光突发交换（Optical Burst Switching, OBS）技术。近年来在 OBS 的系统结构、网络模型、实现技术等方面又有了不少研究进展，OBS 被认为是 IP over WDM 的一种探索，是下一代光网络的理想交换方式，它成为当前光交换领域的热点研究课题之一。

1．基本原理

光突发是 OBS 的交换单元，包括突发数据分组（Burst Data Packet，BDP）和突发控制分组（Burst Control Packet，BCP)。BDP 由数据分组串组成，可以是 IP 光分组、ATM 光信元、帧中继分组或比特流等。BCP 包含了 BDP 的路由信息及其长度、偏置时间、优先级、服务质量等信息。它与对应的 BDP 分别在不同的光信道中传输，并比 BDP 提前一个偏置时延τ。这里τ足够大，它能在没有光缓存或光同步的情况下，预留 BDP 所需的资源，使 BDP 到达节点之时，相应的光交换路径已建立，从而保证 BDP 的交换和传输。来自接入层不同用户的数据分组根据其目的地址和属性被分类、封装成突发包，其长度并不固定。它们在对应的 BCP 发送之后，无需等待目的节点的应答便能在事先配置好的链路中传输，到达不同的中间节点，在必要的地方进行路由判决或波长变换，并在其持续的周期内被传送至相应的端口或到达目的节点，这样就在光域中完成了 OBS。

2．特点

OBS 是在光分组交换技术的实用化受到限制的情况下产生的，被看做是 OCS 和 OPS 的折中方案，主要特点如下：

1）OBS 相对于 OPS 有较粗的交换粒度，即微秒（μs）量级，从而减少控制或处理开销。

2）OBS 的 BCP 与 BDP 分离传送与处理，降低了中间交换节点的复杂度以及对光器件的要求，且便于 OBS 的实用。

3）带宽单向预留，BDP 的发送不需要等待应答信号，与 OCS 相比大大减少等待时延。

4）BCP 为 BDP 在每个中间节点建立全光路径，即 BDP 是完全透明的，不经过任何光-电/电-光转换，避免出现电子瓶颈。

5）中间节点不需要光缓存，放宽了同步要求，避免了 OPS 需要大容量、高性能光 RAM 的问题，有利于 OBS 的应用。

6）BDP 从不同源节点到不同目的节点的传输采用统计复用方式，从而有效利用链路上相同波长的带宽，具有较高的带宽利用率。

表 7-2 对 OBS、OCS 和 OPS 的带宽利用率、时延和光缓存等性能作了简单比较。

表 7-2 OCS、OPS 和 OBS 的性能比较

光交换方式	交换粒度	带宽利用率	时延	光缓存	开销	复杂性	适用性
OCS	粗	低	高	不需要	低	低	弱
OPS	细	高	低	需要	高	高	强
OBS	适中	较高	低	不需要	低	中	弱

7.2.8 光标记交换

光标记交换技术是 IP 寻址、控制技术与光交叉连接、波长交换等技术的结合。它不像空分、时分、波分光交换是对承载用户数据（光负载）的子信道进行交换，而是通过提取、更换光包头标记来实现用户光信息的路由选择或交换。

光标记的产生、提取、识别与再生是光标记交换技术中的核心问题之一，通常以光调制（调幅、调频和调相）方式产生光标记，以光或电的方法处理光标记。以下是几种典型的技术方案。

1．副载波复用光标记

副载波复用（Subcarrier Multiplex，SCM）光标记的产生有电和光两种方法。电 SCM 首先需要在副载波上调制低速的标记信号，并将标记信号的频率搬移到用户数据信号的基带数据信号的频谱之外，再与基带数据（负载）信号复合成一路信号进行光调制，即光包头与光负载信号被复用在同一波长上进行传输。这需要保证基带信号的调制深度，即在保证其误码率要求的情况下控制光包头的功率。

这种 SCM 光标记技术的优点是光标记的产生、提取和识别较容易，不需要额外的波长信道资源，光包头与光负载之间不需要保护时间，同步较容易，可简化节点结构和网络控制操作，是最接近实用的一种光标记技术。其缺点是 SCM 光标记的调制对光负载有影响，在 $LiNbO_3$ 调制器中被混合、调制，产生的交互调制光在传输中由于光纤色散导致拍频干扰，这将严重影响光负载信号的传输特性，限制其传输距离。

2．联合调制光标记

联合调制光标记方法与 SCM 光标记方法类似，光包头与光负载信息被复用在同一波长上进行传输，只是光包头与光负载信息采用不同的调制格式，以便更容易在中间节点实现光包头与光负载信息的分离以及光包头标记信息的识别与更新。

3．时分复用光标记

时分复用（TDM）光标记表示的光包头与光负载（用户数据分组）在时间轴上组合起来，构成一定长度的光包。TDM 光标记包头信号在前，光负载信号在后，两者之间设置保护时间；在光包之间也设置了保护时间，目的是为光包的同步预留时间余量。

TDM 光标记的产生、提取和识别在原理上是简单、易实现的。它可以方便地与高速 OTDM 光时分复用网络耦合，但仅限于时隙同步网；在交换节点需要对光包进行同步对准，对同步的要求很高，这使得网络节点的结构、设计和控制等变得更为复杂。

4．专用波长光标记

专用波长光标记技术是对不同光包头的标记信息用同一波长作为载波，以时分复用方式将它们组合起来进行传送。而对应的光负载信息分别以另外的波长作为载波，并在各自的波长通道中传送。光包头标记中包含了对应光负载的偏置时延、载波波长等信息，它很容易被提取、识别。

专用波长光标记的优点在于光包头标记的产生、提取、识别与嵌入等技术成熟，不需要复杂的光同步，易于实现，适用于交换用户容量小（对应的光包头少）、偏置时延要求较低的大粒度光标记交换网络。而对于小粒度光标记交换网络而言，需要交换的用户容量大，光包头标记与光负载的时延精度要求提高，因此需要对这种专用波长标记方式进行改进。例如，利用两种或以上的波长作为光包头标记信息的载波，从而增加标记波长通道数。

5. 多波长光标记

多波长光标记方法是在 WDM 技术上发展而来的。它利用不同波长的光脉冲直接对光包头标记信息进行编码，其光包头与光负载在时间轴上一前一后，且在两者之间设置保护时间；而在频域中，这两者所用的波长处于同一 ITU-T 的波长标准范围内。这种光标记技术的优点是基于波长编码方式和光标记全光处理技术，适用于全光交换网络，缺点是占用波长资源较多。

6. 高强度光脉冲标记

高强度光脉冲标记技术是指光包头和光负载的信息分别以高、低强度的光脉冲表示，分别组成光包头和光负载，它们占据不同的时间段构成一个光包。光标记包头和光负载的脉冲来自同一时钟源，以相同的速率传输，因此它们可以利用同一波长或不同波长的激光器产生。这种光标记技术的优点是不占用信道资源，光标记的产生与提取容易；缺点是识别较困难。

7.2.9 智能光交换

将 IP 为核心的智能控制技术引入光交换网络中，可以有效地支持交换路由的动态连接与拆除，可基于流量工程、按业务分布模式动态地分配带宽资源，可在光层上直接承载各种通信业务，使网络结构简单化、扁平化，从而提供良好的网络保护和恢复功能。这就形成了本小节重点介绍的自动交换光网络（ASON）。

1. ASON 的体系结构

ASON 用以实现智能光交换，它与传统光网络的最大区别在于引入了智能化控制平面，可以提供自动发现资源、自动建立和拆除连接等功能。

ITU-T 提出的 ASON 体系结构模型如图 7-6 所示。ASON 体系结构在逻辑上分为控制平面（Control Plane，CP）、传送平面（Transmission Plane，TP）和管理平面（Management Plane，MP）共三个平面以及连接控制接口（Connection Control，CCI）、网络管理接口 A 与 T（NMI-A，NMI-T）、内部网络接口（I-NNI）、外部网络接口（E-NNI）、用户-网络接口（User-Network Interface，UNI）和物理接口（Physical Interface，PI）共 6 类接口。其中，CP 由分布于 ASON 中各个光交换设备内的控制网元组成，是整个 ASON 的核心，负责实时、动态的连接控制。

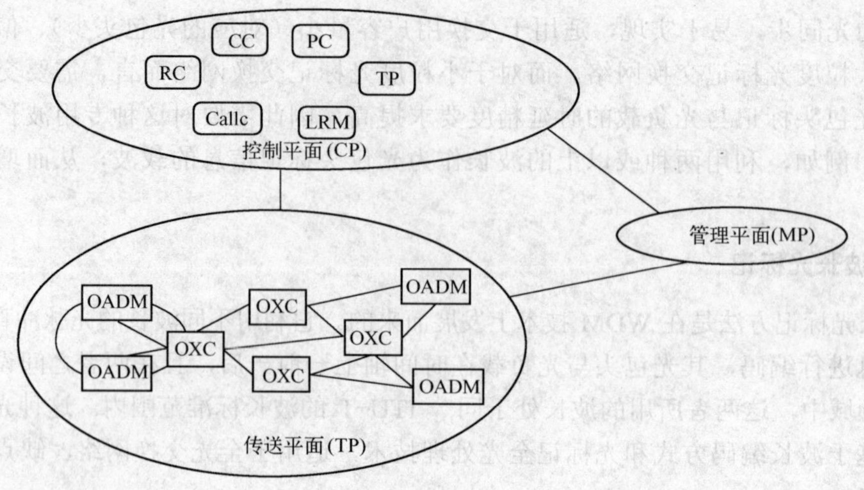

图 7-6　ASON 的体系结构模型

RC—路由控制　CC—连接控制　PC—协议控制　Callc—呼叫控制　TP—流量方案
LRM—链路资源管理　OXC—光交叉连接　OADM—光分插复用器

2．连接方式

图 7-6 所示的 ASON 是一种重叠网络模型，它可以根据用户的需求动态地建立业务通道。业务通道可以根据不同的连接请求对象及其不同的连接需求，提供 3 种类型的连接，即永久连接（Permanent Connection，PC）、交换连接（Switched Connection，SC）和软交换连接（SPC）。PC 的发起与维护全部由 MP 来完成，MP 在 TP 中为具体业务建立通道发出路由消息和信令消息，CP 在 PC 中并不起作用。SC 的发起与维护全部由 CP 来完成，即 CP 通过 UNI 接收到用户的连接请求，然后处理这个请求，在 TP 中为用户请求提供满足需求的具体光通道，并把结果报告给 MP，而 MP 在这种连接的建立过程中不直接起作用，只是接收从 CP 传来的连接建立消息。SPC 受控于 MP 和 CP，介于以上两种情况之间。MP 发出 SPC 的连接建立、拆除请求，而由 CP 发出指令来实现 TP 中具体资源的配置和连接建立。

3．ASON 的特点

智能化的 CP 为 ASON 提供了新的网络功能，带来了许多新的网络特征，主要集中在以下几个方面。

1）直接在光层上按需提供服务，能够适应网络拓扑结构的变化，可通过公共的 CP 加速服务，根据网络和相关服务的需要改变网络规模的大小，提供各种服务等级和保护机制。

2）建立通道的呼叫和连接这两个过程分离，减少了在中间连接控制节点上传送冗余的呼叫控制信息，减少了对信息和参数进行解码、翻译的时间。

3）具备实时地流量控制工程，能对网络资源、业务流量进行更加智能化的配置，根据数据流量类型实现其数据业务的分类。

4）具有智能化控制特点，能够动态、自动地完成端到端光通道的建立、拆除和修改，具有链路管理、连接接入控制和业务优先管理等功能，具备不同粒度的快速交换能力。

5）具备自动资源发现功能，使 ASON 的网元或终端系统能够确定它们是否正确地互相连接。

6）具备优良的网络生存性，实现对网络的强大保护和故障恢复能力。采用分布式的智能控制和管理、分布式恢复能力，可实现快速的业务恢复。

7）将光网络资源和数据业务分布自动地联系在一起，实现光层网元和数据网元的协调控制，并与传输的用户层信号比特率和协议相对独立，可支持多种用户层信号。

8）可提供按需的带宽业务、波长批发与租用、光虚拟专用网等新业务类型，具有优良的网络可扩展性和设备互连互通性。

7.3 光交换系统的核心器件

1. 光开关器件

光开关是构成 OXC、OADM 的主要器件。目前，制作光开关的技术主要有阵列波导光栅(Arrayed Waveguide Grating，AWG)、半导体光放(Semiconductor Optical Amplifier，SOA)开关、$LiNbO_3$ 声光开关(AOTS)和电光开关、MEMS、液晶光开关、喷墨气泡技术光开关和全息光开关等。

2. 光缓存器件

光缓存是光分组交换的关键技术，目前还没有全光的随机存储器，只能通过无源的光纤延时线(Fiber Delay Line，FDL)或有源的光纤环路来模拟光缓存功能。常见的光缓存结构有可编程的并联 FDL 阵列、串联 FDL 阵列和有源光纤环路。

3. 光逻辑器件

该类器件由光信号控制它的状态，用来完成各类布尔逻辑运算。目前，光逻辑器件的功能还比较简单，比较成熟的技术有对称型自电光效应（S-SEED）器件、基于多量子 DFB 的光学双稳器件和基于非线性光学的与门等。

4. 波长变换器

全光波长转换器是波分复用光网络及全光交换网络中的关键部件。波长转换器有多种结构和机制，目前研究较为成熟的是以 SOA 为基础的波长转换器，包括交叉增益饱和调制型（XGM SOA）、交叉相位调制型（XPM SOA）以及四波混频型波长转换器（FWM SOA）等。

7.4 纯光交换和电交换的比较

随着新技术的不断涌现，很多人预言纯光交换将会很快取代电交换在核心电信网络中的地位，但是仔细研究电交换和纯光交换技术后就会发现它们有着非常不同的特征，因此不存在后者完全取代前者的可能性。这两种技术将很可能共存于电信网络中。

1．光与电的比较

目前有两种技术能够满足光交换的广泛需求。这里的光交换是指用光纤传输信号的交换。举例来说，假设有一个 OC-48 或 OC-192 业务流要从旧金山通过光纤传送到纽约，从端局到端局之间的长途传输可采用 DWDM。但在每个端局中也需要信号指向下一条路径，包括指定到纽约使用的链路、光纤和波长。光交换可以通过纯光技术或电技术实现，纯光交换机可使用反射或折射效应来重定向光束。电交换机则是对从光信号中提取的电信号比特流进行处理。电交换可利用现有的多种交换机体系结构和技术。

纯光交换有显而易见的优点。光纤中承载的是光信号，当它们通过交换机时不必进行光-电转换。纯光交换机的另一个优点是，它的运行与光信号的传输速率无关，不管光纤中的信号速率是 2.488Gbit/s（OC-48）、9.953Gbit/s（OC-192）还是 40Gbit/s（OC-768）。对于光信号，交换机的作用只是把它加以反射而不考虑它的速率。正是根据这一特点，纯光交换机厂商宣称他们的设备能随传输速率而扩展。鉴于以上两个优点，人们对于纯光交换结构进行了大量的研究和商业投资。然而，纯光交换结构并不能完全满足光交换的需求。纯光交换在某种程度上说也有其局限性。例如，纯光交换机对于数据来说是透明的，这将会给业务量的管理带来困难。

2．电交换结构

当光纤从街道进入端局时，通常要先对光信号进行处理，包括信号放大、光性能监测以及将波长解复用到独立的物理光纤上。所有这些操作对于光交换方案来说都是通用的。下一步是将每一个长距 DWDM 信号送到转发器中，后者从长途侧接收光信号，产生一个电信号流，然后将其转换为一个短距（1310nm）光信号。转发器的主要功能是接收长距信号并将其转换为短距信号，这一短距信号在端局内被传送到光交换机。光交换机将短距信号转换为电信号后交换到另一端口，然后将其再转换为短距信号。实现这种转换的交换机被称为光-电-光（O-E-O）交换机。处理过程的最后一步是通过另一个转发器将短距信号再转换为长距信号并将其复用到光纤中。

在这种模型中，光交换机的主要功能是将一根光纤上的每一个输入波长连接到另一根光纤的一个不同的波长。一般说来，任何输入流都可通过交换被转移到任何光纤上的任何可用波长上。这是一种非常灵活的结构，它还能方便地执行信号的再生并允许对数据流进行 SONET 水平上的性能监测。这种体系结构的成本完全取决于光-电（O-E）转换。

3．纯光交换结构

长途网中所使用的纯光交换机有两种模型。在这一例子中，与电模型类似，第一步也是光信号处理。分离的波长被识别后便直接通过纯光结构被交换到输出端，然后这些波长在输出端经光信号处理被送到下一条链路进行传输。显然，这种模型几乎没有进行 O-E 转换，但它失去了一些关键功能。

全光模型主要有 3 个局限性，其中最重要的是输入波长和输出波长必须相同。在一个大型网络中，这很快就会产生问题。例如，在两个不同的输入光纤上的第 35 号通道都要求输出到同一根光纤时，由于在输出光纤中只能有一个第 35 号通道而无法实现。因此只有一个信号将会被允许通过，而另一个信号则不能使用相同的路由。这种现象称为波长阻塞。

这种简单模型的第二个问题是它不能在 SONET 层上完成性能监测。这一功能在光层不能被简单地复制。全光模型存在的第三个严重问题是它只能对整个波长进行交换。大多数运营商都希望能在他们的核心网中交换 OC-48 信号。如果光纤传输速率为 2.488Gbit/s（OC-48），那么交换是不成问题的。但是在现有的核心网中更常见的传输速率是 9.953Gbit/s（OC-192），这不是运营商所希望的传输粒度，当传输速率超过 9.953Gbit/s（OC-192）时情况会变得更困难。注意，此处忽略了在单一镜面上交换多个波长的例子。这属于不同的应用范畴。

7.5　光交换技术的发展趋势

1．智能自动化

智能自动交换光网络，即网络的管理和控制具有智能化的特点，能够动态、自动地完成端到端光通道的建立、拆除和修改，而且当网络出现故障时，应该能够根据网络拓扑信息、可用的资源信息、配置信息等动态指配最佳恢复路由。对这种技术的需求源自互联网容量的增长。容量的增长要求光交换层的交换能力不断增强，使之向更易于管理、更加灵活和更具有健壮性，同时业务分配和故障恢复也能够更快地自动完成并具有智能性的方向发展。近期，在组网技术方面的两项技术进展使得对光网络带宽的动态指配成为可能。首先是可重构型的光联网节点的开发成功，如光交叉连接器和光分插复用器，使得运营商动态支配带宽成为现实。另外，由于在 IP 路由器、ATM 交换机等设备中强化了新的流量技术和路由技术，使这些设备具有了动态决定增减带宽的能力。这两种技术的使用，为传统的光网络引入了智能控制和管理信令，从而使光网络具有了智能性和自动性，为发展按需分配带宽和买卖带宽的新型商业模式提供了条件。

2．全光交换

全光交换是指从波长到波长的转换，基于这种技术的光交换或波长路由器能使网络配置更灵活，使运营商可以在光骨干网中方便地提供 OC-1 到光波长的业务，把选路定位在波长上而不是光纤上，遇到故障可以自动恢复工作。由于无需 ATM 交换机、SONET ADM 和数字交叉连接器等设备，网络的结构将得到大大简化。近期在光网络的建设热潮中，运营商和制造商都显示出了对全光交换设备的浓厚兴趣，预计成熟的产品很快就能面世。

现代波分复用（WDM）、空分复用、时分复用和码分复用等复用技术的出现，丰富了光信号交换和控制的方式，使得全光网络的发展呈现出全新的面貌。专家认为，未来全光网络的主要构架可能就是以 WDM 技术为主导，结合 OTDM 和 OCDMA 技术。OTDM 技术可以使一个固定波长的光波携带信息量十几倍、几十倍地增长，OCDMA 则提供一种全光的接入方式。

3．光交换机多样化

目前，市场上出现的光交换机大多数是基于光电和光机械的，随着光交换技术的不断发展和成熟，基于热学、液晶、声学、微机电技术的光交换机将会逐步被研究和开发出来。

由光电交换技术实现的交换机通常在输入与输出端各有两个带有光电晶体材料的波导，

而最新的光电交换机则采用了钡钛材料，这种交换机使用了一种分子束取相附生的技术，与波导交换机相比，该交换机消耗的能量比较小。基于光机械技术的光交换机是目前比较常见的交换设备，该交换机通过移动光纤终端或棱镜来将线引导或反射到输出光纤，实现输入光信号的机械交换。光机械交换机交换速度为毫秒级，但它成本较低，设计简单和光性能较好，因此得到广泛应用。使用热光交换技术的交换机由受热量影响较大的聚合体波导组成，它在交换数据信息时，由分布于聚合体堆中的薄膜加热元素控制。当电流通过加热器时，它改变波导分支区域内的热量分布，从而改变折射率，将光从主波导引导向目的分支波导。热光交换机体积非常小，能实现微秒级的交换速度。

随着液晶技术的成熟，液晶光交换机将会成为光网络系统中的一个重要设备，该交换设备主要由液晶片、极化光束分离器、成光束调相器组成，而液晶在交换机中的主要作用是旋转入射光的极化角。当电极上没有电压时，经过液晶片的光线极化角为 90°，当有电压加在液晶片的电极上时，入射光束将维持它的极化状态不变。而由声光技术实现的光交换设备，因其中加入了横向声波，从而可以将光线从一根光纤准确地引导到另一根光纤，该类型的交换机可以实现微秒级的交换速度，可方便地构成端口较少的交换机，但它不适合用于矩阵交换机。

另外，市场上目前又开发了基于不同类型的特殊微光器件的光交换机，这种类型的交换机可以由小型化的机械系统激活，而且它的体积小、集成度高、可大规模生产，相信这种类型的交换机在生产工艺水平不断提高的将来，一定能成为市场的主流。

7.6 小结

本章主要介绍了光交换的定义、特点，光交换技术的主要分类，以及光交换系统的核心器件，同时还对纯光交换和电交换进行了比较，并就光交换技术的发展趋势进行了讨论。

光交换技术是指不经过任何光-电转换，在光域直接将输入光信号交换到不同的输出端。光交换系统主要由输入接口、光交换矩阵、输出接口和控制单元 4 部分组成。

目前，光交换技术可分为光的电路交换和光分组交换两种主要类型；根据交换对象的不同电路交换又可以分为时分光交换技术、波/频分光交换技术、空分（包括自由空间）光交换技术、码分光交换技术、ATM 光交换和复合型光交换；光分组交换系统根据对控制包头处理及交换粒度的不同，又可分为光分组交换技术、光突发交换技术、光标记分组交换技术和智能光交换。

光交换系统的核心器件主要有光开关器件、光缓存器件、光逻辑器件和波长变换器。

随着光交换技术的发展成熟，许多新的趋势不断涌现，例如智能自动化趋势、全光交换趋势和光交换机的多样化趋势，都吸引着人们进行更深入的研究。

7.7 习题

1. 光交换技术有哪些优点？
2. 试简析光分组交换的基本原理。
3. 对几种常用光交换技术的优缺点进行比较。

4．光交换系统的核心器件有哪些？

5．试讨论光交换技术发展的新趋势。

参考文献

[1] Ghan N, et al．On IP over WDM Integration．IEEE Comm[J]，2000，38(3)：72-84.

[2] 刘爱波，纪越峰. 基于信令控制的 ASON 分布式连接管理技术[J]. 中兴通讯技术，2004(6).

[3] Wei J Y, McFarland R I．Just-in-time Signaling for WDM Optical Burst Switching Networks．IEEE Journal of Lightwave Technology[J]. 2000，18(12)：2019-2037.

[4] 张杰，徐云斌，桂煊，等. 自动交换光网络 ASON[M]．北京：人民邮电出版社，2004.

[5] 桑新柱，余重秀，张琦，等. 基于多孔光纤的参量波长变换. 中国激光[J]. 2005(2).

[6] 余重秀. 光交换技术[M]．北京：人民邮电出版社，2008.

第8章

软交换技术

随着通信网络技术的飞速发展，人们对于宽带及业务的要求迅速增长。为了向用户提供更加灵活、多样的现有业务和新增业务以及更加个性化的服务，下一代网络（Next Generation Network，NGN）的概念应运而生。软交换技术是下一代通信网络解决方案中的焦点之一，已成为近年来业界讨论的热点话题。

8.1 软交换技术概述

8.1.1 软交换概念的提出及定义

软交换的概念最早起源于美国。在当时的企业网络环境下，用户采用基于以太网的电话，通过一套基于 PC 服务器的呼叫控制软件实现用户交换机功能（Private Branch eXchange，PBX）。对这一套设备，系统不需要单独铺设网络，仅需通过与局域网共享即可实现管理与维护的统一，综合成本远低于传统的 PBX。由于企业网环境对设备的可靠性、计费和管理要求不高，许多设备商都可提供此类解决方案，因此 IP PBX 的应用获得了巨大成功。受 IP PBX 的启发，业界提出了这样一种思想，即将传统的交换设备部件化，分为呼叫控制与媒体处理，二者之间采用标准协议（MGCP、H.248 等）且主要使用纯软件进行处理，这就是软交换技术的概念。

软交换概念一经提出，很快便得到了业界的广泛认同和重视，国际软交换协会（International Softswitch Consortium，ISC）的成立更加快了软交换技术的发展步伐，软交换相关标准和协议得到了 IETF、ITU-T 等国际标准化组织的重视。ISC 对软交换的定义为："软交换是提供呼叫控制功能的软件实体"。我国信息产业部电信传输研究院对软交换的定义为："软交换是网络演进以及下一代分组网络的核心设备之一，它独立于传送网络，主要完成呼叫控制、资源分配、协议处理、路由、认证、计费等主要功能，同时可以向用户提供现有电路交换机所能提供的所有业务，并向第三方提供可编程能力"。

软交换的基本含义就是将呼叫控制功能从媒体网关（传输层）中分离出来，通过软件实现呼叫传输与呼叫控制的分离，为控制、交换和软件可编程功能建立分离的平面。软交换主要提供连接控制、翻译和选路、网关管理、呼叫控制、带宽管理、信令、安全性和呼叫详细记录等功能。与此同时，软交换还将网络资源、网络能力封装起来，通过标准开放的业务接口和业务应用层相连，可方便地在网络上快速提供新的业务。

8.1.2 软交换的主要特点

软交换的出发点是"网络就是交换"，其核心思想基于功能分层概念，对交换所包含的各种功能作不同程度的集成，将其分离在网络中不同类型的网元上，再通过标准化协议将这些网元进行连接和通信，从而使业务和网络可以独立发展，灵活提供业务和应用。软交换具有如下特点。

1．分离性

软交换的最大特点是业务与控制分离，传送与接入分离。软交换技术将呼叫控制功能从媒体网关中分离出来，把应用层和控制层与核心网络完全分开。分离的目标是使业务真正独立于网络，灵活有效地实现业务的提供。

2．开放性

软交换采用开放式应用程序接口（Application Programming Interface，API），简化了信令结构和控制的复杂性。软交换系统中各功能实体之间通过标准开放的协议进行连接和通信，能够实现多厂家合用的系统结构，可以方便地引入各种新业务。软交换提供业务的主要方式是通过 API 与“应用服务器”配合以提供新的综合网络业务。

3．灵活性

软交换系统可以根据需要放置在网络的任意位置，并根据系统容量灵活配置，网络智能可以集中，也可以分布。

4．互通性

通过媒体网关、中继媒体网关、信令网关等各种网关设备，可以实现软交换网络与现有公共电话网、IP 网等网络的互通，有效地延续原有网络的业务和设备等资源。

5．综合性

软交换集话音、数据、视频等多媒体业务于一体，实现了话音、数据、视频在传输与业务上的融合和统一。

6．经济性

软交换采用开放式软件应用平台，其呼叫控制功能由服务器或网元上的软件来实现，用普通的计算机器件即可，而传统的电路交换要采用交换机完成呼叫控制功能。采用软交换设备的组网方式与采用电路交换机的组网方式相比，性价比较高，可大幅度降低网络建设与运营成本。

8.1.3 软交换与 NGN 的关系

下一代网络（Next Generation Network，NGN）是一个建立在 IP 技术基础上的新型公共电信网络，能够容纳各种形式的信息。在统一的管理平台下，实现音频、视频、数据信号的传输和管理，提供各种宽带应用和传统电信业务，是一个真正实现宽带窄带一体化、有线无线一体化、有源无源一体化、传输接入一体化的综合业务网络。

NGN 要求具有开放的电信业务平台，其开放性主要体现在两点：

- 一是业务可扩充性。在传统的电信网络上，接入控制、媒体传输控制、呼叫处理、智能业务、应用业务和业务运营是靠不同的业务平台和协议完成的，NGN 将这些功能和业务在同一平台上垂直集成，以便可以灵活地扩充电信业务。
- 二是业务的交换性。电信业务由模块组成，任何业务都可以通过增加模块的方式实现新的业务，这样有利于用户业务的个性化。

狭义上的软交换指软交换机，是 NGN 基于软件提供呼叫控制的功能实体，为 NGN 提供具有实时性要求业务（如话音、数据和视频等业务）的呼叫控制和连接控制功能，是 NGN 呼叫与控制的重要组成部分。广义的软交换泛指一种体系结构，利用该体系结构可以建立 NGN 框架，主要由软交换设备、信令网关、媒体网关、应用服务器、综合接入设备等组成。综合软交换的定义，软交换技术是实现新一代多种通信业务的核心技术，其核心思想是硬件软件化，通过软件来实现传统交换机的控制接续和业务处理等功能，各实体间通过标准协议进行连接和通信。软交换的这些特点满足 NGN 的需求，能在 NGN 中更快地实现各类复杂的协议，更加方便灵活地提供业务。

8.2　软交换的功能及支持的业务

8.2.1　软交换的功能

软交换是多种逻辑功能实体的集合，它提供综合业务的呼叫控制、连接和部分业务功能。其主要功能表现在以下几个方面。

1．媒体网关接入功能

媒体网关是接入到 IP 网络的一个端点/网络中继或几个端点的集合，是分组网络和外部网络之间的接口设备，提供媒体流映射或代码转换的功能。例如，PSTN/ISDN IP 中继媒体网关、ATM 媒体网关、用户媒体网关和综合接入网关等，支持 MGCP 和 H.1248/MEGACO 协议来实现资源控制、媒体处理控制、信号与事件处理、连接管理、维护管理、传输和安全等多种复杂的功能。

2．呼叫控制和处理功能

软交换可以为基本业务/多媒体业务呼叫的建立、保持和释放提供控制功能，包括呼叫处理、连接控制、智能呼叫触发检出和资源控制等。支持基本的双方呼叫控制功能和多方呼叫控制功能，多方呼叫控制功能包括多方呼叫的特殊逻辑关系、呼叫成员的加入/退出/隔离/旁听等。

3．业务提供功能

软交换能够实现 PSTN/ISDN 交换机所提供的全部业务，包括基本业务和补充业务。此外，还应与现有的智能网配合提供智能网业务，也可以与第三方合作，提供多种增值业务和智能业务。

4．业务交换功能

业务交换功能与呼叫控制功能相结合，提供呼叫控制功能和业务控制功能（Service Control Functionality，SCF）之间进行通信所要求的一系列功能。业务交换功能主要包括如下内容：

1）业务控制触发的识别以及与 SCF 之间的通信。

2）管理呼叫控制功能和 SCF 之间的信令。

3）按要求修改呼叫/连接处理功能，在 SCF 控制下处理智能业务请求。

4）业务交互作用管理。

5．互联互通功能

在现有网络向 NGN 的发展演进中，不可避免地要实现 NGN 与现有网络的协同工作、互联互通、平滑演进。

6．协议功能

软交换是一个开放的、多协议的实体，因此必须采用各种标准协议与各种媒体网关、应用服务器、终端和网络进行通信，最大限度地保护用户资源并充分发挥现有通信网络的作用。这些协议包括 H.323、SIP、H.248、MGCP、SIGTRAN、RTP、INAP 等。

7．资源管理功能

软交换应提供资源管理功能，对系统中的各种资源进行集中管理，如资源的分配、释放、配置和控制，资源状态的检测，资源使用情况统计，设置资源的使用门限等。

8．计费功能

软交换应具有采集详细话单及复式计次功能，并能够按照运营商的需求将话单传送到相应的计费中心。

9．认证与授权功能

软交换应支持本地认证功能，可以对所管辖区域内的用户、媒体网关进行认证与授权，以防止非法用户/设备的接入。同时，它应能够与认证中心连接，并可以将所管辖区域内的用户、媒体网关信息送往认证中心进行接入认证与授权，以防止非法用户、设备的接入。

10．地址解析功能

软交换设备应可以完成 E.164 地址至 IP 地址、别名地址至 IP 地址的转换功能，同时也可以完成重定向的功能。对于号码分析和存储功能，要求软交换支持存储主叫号码 20 位，被叫号码 24 位，而且具有分析 10 位号码然后选取路由的能力，具有在任意位置增、删号码的能力。

11．话音处理功能

软交换设备应可以控制媒体网关是否进行话音信号压缩，并提供可以选择的话音压缩算法，算法应至少包括 G.729、G.723.1 算法，可选 G.726 算法。同时，可以控制媒体网关是否采用回声抵消技术，并可对话音包缓存区的大小进行设置，以减少抖动对话音质量带来的影响。

8.2.2 软交换支持的业务

按照软交换业务实现方式的不同，可将其划分为 4 种，即基本业务、补充业务、智能网业务和开放式业务。

1．基本业务和补充业务

基本业务是最基本的呼叫/会话连接控制业务，由软交换机本身来完成，是其他业务的基础；补充业务指原 PSTN 中已定义的附加业务，由软交换机本身来完成，但需内置数据库设定用户的业务特性和权限。

2．智能网业务

软交换与智能网互通提供智能网相关业务，软交换机通过信令网关（Signaling

Gateway，SG）采用智能网应用协议 INAP 为用户提供智能网基本业务和扩展业务。软交换系统提供的智能网业务主要包括记账卡呼叫业务（200、300 业务）、被叫集中付费业务（800 业务）、虚拟专用网业务、通用个人通信业务、大众呼叫业务、电话投票业务、广域集中用户交换业务、号码携带业务等。

3．开放式业务

开放式业务指通过 API，由第三方业务提供商提供的各种增值业务。目前，软交换能提供的业务主要包括：话音与数据相结合的业务，如 Internet 呼叫等待业务、点击拨号业务、点击发送传真业务、H.323/SIP 用户点击 800 业务、话音短信、话音收发电子邮件、话音 QQ、话音方式访问 Internet 上的信息等；各种多媒体应用业务，如会话型多媒体应用业务、信息交互类业务、多媒体采集类业务等；用户个性化业务，指用户能够通过用户终端或系统提供的网页定制自己的业务实现方式、业务特征和相关的业务信息。

8.3 软交换的体系结构及主要设备

8.3.1 软交换的体系结构

软交换的体系结构按功能可分为 4 层，即媒体/接入层（边缘层）、传输层、控制层和业务/应用层，如图 8-1 所示。

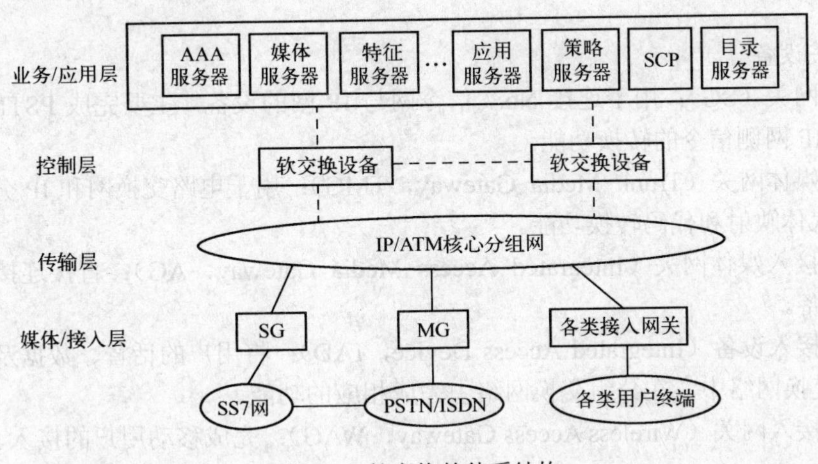

图 8-1 软交换的体系结构

1．媒体/接入层

媒体/接入层的主要功能是提供丰富的接入手段，将各种不同的网络和终端接入软交换网中，并实现不同信息格式之间的转换，最后把业务量集中利用公共的传输平台传输到目的地。

2．传输层

传输层主要是为业务媒体流和控制信息流提供统一的、保证 QoS 的高速分组传输平台，其任务主要是将软交换网各网元（如接入层的各种媒体网关、控制层的软交换机、业务应用层的各种服务器平台等）连接起来。软交换网的各网元间，采用 IP 数据包传输各种控制信息和业务数据信息。

3．控制层

控制层完成各种呼叫控制功能，主要包括呼叫控制、业务提供、业务交换、资源管理、用户认证等，并负责相应的业务处理信息的传输，是软交换体系的呼叫控制核心。

4．业务/应用层

该层是软交换体系的最高层，主要功能是在纯呼叫建立之上为用户提供附加增值业务，同时提供业务和网络的管理功能。此外，业务层还与负责业务相关的管理功能，如业务认证和业务计费等，同时提供开放的第三方可编程接口，便于引入新型业务。

8.3.2 软交换的主要设备

1．接入层设备

接入层设备包括各种不同的网络、终端设备以及各种将它们接入软交换系统的网关设备。

（1）网络

网络包括 PSTN、PLMN、ATM、帧中继网等。

（2）终端设备

终端设备包括传统分组终端、模拟电话终端、SIP/H.323/MGCP、IP 终端、用户智能终端等。

（3）网关设备

1）信令网关（SG）：用于连接 No.7 信令网与 IP 网的设备，主要完成 PSTN/ISDN 侧的 No.7 信令与 IP 网侧信令的转换功能。

2）中继媒体网关（Trunk Media Gateway，TMG）：用于电路交换网和 IP 分组网之间的网关，提供媒体映射和代码转换功能。

3）综合接入媒体网关（Integrated Access Media Gateway，AG）：直接连接用户终端和 V5 接入网设备。

4）综合接入设备（Integrated Access Device，IAD）：将用户的话音、数据及视频等应用接入到分组交换网络中，在分组交换网络中完成相应的功能。

5）无线接入网关（Wireless Access Gateway，WAG）：完成移动用户的接入。

2．传输层设备

目前，传输层由基于 DWDM 光传送网连接骨干 ATM 交换机和/或骨干 IP 路由器构成。

3．控制层设备

该层的主要设备称为软交换设备，提供各种业务的呼叫控制、连接以及部分业务提供。软交换设备与各种媒体网关、终端、应用服务器、其他软交换设备间采用标准协议相互通信。

4．应用层设备

应用层采用开放、综合的业务应用平台，利用应用服务器为用户提供各种增值业务，同时提供相应业务的生成和环境的维护。下面介绍业务应用层的主要设备。

（1）应用服务器

应用服务器负责提供业务执行环境，为接入软交换网络的用户提供增值的智能业务和各种个性化的业务。

（2）特征服务器

特征服务器用于提供与呼叫过程密切相关的一些功能，如呼叫等待、快速拨号、在线拨号等，其提供的特性通常与某一类特征有关。

（3）策略服务器

通过 COPS 协议与软交换系统的各个组件进行通信实施策略管理，根据业务需求以及特性分配标签、控制接纳等，能够为不同业务流保证 QoS，满足用户日益个性化的业务需求。

（4）认证、授权和计费服务器（Authentication、Authorization、Accounting，AAA）

认证、授权和计费服务器负责提供用户的认证、管理、授权和计费功能。

（5）目录服务器

目录服务器为用户提供各种目录查询功能，通过数据库查询多种信息，如地址、电话号码、邮政编码、火车时刻、购物指南等。

（6）数据库服务器

数据库服务器负责存储网络配置和用户数据。

（7）业务控制点（Service Control Point，SCP）

SCP 是基于 No.7 信令网与智能网的概念，用于存储用户数据和业务逻辑，主要功能是接收查询信息并查询数据库、进行各种译码、启动不同的业务逻辑、实现各种智能呼叫。

（8）网络管理服务器

网络管理服务器提供所有软交换框架体系下设备的网络管理功能。

（9）媒体服务器

软交换网络中提供专用媒体资源功能的独立设备，在软交换或应用服务器的控制下，提供各种业务所需的媒体资源，包括 DTMF 信号的采集与解码、信号音的产生与发送、录音通知的发送、会议、不同编解码算法间的转换等各种资源功能以及通信功能和管理维护功能。

8.4 软交换的接口

作为 NGN 中的核心设备，软交换要与网络中很多的功能实体进行交互。为了便于网络各部件的独立发展，软交换技术与其他功能实体间必须采用标准的、开放的接口及各种协议。根据软交换分层结构，软交换与各层之间的接口主要分为以下几种类型。

（1）软交换与媒体网关间的接口

该类接口用于软交换技术对媒体网关的承载控制、资源控制及管理，可使用媒体网关控制协议 MGCP 或 H.248/Megaco 协议。

（2）软交换间的接口

该类接口可采用 SIP-T 或承载无关呼叫控制 BICC 协议，用于不同软交换间的交互。

BICC 协议由 ITU-T 提出，由于其与 No.7 信令（SS7）网的高度兼容性而成为多数运营商的首选。SIP-T 协议由 IETF 提出，其优点是扩展能力强，也将作为 NGN 软交换间的可选接口。目前 SIP-T 要解决的问题是其自身的稳定性和与 SS7 网络的互通。

（3）软交换与应用服务器之间的接口

该类接口提供对第三方应用和各种增值业务的支持。目前被广泛接受的接口协议是 SIP，软交换作为应用服务器前端的 SIP 代理。该接口也可以使用 API，如 ParlayAPI 等。另外一种趋势是使用 SIP-S 协议。

（4）软交换与策略服务器之间的接口

该类接口提供对网络设备的工作进行动态干预的功能，可使用公共开放策略服务协议 COPS。

（5）软交换与信令网关间的接口

该类接口用于传递软交换技术和信令网关间的信令信息，一般采用信令控制传输协议 SCTP。根据被传送的信令信息的不同，在 SCTP 之上可以使用不同的 SIGTRAN 协议栈，如 SCTP/M3UA、SCTP/M2UA、SCTP/IUA 等。

（6）软交换与媒体服务器之间的接口

该类接口协议一般采用 MGCP、H.248。软交换技术可以通过 SIP 来引导媒体服务器提供必要的媒体交互功能；也可以通过 SIP 或 H.323 将呼叫传送到应用服务器，应用服务器接受该呼叫，并驱动媒体服务器提供必要的媒体交互功能。

（7）软交换与 SIP 代理间的接口

该类接口用于 SIP 代理的接入，采用协议 SIP。

（8）软交换与网管服务器之间的接口

该类接口用于提供网络管理功能，可使用简单网络管理协议 SNMP。

（9）软交换与计费中心、数据库、目录服务器之间的接口

该类接口提供对数据库、目录服务等的访问，并向计费中心提供计费信息等。该类接口为各种 API。

（10）软交换与智能网业务控制点间的接口

该类接口提供对现有智能业务的支持能力，可采用现有的智能网应用协议，如 INAP、CAMEL。

（11）软交换与网守之间的接口

该类接口用于基于 H.323 的 IP 电话系统的网守设备接入软交换体系，可采用 H.323 的登记、接纳和状态 RAS 协议。

8.5 软交换的标准协议

8.5.1 软交换协议概述

软交换网络是一个开放式、分布式、多协议的网络架构体系，必须采用标准的协议和接口与各种媒体网关、终端和其他网络进行通信。软交换的标准协议与软交换各层之间的关系如图 8-2 所示。

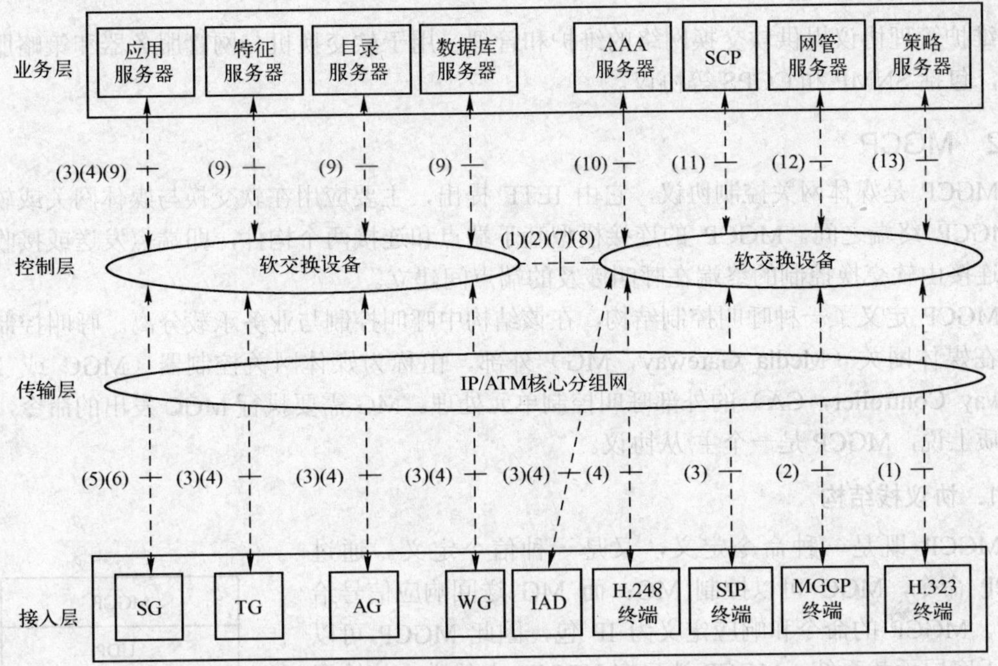

图 8-2 软交换的标准协议与软交换各层之间的关系

软交换体系涉及的协议非常多，包括 H.248、SCTP、ISUP、TUP、INAP、H.323、RADIUS、SNMP、SIP、M3UA、MGCP、BICC、PRI、BRI 等。国际上，IETF、ITU-T 等组织对软交换及协议的研究工作一直起着积极的主导作用，许多关键协议都已制定完成或趋于完成。

1．媒体网关控制协议

媒体网关控制协议用于软交换对媒体网关的承载控制、资源控制及管理，用在软交换机与各种媒体网关及相应终端之间，包括 H.323、SIP、MGCP 和 H.248/Megaco 等协议。

2．信令控制协议

信令控制协议用于传递软交换和信令网关间的信令信息，用于软交换机与信令网关之间，包括 SCTP 和 SIGTRAN 等协议。

3．软交换间协议

软交换间协议实现不同软交换间的互通，用于软交换机与软交换机之间，包括 H.323、SIP、BICC、SIP-T/SIP-I 等协议。

4．业务应用协议

业务应用协议提供访问各种数据库、第三方应用平台、各种功能服务器等的接口，实现对各种增值业务、管理业务和第三方应用的支持，用在软交换机与应用层之间，有 Parlay、JAIN、INAP、CAMEL、MAP、RADIUS 等协议。

5．维护管理协议

维护管理协议提供软交换网络的维护和管理，用于软交换机与网管服务器和策略服务器之间，包括 SNMP 和 COPS 等协议。

8.5.2　MGCP

MGCP 是媒体网关控制协议，它由 IETF 提出，主要应用在软交换与媒体网关或软交换与 MGCP 终端之间。MGCP 的连接模型基于端点和连接两个构件，即端点发送或接收数据流；连接由软交换控制的终端在呼叫涉及的端点间建立。

MGCP 定义了一种呼叫控制结构，在该结构中呼叫控制与业务承载分离。呼叫控制功能独立在媒体网关（Media Gateway，MG）外部，由称为媒体网关控制器（MGC 或 Media Gateway Controller，CA）的外部呼叫控制单元处理。MG 需要执行 MGC 发出的命令，所以从本质上说，MGCP 是一个主/从协议。

1．协议栈结构

MGCP 既是一种命令定义，又是一种信令定义。通过 MGCP 命令，MGC 可以控制 MG；而 MG 送回响应信号给 MGC。MGCP 的命令和响应定义为 IP 包，因此 MGCP 可以独立于底层承载系统。MGCP 消息在 UDP/IP 上传递，传输层协议为 UDP，网络层协议为 IP。MGCP 的协议栈结构如图 8-3 所示。

MGCP
UDP
IP
MAC

图 8-3　MGCP 的协议栈结构

2．协议消息类型

MGC 和 MG 之间共有 9 种 MGCP 消息，当消息发送到 MG 或 MGC 时，称之为命令；当命令的证实消息从 MG 或 MGC 送回时，称之为响应，命令和响应是不可分的。

（1）命令

MGCP 命令的名称和含义见表 8-1，包括连接处理和端点处理命令。

表 8-1　MGCP 命令的名称和含义

命令名称	代码	含义
EndpointConfiguration	EPCF	MGC→MG，端点配置命令，用来规定在端点上接收的信号的编码。呼叫代理使用该命令将这些信息传给相应的网关
NotificationRequest	RQNT	请求网关监视某端点发生的某些事件，如发生则通知呼叫代理
Notify	NTFY	MG→MGC，网关用此命令通知呼叫代理，请求监视的某些事件已发生
CreateConnection	CRCX	MGC→MG，呼叫代理用此命令将某端点与指定的 IP 地址和 UDP 端口关联。另外还需要向远端端点发送一个创建连接命令，这样才能建立两个端点间的连接
ModifyConnection	MDCX	MGC→MG，修改先前建立连接的参数，呼叫代理用该命令将第二个端点的“会话描述”提供给第一个端点。一旦该过程完成，双方可以进行双向通信
DeleteConnection	DLCX	MGC→MG，删除先前建立的连接
AuditEndpoints	AUEP	MGC→MG，呼叫代理用此命令获得某端点或一组端点的详细信息
AuditConnection	AUCX	MGC→MG，呼叫代理用此命令获得某端点上某连接的详细信息
RestartInProgress	RSIP	MG→MGC，网关用此命令告知某端点退出服务或投入服务

（2）响应

所有的 MGCP 命令都要接收者回送响应。响应码为一整数，有如下 4 个取值范围：

- 100～199 表示临时应答。
- 200～299 表示命令成功完成。
- 400～499 表示命令执行时遇到一个临时性的错误。
- 500～599 表示命令执行时遇到一个永久性的错误。

是否返回应答参数，依赖于特定的命令。目前已经定义的 MGCP 响应码见表 8-2。

表 8-2　MGCP 响应码

响 应 码	响应码含义
100	事务正在被处理。其后会产生一个真实的完成消息
200	请求的事务已经被正常执行
250	连接被删除
400	由于突发错误，不能执行该事务
401	电话已经摘机
402	电话已经挂机
403	由于此时端点没有充足的资源，不能执行该事务
404	该时带宽不足
500	由于端点未知，该事务不能被执行
501	由于端点未就绪，该事务不能被执行
502	由于端点没有充足的资源，该事务不能被执行
510	由于检查到协议错误，该事务不能被执行
511	由于命令中包含不能识别的扩展名，该事务不能被执行
512	由于网关没有配置检查请求事件的能力，该事务不能被执行
513	由于网关没有配置产生请求信号的能力，该事务不能被执行
514	由于网关不能发送指定的通知音，该事务不能被执行
515	该事务涉及到一个错误的连接标识（该连接可能已经被删除）
516	该事务涉及到一个错误的呼叫标识
517	不支持或者无效的模式
518	不支持或者未知的消息包
519	端点不存在数字表收号方式
520	由于端点“正在重启”，该事务不能被执行
521	端点已经被重定向到其他呼叫代理
522	没有该事件或者信号
523	未知的动作或者非法的动作组合
524	LocalConnectionOptions 的内部不一致性
525	LocalConnectionOptions 中的未知的扩展名
526	带宽不够
527	缺少 RemoteConnectionDescriptor
528	不兼容的协议版本
529	内部硬件故障
530	CAS 信令协议错误
531	中继群故障（如设备故障）

3．基本控制流程

（1）网关注册流程

网关注册流程如图 8-4 所示。

1）MG 向 MGC 发起 RSIP 命令，汇报 MG 已经加载完成或重启动，请求向 MGC 注册。

2）MGC 响应 MG 的注册请求。

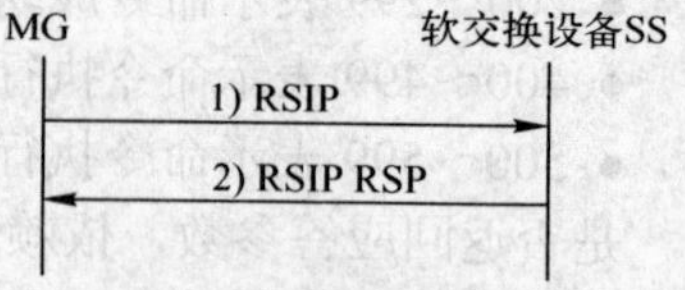

MG 软交换设备SS
1) RSIP
2) RSIP RSP

图 8-4 网关注册流程

（2）成功的终端呼叫流程

在同一 MG 下：

由于流程过于繁琐，为简洁明了将一些请求和回应合并在同一步骤中进行描述。

1）SS 给 E_1 发送 RQNT 命令，请求其对该端点的摘机事件进行监控。网关确认命令。网关监控这一事件直到 E_1 的用户摘机。

2）用户 A 摘机后，E_1 给 SS 发出 NTFY 命令，其中包含被监控端点发生的摘机事件消息。SS 应对 E_1 发出的信息进行确认。

3）SS 给 E_1 发 RQNT 命令，要求它根据拨号方案收集拨打的号码并送拨号音。E_1 确认命令并同时给用户 A 送拨号音。

4）E_1 根据 3）的拨号方案接收号码。收齐所有号码后，E_1 发出 NTFY 命令通知 SS。SS 确认命令。

5）SS 与 E_1 创建连接。端点确认命令并返回本端点的连接信息。

6）SS 与 E_2 创建连接。端点确认命令并返回本端点的连接信息。

7）SS 请求网关给用户 B 放振铃音。网关确认该请求，同时给用户 B 放振铃音。

8）SS 请求网关给用户 A 送回铃音。网关确认该请求，同时给用户 A 放回铃音。

9）用户 B 摘机。网关通知该事件给呼叫代理。

10）SS 向 E_2 发 MDCX 命令要求修改连接，该命令携带 E_1 的一些连接参数。E_2 确认收到该命令。同时，它将修改连接并停送回铃音。

11）SS 向 E_1 发 MDCX 命令要求修改连接，该命令携带 E_2 的一些连接参数。E_1 确认该命令。用户 A 和用户 B 开始通话。

12）用户 B 挂机，E_2 发 NTFY 命令给 SS。SS 确认该命令。

13）SS 向 E_2 发送 MDCX 命令。

14）SS 向 E_2 发送 DLCX 命令，请求删除先前建立的连接。E_2 确认该命令。

15）SS 向 E_1 发送 DLCX 命令，请求删除先前建立的连接。E_1 确认该命令，同时给用户 A 送忙音。

16）SS 向 E_2 发送 RQNT 命令。请求网关检测 E_2 随后发生的事件和信号。

17）用户 A 挂机，E_1 发 NTFY 命令通知该事件给 SS。

18）SS 向 E_1 发 RQNT 命令。请求网关检测 E_1 随后发生的事件和信号。

在不同 MG 下：

两个电话用户在同一个 SS 控制下的不同 MG 之间的成功呼叫流程与图 8-5 基本相同，其中端点 E_1 改为 MG_1，端点 E_2 改为 MG_2。假设用户 A 为主叫，用户 B 为被叫，被叫先挂机。

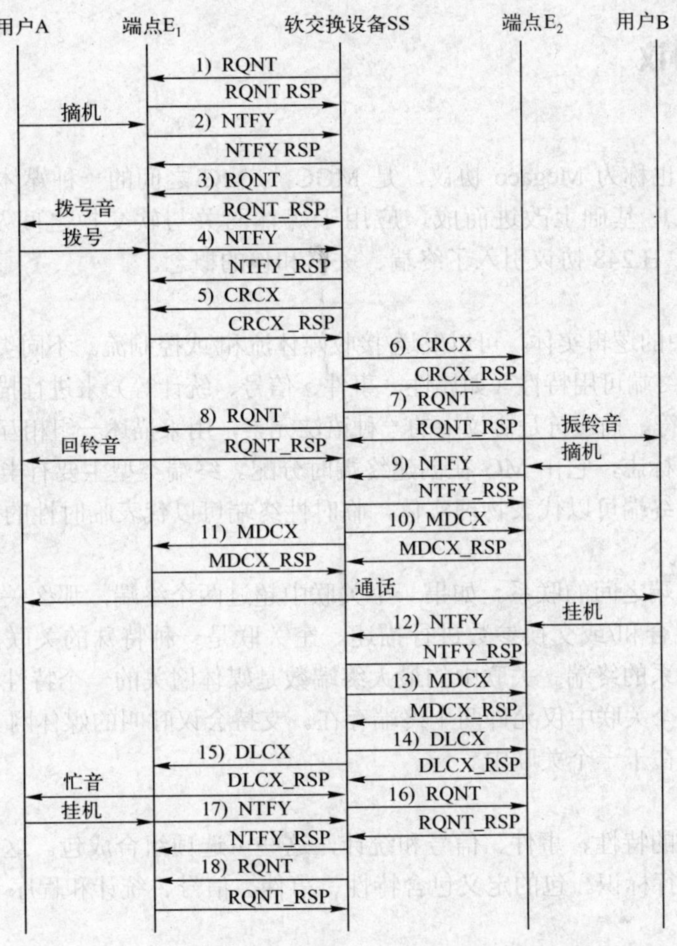

图 8-5 同一 MG 下的两个端点之间的 MGCP 呼叫流程示例

不同 MG 下的两个端点之间的 MGCP 呼叫流程有助于更好地理解 CRCX、MDCX 等命令及其响应，这里仅对事件 5)，6)，10)，11）进行说明，其余事件和图 8-5 的说明基本相同。

5）SS 向 MG_1 发出 CRCX 命令，指示它创建连接。网关创建连接后，发 CRCX_RSP 响应 SS，该响应中包含一些连接参数以描述本网关 MG_1 的连接信息。

6）SS 向 MG_2 发出 CRCX 命令，指示它创建连接。网关创建连接后，发 CRCX_RSP 响应 SS，该响应中包含一些连接参数以描述本网关 MG_2 的连接信息。

10）SS 向 MG_2 发 MDCX 命令要求修改连接。该命令携带 MG_1 的一些连接参数，即 MG_1 CRCX_RSP 响应中携带的参数，然后，连接方式改变为接收/发送方式。MG_2 给 SS 发 MDCX_RSP 响应，其中携带本网关（MG_2）的连接信息。

11）SS 向 MG_1 发 MDCX 命令要求修改连接。该命令携带 MG_2 的一些连接参数，即 MG_2 CRCX_RSP 响应中携带的参数，然后，连接方式改变为接收/发送方式。MG_1 给 SS 发 MDCX_RSP 响应，其中携带本网关（MG_1）的连接信息。

8.5.3 H.248 协议

1. 基本概念

H.248 协议，也称为 Megaco 协议，是 MGC 与 MG 之间的一种媒体网关控制协议，它是在早期的 MGCP 基础上改进而成，应用于媒体网关与软交换之间及软交换与 H.248/Megaco 终端之间。H.248 协议引入了终端、关联和包的概念。

（1）终端

终端是 MG 中的逻辑实体，可以发送/接收媒体流和/或控制流。不同类型的网关可以支持不同类型的终端，终端可用特性（如属性、事件、信号、统计等）来进行描述，由这些特性可以组成一系列描述符。描述符是协议中的一种语法元素，用来描述一组相互联系的特性。

终端有唯一的标志，它由 MG 在创建终端时分配。终端类型主要有半永久性终端和临时性终端，半永久性终端可以代表物理实体，临时性终端可以代表临时性的信息流。

（2）关联

关联为一组终端之间的联系。如果一个关联中超过两个终端，那么关联就对终端之间的拓扑结构和媒体混合和/或交换参数进行描述。空关联是一种特殊的关联，它包含所有那些与其他终端没有联系的终端。关联中的最大终端数是媒体网关的一个特性，仅支持点到点连接的媒体网关在每个关联中仅允许两个终端存在。支持会议呼叫的媒体网关可以允许 3 个或更多的终端同时存在于一个关联中。

（3）包

终端具有可选的特性、事件、信号和统计，这些可选项组合成包。这些项以及包含的参数分别由标识符进行标识。包的定义包含特性、事件、信号、统计和程序 5 部分。表 8-3 列出了几类常用的包。

表 8-3 包分类列表

包　名	中文名	包 ID	含　义
Generic	通用包	g	常见项目里都会用到通用包
Base Root Package	基础根包	root	该包定义了网关范围内的属性
Tone Generator Package	音生成器包	tonegen	该包定义了生成放音的各种信号。基于扩展性的考虑，该包没有指定参数值
Tone Detection Package	音检测包	tonedet	该包定义了用于音检测的各种事件。各种音通过其名称（放音 ID）来选择
Basic DTMF Generator Package	基本 DTMF 生成器包	dg	该包将基本的 DTMF 音定义成各种信号
DTMF Detection Package	DTMF 检测包	dd	该包定义了基本的 DTMF 音检测
Call Progress Tones Generator Package	呼叫进展音生成器包	cg	该包将基本的呼叫进展音定义成各种信号
Call Progress Tones Detection Package	呼叫进展音检测包	cd	该包定义了基本呼叫进展检测音
Analog Line Supervision Package	模拟线监控包	al	该包定义了模拟线的各种事件和信号
Basic Continuity Package	基本导通包	ct	该包定义了用于导通测试的各种事件和信号
Network Package	网络包	nt	该包定义了与网络类型无关的网络终端的属性
RTP Package	RTP 包	rtp	该包用于支持通过实时传输协议 RTP 方式的分组多媒体数据传输
TDM Circuit Package	TDM 电路包	tdmc	该包用于支持 TDM 电路终节点

2．H.248 协议栈结构

H.248 消息可基于 UDP/IP 传输，也可基于其他多种传输协议进行传输，如承载在 IP 网络上的 TCP、SCTP 和 M3UA，承载在 ATM 上的 MTP3-B 等。H.248 协议栈结构如图 8-6 所示。

H.248
UDP/TCP/SCTP
IP
MAC

图 8-6　H.248 协议栈结构

3．消息类型

（1）命令

H.248 定义了 8 个命令，用于对协议连接模型中的逻辑实体（关联和终端）进行操作和管理。命令提供了实现对关联和终端进行完全控制的机制。

H.248 规定的命令大部分用于实现 MGC 对 MG 的控制。通常 MGC 作为命令发出者，MG 作为命令响应者接收。但是，Notify 和 ServiceChange 命令除外。Notify 命令由 MG 发送给 MGC，而 ServiceChange 既可以由 MG 发起，也可以由 MGC 发起。H.248 命令及其含义见表 8-4。

表 8-4　H.248 命令及其含义

命令名称	命令代码	含　义
Add	ADD	MGC→MG，增加一个终端到一个关联中
Modify	MOD	MGC→MG，修改一个终端的属性、事件和信号参数
Subtract	SUB	MGC→MG，从一个关联中删除一个终端，同时返回终端的统计状态，如果关联中再没有其他的终端则删除此关联
Move	MOV	MGC→MG，将一个终端从一个关联移到另一个关联
AuditValue	AUD_VAL	MGC→MG，获取有关终端的当前特性，事件、信号和统计信息
AuditCapabilities	AUD_CAP	MGC→MG，获取 MG 所允许的终端特性、事件和信号的所有可能值的信息
Notify	NTFY	MG→MGC ，MG 将检测到的事件通知给 MGC
ServiceChange	SVC_CHG	MGC↔MG 或 MG→MGC，MG 使用 ServiceChange 命令向 MGC 报告一个终端或者一组终端将要退出服务或者刚刚进入服务。MG 也可以使用 ServiceChange 命令向 MGC 进行注册，并且向 MGC 报告 MG 将要开始或者已经完成了重新启动工作。同时，MGC 可以使用 ServiceChange 命令通知 MG 将一个终端或者一组终端进入服务或者退出服务

（2）响应

所有 H.248 命令都要求接收者回送响应。命令和响应的结构基本相同，命令和响应之间由事务 ID 相关联。

响应有两种：Reply 和 Pending。

- Reply 表示已经完成了命令执行，返回执行成功或失败信息。
- Pending 指示命令正在处理，但仍然没有完成。当命令处理时间较长时，可以防止发送者重发事务请求。

4．基本控制流程

（1）网关注册流程

H.248 媒体网关要开通业务必须首先注册到软交换设备上去。网关注册流程如图 8-7 所示。

1）H.248 媒体网关向 SS 发送 SVC_CHG_REQ 消息进行注册。

2）MGC 收到 MG 的注册消息后，回送响应给 MG。

（2）网关注销流程

H.248 媒体网关退出服务，需要向 SS 进行注销。网关注销流程如图 8-8 所示。

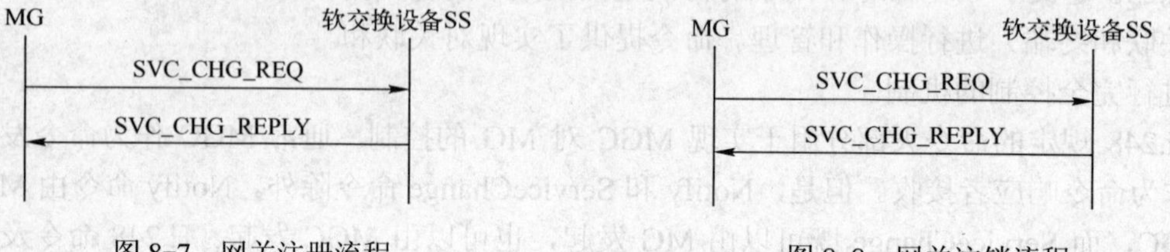

图 8-7 网关注册流程　　图 8-8 网关注销流程

1）媒体网关向 SS 发送 SVC_CHG_REQ 命令进行注销。

2）SS 回送证实消息。

（3）网关初始化流程

MG 注册成功后，MGC 将对空关联中的 MG 的所有半永久终端的属性进行修改。指示 MG 检测用户的摘机事件。此时，此终端可以接收或者发起呼叫。网关初始化流程如图 8-9 所示。

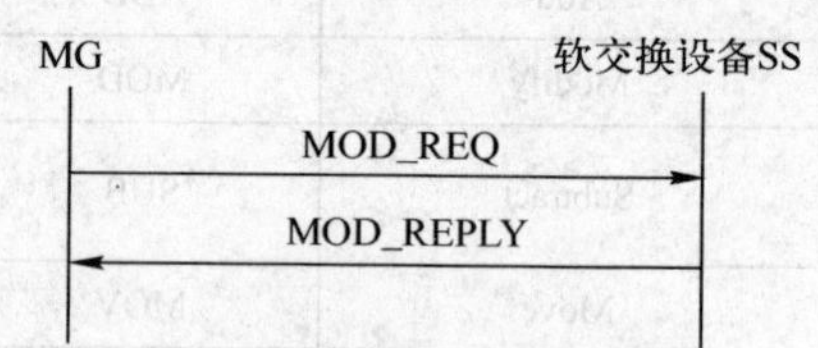

图 8-9 网关初始化流程

1）注册成功后，MGC 在空关联中对 MG 中的终端进行操作，通过 Modify 命令，更改终端属性。

2）MG 收到 Modify 命令后，回送响应。

（4）成功的终端呼叫流程（同一 MG 下）

同一 MG 下和不同 MG 下的两个终端之间的呼叫建立和释放流程基本相同，本节仅对同一 MG 下的两个终端之间的呼叫建立和释放流程进行描述，如图 8-10 所示。由于流程过于繁琐，为了方便讲述将一些请求和回应合并在同一步骤中。

本流程示例基于以下约定：用户 A 为主叫，用户 B 为被叫，主叫先挂机。

1）终端 1 对应的主叫用户 A 摘机，网关通过 NTFY_REQ 命令，把摘机事件通知给 SS。SS 确认收到用户摘机事件，回应答消息。

2）SS 收到主叫用户摘机事件后，通过 MOD_REQ 命令指示网关给终端 1 对应的用户 A 放拨号音，并且把 DigitMap（拨号计划）通知给终端 1，要求根据 DigitMap 收号，并同时检测用户挂机事件。终端 1 返回 MOD_REPLY 响应 SS 的 MOD_REQ 命令，并给用户 A 送拨号音。

3）用户 A 拨号，终端 1 对所拨号码进行收集，并与对应的 DigitMap 进行匹配，匹配成功，通过 NTFY_REQ 命令发送给 SS。SS 发 NTFY_REPLY 响应确认收到终端 1 的 NTFY_REQ 命令。

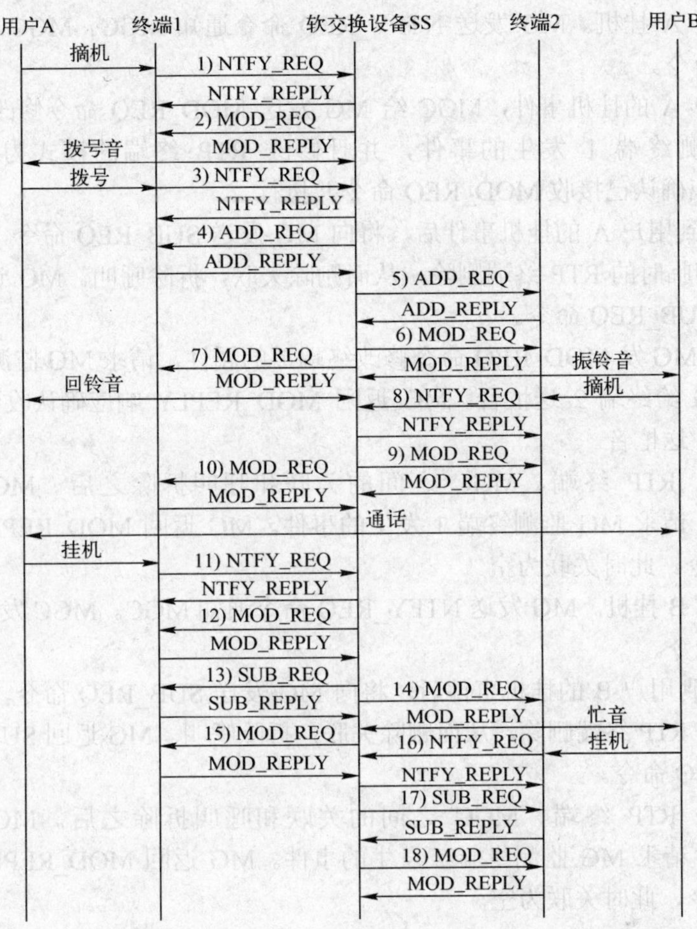

图 8-10　同一 MG 下的两个终端之间的 H.248 呼叫流程示例

4）MGC 在 MG 中创建一个新关联，MG 返回 ADD_REPLY 响应，分配新的连接描述符，新的 RTP 终端描述符。

5）MGC 进行被叫号码分析后，确定被叫用户 B 与 MG 的终端 2 相连。MGC 使用 ADD_REQ 请求 MG 把终端 2 和某个 RTP 终端加入到一个新的关联中。MG 返回 ADD_REPLY 响应。

6）MGC 发送 MOD_REQ 命令给终端 2，修改终端 2 的属性并请求 MG 给用户 B 放振铃音。MG 返回 MOD_REPLY 响应进行确认，同时给用户 B 放振铃音。

7）MGC 发送 MOD_REQ 命令给终端 1，修改终端 1 的属性并请求 MG 给用户 A 放回铃音。MG 返回 MOD_REPLY 响应进行确认，同时给用户 A 放回铃音。

8）被叫用户 B 摘机，MG 把摘机事件通过 NTFY_REQ 命令通知 MGC。MGC 返回 NTFY_REPLY 响应进行确认。

9）MGC 把与终端 1 关联的 RTP 终端的连接描述通过 MOD_REQ 命令送给与终端 2 关联的 RTP 终端，并且修改 RTP 终端的模式为收/发。MG 返回 MOD_REPLY 响应进行确认。

10）MGC 把与终端 2 关联的 RTP 终端的连接描述通过 MOD_REQ 命令送给与终端 1 关联的 RTP 终端，并且修改 RTP 终端的模式为收/发。MG 返回 MOD_REPLY 响应进行确认。

11）主叫用户 A 挂机。MG 发送 NTFY_REQ 命令通知 MGC。MGC 发 NTFY_REPLY 确认已收到通知命令。

12）收到用户 A 的挂机事件，MGC 给 MG 发送 MOD_REQ 命令修改终端 1 属性，请求网关进一步检测终端 1 发生的事件，并且修改 RTP 终端的模式为激活。MG 发送 MOD_REPLY 响应确认已接收 MOD_REQ 命令并执行。

13）MGC 收到用户 A 的挂机事件后，将向 MG 发送 SUB_REQ 命令，把关联中的所有的半永久型终端和临时的 RTP 终端删除，从而删除关联，拆除呼叫。MG 返回 SUB_REPLY 响应确认已接收 SUB_REQ 命令。

14）MGC 给 MG 发 MOD_REQ 命令修改终端 2 的属性，请求 MG 监测终端 2 发生的事件，并且请求 MG 给终端 2 送忙音。MG 返回 MOD_REPLY 响应确认收到 MOD_REQ 命令，同时给用户 B 送忙音。

15）终端 1、RTP 终端、MGC 之间的关联和呼叫拆除之后。MGC 向 MG 发送 MOD_REQ 命令，请求 MG 监测终端 1 发生的事件。MG 返回 MOD_REPLY 响应确认已接收 MOD_REQ 命令。此时关联为空。

16）被叫用户 B 挂机。MG 发送 NTFY_REQ 命令通知 MGC。MGC 发送 NTFY_REPLY 确认已收到通知命令。

17）MGC 收到用户 B 的挂机事件后，将向 MG 发送 SUB_REQ 命令，把关联中的半永久型终端和临时的 RTP 终端删除，从而删除关联，拆除呼叫。MG 返回 SUB_REPLY 响应确认已接收 SUB_REQ 命令。

18）终端 2、RTP 终端、MGC 之间的关联和呼叫拆除之后。MGC 向 MG 发送 MOD_REQ 命令，请求 MG 监测终端 2 发生的事件。MG 返回 MOD_REPLY 响应确认已接收 MOD_REQ 命令，此时关联为空。

5．H.248/Megaco 协议与 MGCP 的比较

H.248 协议和 MGCP 都是用于媒体网关控制的接口协议，H.248 协议是对 MGCP 的继承和发展。H.248 和 MGCP 有很多相似之处，也有很多不同，主要表现在 H.248 协议比 MGCP 具有更完善的协议功能，更广泛的适用范围，更强的可扩展性和互通性。

（1）协议功能

H.248 协议和 MGCP 均提供 IP 话音业务、与 PSTN 话音互通、与 ISDN 话音互通业务等基本业务。H.248 协议具备比 MGCP 更多的多媒体业务支持功能和更强的控制功能，主要表现在以下几个方面：

- 在多媒体业务支持方面，H.248 协议支持与窄带多媒体系统互通，MGCP 不支持与窄带多媒体系统的互通；H.248 协议支持多媒体视频会议功能，MGCP 不支持多媒体视频会议功能。
- 在控制功能方面，H.248 协议定义了更完善的 MG 重启动和注销机制，增加了被动倒换和主动倒换两个属性；MGCP 定义了正常注销、强制注销、重启动、连接丢失 4 个属性。
- 在 IP 网络传输协议方面，MGCP 选用 UDP 作为网络承载协议； H.248 协议可选使用 UDP、TCP 或 SCTP 进行承载。

- H.248 协议增加了比 MGCP 更强的 MGC 对 MG 进行资源控制和 QoS 控制等增强控制功能。

（2）可扩展性

MGCP 和 H.248 协议都采用扩展包的形式来实现协议的可扩展性。

- MGCP 由 ETF 制定，更关注于 IP 业务应用，MGCP 制定了大约 13 个扩展包。
- H.248 协议由 ITU-T 和 MGCP 共同制定，除 IP 业务应用外，考虑了更多与现有传统 PSTN/ISDN 以及 V5.2 接入网业务兼容能力，以及更丰富的业务实现功能需求。ITU-T 已经批准的 H.248 协议基本包 13 个、协议扩展包有 108 个，3GPP 正式批准的用于 UMTS 的 H.248 扩展包有 9 个，ETSI 正式批准的 H.248 扩展包有 4 个。

（3）适用范围

由于 H.248 协议具备比 MGCP 更完善的功能和数量更多的协议扩展包，因此 H.248 协议具有比 MGCP 更广泛的适用范围。

- MGCP 一般仅适用于 IAD 设备、TG 设备和具有模拟线接入的 AG 设备以及具有简单话音播放功能的媒体服务器设备。
- H.248 协议不仅可以适用于 IAD 设备、TG 设备等基本网关类型，还可适用于具备 V5.2 接入的 AG 设备、媒体资源服务器、多点控制器（MC）、多点处理器（MP）等其他设备。

由于 H.248 协议具有比 MGCP 更多的优势，国内把 H.248 协议作为 TG 设备、AG 设备等设备的必选协议，而把 MGCP 作为可选协议。IAD 设备则根据需求，可选用 H.248 或 MGCP 的任意一种。

（4）协议互通性

- MGCP 协议研究相对较早，在 1999 年推出了第一个正式版本 RFC2705，到 2003 年形成第二个版本 RFC3435。国内外已现存不少支持 MGCP 的产品，并已在国外运营网络获得了广泛应用，MGCP 产品之间的互通性基本可以保证。
- H.248 协议在 2000 年推出第一版本，协议仍处于不断完善和发展的阶段。到目前为止，ITU-T 已经批准或待批准的 H.248 相关文档有 34 个。目前市场上支持 H.248 协议的产品较少，尤其是由于缺乏足够的实际运营经验，导致 H.248 协议产品之间的互通性难以完全保障。

8.5.4　H.323 协议

H.323 是由 ITU 制定的通信控制协议，用于在分组交换网中提供多媒体业务。H.323 协议实际上是一个协议族，规定了在基于分组交换的网络上（包括 IP 网络在内）提供多媒体通信的部件、协议和规程。H.323 协议族包括用于建立呼叫的 H.225.0、用于控制的 H.245、用于大型会议的 H.332 以及用于补充业务的 H.450.x 等。

H.323 定义了 4 种部件，即终端、网关、网守和多点控制单元（MCU）。利用它们，H.323 可以支持音频、视频和数据的点到点或点到多点的通信。H.323 协议中包含 3 条信令控制信道，即 RAS 信令信道、呼叫信令信道和 H.245 控制信道，3 条信道的协调工作使得 H.323 的呼叫得以进行。

1. H.323 的组成部件及通道

（1）H.323 的组成部件

H.323 系统的组成部件称为 H.323 实体，包括终端、网关、网守、多点控制器（Multi-point Controller，MC）、多点处理器（Multi-point Processor，MP）、多点控制单元（Multipoint Control Unit，MCU）。其中，终端、网关和 MCU 统称为端点，端点可以发起呼叫也可以接受呼叫，媒体信息流就在端点生成或终结。

1）终端。终端是 H.323 定义的最基本组件，是分组网络中能提供实时、双向通信的节点设备，可以和网关、多点控制单元进行通信。所有终端都必须支持话音通信，视频和数据通信可选。所有的 H.323 终端也必须支持 H.245 标准。H.245 标准用于控制信道使用情况和信道性能。

图 8-11 所示为 H.323 终端的组成框图，其中各个功能单元及其标准设备或协议分别是：

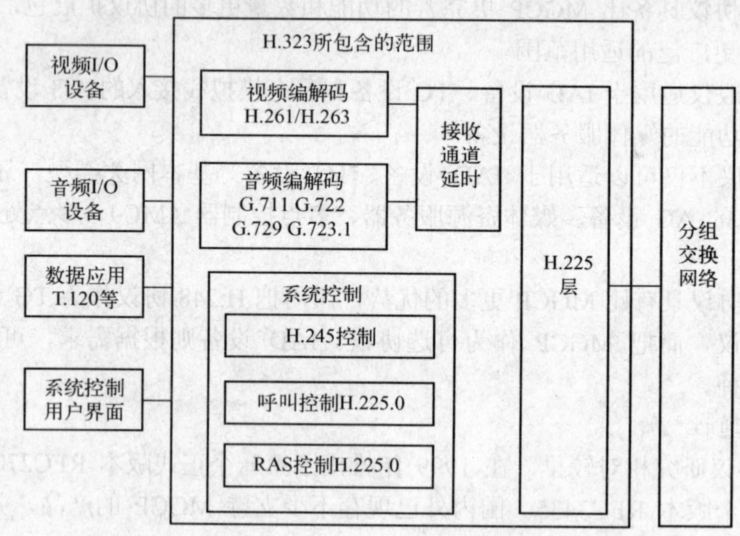

图 8-11 H.323 终端的组成框图

- 视频编解码（H.263/ H.261）：完成对视频码流的冗余压缩编码。
- 音频编解码（H.723.1 等）：完成话音信号的编解码，并在接收端可选择地加入缓冲延迟以保证话音的连续性。
- 各种数据应用：包括电子白板、静止图像传输、文件交换、数据库共存、数据会议、运程设备控制等，可用的标准为 T.120、T.84、T.434 等。
- 控制单元（H.245）：提供端到端信令，以保证 H.323 终端的正常通信。
- H.225 层：将视频、音频、控制等数据格式化并发送，同时从网络接收数据。另外，还负责处理一些诸如逻辑分帧、加序列号、错误检测等功能。

2）网关。网关是在 H.323 终端和广域网上其他 ITU 终端之间提供实时二方通信的端点设备。H.323 网关主要实现异种网络互通、信令消息格式和内容转换、通信协议流程转换和媒体流格式转换等功能。

3）网守。网守是 H.323 系统的一个可选组件，其功能是向 H.323 终端节点提供地址转换及呼叫控制服务。同时还负责带宽控制，允许终端节点改变在 IP 网络上的分配的带宽。当网守存在的时候，它可以控制许多个 H.323 的终端、网关和多点控制器。由单一网守管理的所有终端、网关和多点控制单元的集合称之为 H.323 域。一个域可以跨越多个网络或子网，域中的实体位置可以灵活安排。

当系统中存在 H.323 网守时，终端和网关必须使用网守提供的服务。H.323 标准规定了网守必须提供的服务以及可选的服务。其中必须实现的功能如下。

- 地址转换：在 H.323 网络内部的呼叫可以使用别名来寻址目的终端。
- 许可控制：网守可以控制端点是否能够进入 H.323 网络中。
- 带宽控制：网守使用 RAS 消息来支持带宽控制，包括带宽请求、带宽请求确认和带宽请求拒绝。
- 区域管理：网守为它控制的域内的所有终端、网关、MCU 提供上述功能，包括地址转换、许可控制和带宽控制。

网守的可选功能如下。

- 呼叫控制信令：网守可以选择自行完成与端点之间的呼叫信令，也可以让端点之间直接以呼叫信令信道连接。
- 呼叫认证：当端点将呼叫信令消息发送到网守时，根据 H.225 协议，网守可以接受或者拒绝这个呼叫。
- 呼叫管理：网守可以对所有正在进行的呼叫信息进行维护，以便控制整个区域的带宽使用情况，或确定两个终端间呼叫的转发路由，以达到负载平衡。

4）多点控制单元（MCU）。多点控制单元支持 3 个或 3 个以上的终端和网关之间的多点会议。在 H.323 系统中，一个 MCU 由一个多点控制器（MC）和可选的多点处理器（MP）组成。MC 支持与所有终端进行协商的能力，用以保证通信达到一个普遍的水平；MP 在 MC 的控制下在进行多点会议时，具备对话音、视频或者数据业务的混合或交换能力，是处理话音、视频及数据流的主处理器。

（2）H.323 的通道

H.323 采用通道对两个通信实体进行信息交换结构化。通道是一个传输层的连接。

1）RAS 通道：使端点用户与它们的网守通信，定义在 H.225.0 中，通过 RAS 通道，端点用户登录到网守上，并请求允许它与另一个端用户进行呼叫。如果请求获得同意，则网守回送一个传输地址作为被呼叫点的呼叫信令通道。

2）呼叫信令通道：承载呼叫和补充业务的控制信息，这个通道采用类似于 Q.931 的协议，协议描述在 H.225.0 和 H.450.X 中，当呼叫建立好后，H.245 控制通道的传输地址将在本通道内指明。

3）H.245 控制通道：承载 H.245 协议的信息，该信息用于具有能力交换支持的媒体控制。在参与呼叫的各方完成能力交换之后，通过本通道创建一个媒体的逻辑通道。

4）媒体的逻辑通道：承载话音、视频和其他媒体信息，每一个媒体类型承载在各自一对单向通道上，每一个方向上采用 RTP 和 RTCP。

H.323 规定 RAS 通道和媒体逻辑通道承载在一个非常可靠的传输协议上，H.245 控制通道指定在可靠传输协议上，从第三版起，可选择承载在不可靠传输协议上。

2. H.323 标准协议族

H.323 协议是一个庞大的协议族，包括许多相关的协议。H.323 协议栈结构如图 8-12 所示，其下 3 层为 PBN 的底层协议。传输层有两类协议，不可靠传送协议，如 UDP，用于传送实时声像信号和终端至网守的登记协议；可靠传送协议，如 TCP，用于传送数据信号及呼叫信令和媒体控制协议。

<table>
<tr><td colspan="3">声像应用</td><td>终端控制与管理</td><td>数据应用</td></tr>
<tr><td>音频
编解码
G.7xx</td><td>视频
编解码
H.26x</td><td rowspan="2">RTCP</td><td rowspan="2">H.245
H.225.0
H.RAS</td><td rowspan="2">T.120系列</td></tr>
<tr><td colspan="2">RTP</td></tr>
<tr><td colspan="3">UDP</td><td colspan="2">TCP</td></tr>
<tr><td colspan="5">网络层IP</td></tr>
<tr><td colspan="5">链路层</td></tr>
<tr><td colspan="5">物理层</td></tr>
</table>

图 8-12　H.323 协议栈结构

H.323 分为 3 个功能模块，即声像应用模块、终端控制与管理模块和数据应用模块。

（1）声像应用模块

声像应用模块由音频传输和视频传输两部分组成，这两部分各自又包括编码标准、RTP 实时传输和 RTCP 实时传输控制。

- 话音编码采用相应的 G 系列建议，其中 G.711（PCM）为必备的编码方式，其余为任选方式，目前 IP 电话最常用的是 G.729A 和 G.723.1 协议。
- 视频编码采用 H.260 系列建议，如 H.261、H.263 等。
- 实时音频和视频编码信号均封装在实时传输协议 RTP 协议分组中，以提供定时信息和数据报序号，供接收端重组信号。实时传输控制协议 RTCP 是 RTP 协议的一部分，提供 QoS 监视功能。

（2）终端控制与管理模块

终端控制与管理模块由 H.225.0 认证/接受/状态 RAS 信令、H.245 媒体控制信令和 H.225.0 呼叫信令组成。

- H.225.0 是 H.323 系统的核心协议，主要用于呼叫控制。H.225 呼叫信令协议的主要功能是在任何呼叫开始之前，首先在端点之间建立呼叫联系，同时建立 H.245 控制信道。H.225.0 协议包含以下两个功能：一是规定如何利用 RTP 对音视频信号进行封装；二是定义 RAS 协议。H.225.0 呼叫信令协议是以 ISDN 的 Q.931/Q.932 为基础指定的，其中最重要的是 Q.931（Q.931 协议是 ITU-T 制定的一种关于呼叫控制的标准，是 ISDN 用户网络接口第三层关于基本呼叫控制的描述）。
- RAS 协议是 H.225.0 协议的一种，是端点（终端或网关）和网守之间使用的协议，其主要作用是为网守提供确定的端点地址和状态、执行呼叫接纳控制等功能。
- H.245 是一种通用的多媒体通信控制协议，主要针对会议通信设计，用于控制通信信道的建立、维护和释放。

（3）数据应用模块

数据应用模块主要由建立在 TCP 上的 T.120 协议族来负责，数据通信采用 T.120 系列建议，是用于多媒体会议的数据协议栈。

3. RAS 协议

RAS 协议是 H.225.0 协议的一种，是端点（终端或网守）和网守之间使用的协议，主要执行管理功能。

（1）RAS 协议的过程

1）网守搜寻：用于端点搜寻其归属网守。随后所有 RAS 消息均限定在端点和其归属网守之间传送。

2）端点登记：用于端点向网守注册其自身信息，包括注销过程。

3）端点定位：用于端点或网守向相应的网守询问某一端点呼叫控制信道的传输层地址。

4）呼叫接入：开始呼叫的第一步操作，询问网守是否允许该呼叫接入。

5）呼叫退出：呼叫结束后通知网守，该端点已退出呼叫（无须应答）。

6）带宽管理：支持端点在呼叫过程中提出带宽改变要求，由网守决定。

7）状态查询：主要用于网守询问终端的开机/关机状态。

8）网关资源指示：向网守通告该网关的可用资源。

（2）消息类型

RAS 协议的消息类型见表 8-5。

表 8-5　RAS 协议的消息类型

消息分类	消　息	消息中文名称	消息类型
网守搜寻	GRQ	网守搜寻请求	请求
	GCF	网守搜寻证实	响应
	GRJ	网守搜寻拒绝	响应
端点登记	RRQ	端点注册请求	请求
	RCF	端点注册证实	响应
	RRJ	端点注册拒绝	响应
端点注销	URQ	端点注销请求	请求
	UCF	端点注销确认	响应
	URJ	端点注销拒绝	响应
端点定位	LRQ	端点定位请求	请求
	LCF	端点定位证实	响应
	LRJ	端点定位拒绝	响应
呼叫接入	ARQ	呼叫接入请求	请求
	ACF	呼叫接入确认	响应
	ARJ	呼叫接入拒绝	响应
呼叫退出	DRQ	呼叫拆除请求	请求
	DCF	呼叫拆除确认	响应
	DRJ	呼叫拆除拒绝	响应
带宽管理	BRQ	带宽管理请求	请求
	BCF	带宽管理证实	响应
	BRJ	带宽管理拒绝	响应

（续）

消息分类	消　　息	消息中文名称	消息类型
状态查询	IRQ	状态信息请求	请求
	IRR	状态信息响应	响应
	IACK	网守发出的对接收 IRR 的确认	响应
	INAK	在出错情况下收到 IRR 时由网守发出	响应
网关资源指示	RAI	网关资源可用性指示	请求
	RAC	网关资源可用性证实	响应

（3）基本消息流程

1）网守搜寻。网守搜寻的流程如图 8-13 所示。

① 端点在启动后，首先向网守发送 GRQ 消息，寻找网守。

② 网守对端点信息进行分析，确定是本区域端点，发 GCF 确认。

③ 如果网守不愿意该端点在其上登记，则返回 GRJ 消息，并给出拒绝原因。

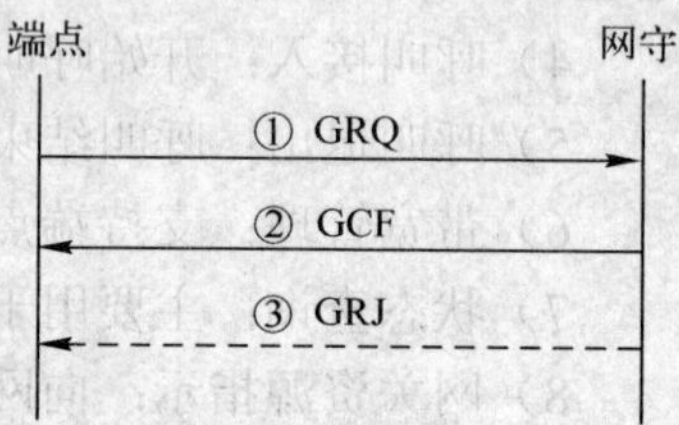

图 8-13　网守搜寻流程

2）端点登记与注销。端点必须在搜寻过程中在确定的网守上登记，必须在登记后才能发起和接收呼叫，登记表明该端点加入管理区。端点登记与注销如图 8-14 所示。

① 端点向网守的 RAS 地址发送 RRQ 消息。

② 网守对端点信息进行分析，确定是本区域端点，发 RCF 确认。

③ 如果网守发现该端点不是本区域端点或其他原因，则回送 RRJ 消息拒绝。

④ 如果端点要退出服务或想改变其别名和地址的对应关系，可以向网守发送 URQ 请求注销登记。

⑤ 一般情况下，网守回 URF 进行确认。

⑥ 如果网守发现该端点并未在它上面登记，则回送 URJ 消息。

3）呼叫接纳与退出。ARQ/ACF 和 DRQ/DCF 是整个呼叫控制过程第一对和最后一对消息，分别标志呼叫的开始和结束，其流程如图 8-15 所示。

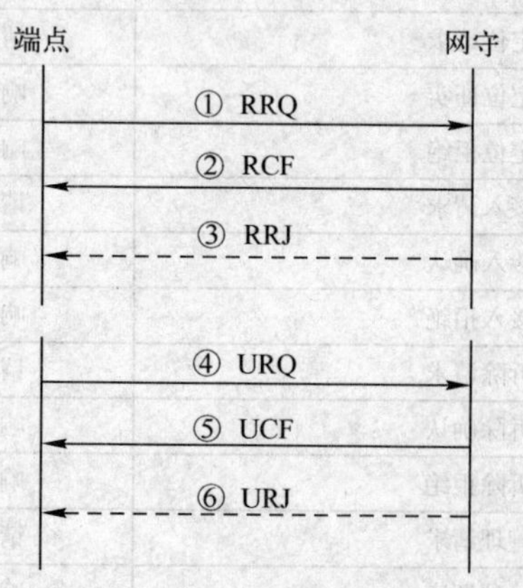

图 8-14　端点登记与注销

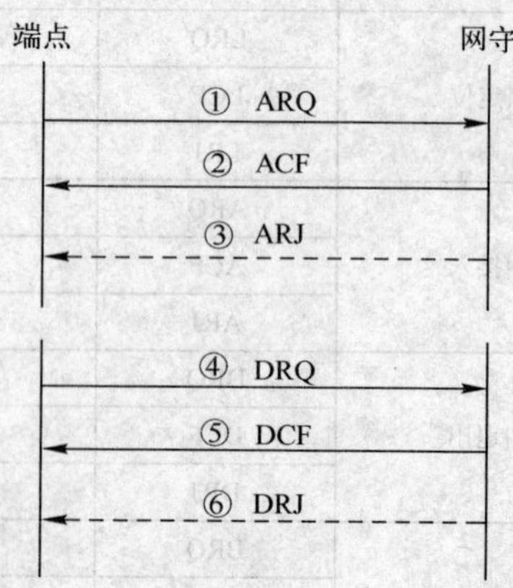

图 8-15　呼叫接纳与退出

① 端点发起呼叫时，端点向网守发送 ARQ 请求用户接入认证/地址解析。

② 网守如果同意接纳此呼叫，则回送 ACF 消息。

③ 网守如果不同意接纳此呼叫，则回送 ARJ 消息拒绝。

④ 呼叫完毕，端点向网守发送 DRQ 请求退出呼叫。

⑤ 一般情况下，网守回送 DCF 进行确认。

⑥ 如果网守不同意该端点退出呼叫，则回送 DRJ 消息拒绝。

4. H.225.0 呼叫信令协议

H.323 系统的呼叫信令协议是以 ISDN 的 Q.931/Q.932 为基础制定的，其中 Q.931 最重要。Q.931/Q.932 协议是 ITU-T 制定的一种关于呼叫控制的标准，是 ISDN 用户网络接口第三层关于基本呼叫控制的描述。

（1）消息类型

由于 H.225.0 呼叫信令消息不承担连接控制任务，因此许多 Q.931 和 Q.932 消息不在 H.225 中出现。下面仅介绍 H.225.0 呼叫信令消息（见表 8-6 所示）。

表 8-6　H.225.0 呼叫信令消息

消息分类	消　　息	含　　义
呼叫建立消息	Setup（建立）	请求建立呼叫
	Setup Acknowledge（建立确认）	响应 Setup 消息，请求后续地址信息
	Call Proceeding（呼叫进行中）	响应 Setup 消息，表示被叫号码已全，呼叫建立过程已启动
	Alerting（提醒）	指示呼叫已经达到被叫，正向其发通知指示被叫用户应答
	Connect（连接）	建立连接
	Progress（进展）	指示呼叫建立中的其他信息（如网间互通，带内信令等）
呼叫清除消息	消息	含义
	Release Complete（释放完成）	响应 Release 消息，指示释放信道和呼叫引用（CR）
其他消息	消息	含义
	Information（信息）	提供附加信息（如后续被叫地址）
	Notify（通知）	通知远端用户呼叫中发生事件（如呼叫暂停/恢复）
	Status Enquiry（状态询问）	终端或网络向对方询问呼叫状态
	Status（状态）	响应 Status Enquiry 消息，也可主动报告呼叫状态或收到不认识消息
	Facility（性能）	用于补充业务操作的调用和证实
	User Information（用户信息）	用于主被叫用户之间直接传送信息
Q.932 消息	Facility（性能）	用于补充业务操作的调用和证实
	User Information（用户信息）	用于主被叫用户之间直接传送信息

（2）基本消息流程

以两端点在同一网守上登记为例，介绍两种消息传送方式（直接选路信令方式和网守选路信令方式）的信令过程。

假定端点 1 为主叫，端点 2 为被叫，在直接选路信令方式下，基本呼叫建立的信令过程如图 8-16 所示。

1）端点 1 在 RAS 信道上向其网守发送 ARQ 消息，请求发起至端点 2 的呼叫。

2）网守同意接纳此呼叫，并翻译得出端点 2 的呼叫信令信道传输层地址，由 ACF 消息回送端点 1。

3）端点 1 建立至端点 2 的呼叫信令信道，在此信道上发送 Setup 消息。如果 ARQ 中已带呼叫引用值 CRV，则 Setup 及其后信令消息中的 CRV 应取此相同值。

4）端点 2 回送 Call Proceeding 消息，指示呼叫已抵达，正在处理之中。

5）端点 2 愿意接受此呼叫，经 RAS 信道向网守发送 ARQ，请求接受此呼叫。

6）网守同意接纳，回送 ACF。

7）端点 1 向端点 2 回送 Alerting 消息，等待用户应答。

8）用户应答，端点 2 向端点 1 发送 Connect 消息。至此，呼叫建立完成。

如果网守不同意端点 2 接受此呼叫，则回送 ARJ，此时端点 2 将向端点 1 发送 Release Complete 消息。

在网守选路信令方式下，基本呼叫建立的信令过程如图 8-17 所示。

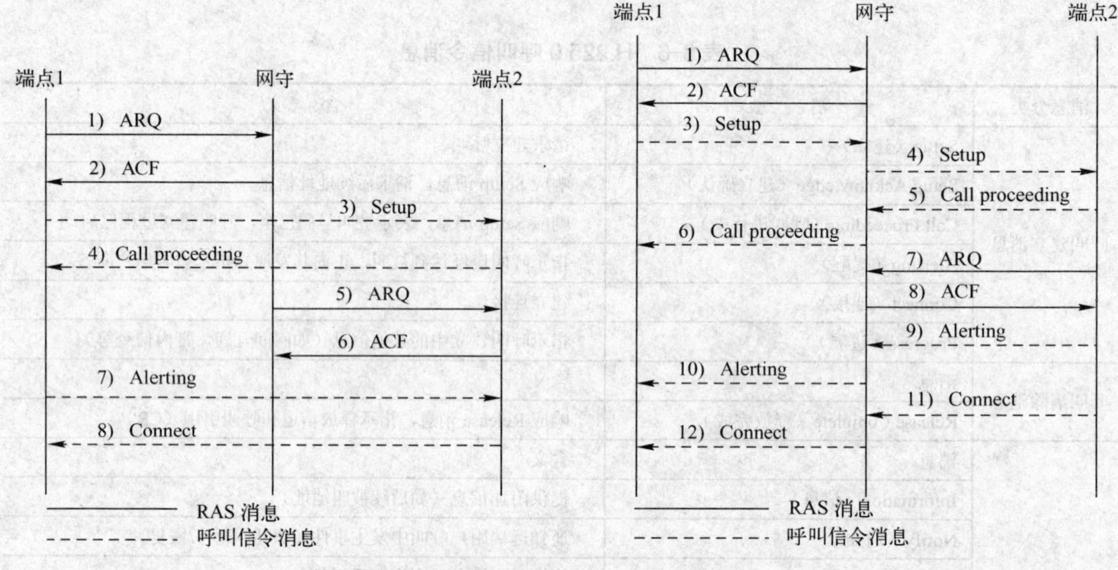

图 8-16 （直接选路）公共网守信令过程

图 8-17 网守选路信令过程

由图 8-16 和图 8-17 可见，两种消息传送方式下的基本呼叫建立流程相似。差别仅在于事件 2），3）和 11），因此只对这 3 种进行讲解。

2）网守向端点 1 回送的 ACF 消息中包含的不是端点 2 的呼叫信令信道传输层地址，而是网守自身的呼叫信令信道传输层地址。同时，网守建立至端点 2 的呼叫信令信道。

3）端点 1 的呼叫信令消息只能发送到网守，再由网守将其转发给端点 2。由于端点 2 只和网守建立信令信道，因此其信令消息也只能发往网守，再由网守转发给端点 1。

11）呼叫建立成功时，端点 2 仍经 Connect 消息告知其 H.245 控制信道传输层地址，但网守向端点 1 发送的 Connect 消息所含信息取决于 H.245 控制消息的传送方式。如果网守决定采用直接方式传送媒体控制消息，则消息中包含的是端点 2 的 H.245 控制信道地址；如果采用网守转接方式，则消息中包含的是网守的 H.245 控制信道地址，此时，网守中一般包含

MC 功能。

主被叫任何一端挂机，都会送 Release Complete 消息给网守，网守再送 Release Complete 消息给对端，主被叫间断开 TCP 连接。

5．H.245 协议

H.245 是通用的多媒体通信控制协议。在 H.323 系统中，采用 H.245 作为控制协议，用于控制通信信道的建立、维护和释放。

（1）H.245 信道划分

在 H.245 中，定义了两类信道，即控制信道和通信信道。

1）控制信道也称为 H.245 信道，用于控制媒体信道的建立和释放。在 H.225.0 呼叫建立过程中主被叫端点（或网守）互相交换各自的 H.245 端口地址，呼叫建立完成后，H.245 控制信道即建立成功。每个呼叫有且仅有一个 H.245 控制信道，它在整个呼叫期间始终存在，直到呼叫完成后才予释放。

2）通信信道，即媒体信道，在 H.245 中称为逻辑信道，在其上传送用户通信信息。一般来说，两个实体间可有多条逻辑信道，在呼叫中可以根据需要随时建立（打开）和释放（关闭）。H.245 逻辑信道打开过程既支持单向信道的建立，也支持双向信道的建立。传送音频和视频信号的逻辑信道为不可靠信道，传送数据信号的为可靠信道，其端口号均为动态分配。

（2）H.245 协议过程

1）能力交换。H.245 的能力交换过程是指在信道建立之前，收发双方必须就某些参数进行协商，确定双发可接收的参数范围，其主要功能为通过消息向对方通知本端的接收能力。接收能力表示终端接收和处理输入信息流的能力；发送能力表示终端发送信息流的能力。

终端的整个接收和对不同信号的解码能力通过传送能力集消息（能力集提供同时发送一种以上的媒体类型的信息流的能力）通知其他终端，以此保证传输的多媒体信号能被接收并能得到相应处理。

2）逻辑信道信令过程。逻辑信道信令过程定义了如何打开和关闭音频图像和数据的逻辑信道，采用证实协议过程实现。首先建立连接，确保接收方能够接收并已准备好接收由对端发来的数据，然后开始媒体数据的传送。当有新的逻辑信道需要被接纳时，接收方必须确保原有逻辑信道的通信不受影响。

3）接收方关闭逻辑信道请求。接收方关闭逻辑信道请求的作用是使接收方也能提出关闭逻辑信道的请求，发送终端可接受也可拒绝该请求。其目的有两个，一是使接收方在遇到特殊情况时可主动提出关闭信道请求；二是在双向逻辑信道的情况下，可由非信道建立方请求关闭信道。

4）主从确定过程。主从确定过程用于避免出现信令过程中的冲突现象，主要应用于会议通信中的多点控制器（MC）仲裁。一个会议呼叫只能有一个 MC，若两个参会的 H.323 实体都含有 MC，则必须通过一定的规则确定其中一个是主 MC。同样的协议过程也适用于双向信道建立时的主从终端确定。主从状态一旦确定，在整个呼叫中将保持不变。

5）往返时延确定。往返时延确定过程提供了测量时延（发送终端和接收终端之间的往返时延）的一种机制，包含两个无参数的消息，即时延测量请求和响应。

6）环路维护。环路维护是一个常规的维护过程，经由专用消息通知对方配合进行环路测试，包含一个环路测试结束命令消息，此过程对于网关来说是必备功能。

7）其他命令和指示。H.245 协议定义了许多简单的命令和指示消息，可用于各种用途，它们不涉及通常的协议过程。比较常用的有流量控制命令、多点方式命令、通信方式命令、用户输入指示等。

（3）消息类型

H.245 消息可分为 4 种类型，即请求、响应、命令和指示。请求消息要求接收方执行所要求的动作，并立即返回响应；响应消息是对请求消息的回复（证实、拒绝或返回请求）；命令消息要求接收方执行指定的动作，不要求其回送响应；指示消息仅传送信息，不要求接收方执行动作，也不要求其回复响应。请求和响应消息由协议实体使用，构成协议过程。

1）H.245 协议过程所用的消息。H.245 协议过程所用的消息见表 8-7。

表 8-7 H.245 协议过程所用的消息

消息分类	英文全称	消息中文名称	消息类型
能力集交换	Terminal Capability Set	终端能力集	请求
	Terminal Capability Set Acknowledge	终端能力集证实	响应
	Terminal Capability Set Reject	终端能力集拒绝	响应
	Terminal Capability Set Release	终端能力集释放	指示
逻辑信道信令	Open Logical Channel	打开逻辑信道	请求
	Open Logical Channel Acknowledge	打开逻辑信道证实	响应
	Open Logical Channel Reject	打开逻辑信道拒绝	响应
	Open Logical Channel Confirm	打开逻辑信道确认	指示
	Close Logical Channel	关闭逻辑信道	请求
	Close Logical Channel Acknowledge	关闭逻辑信道证实	响应
接收方关闭逻辑信道	Request Channel Close	请求信道关闭	请求
	Request Channel Close Acknowledge	请求信道关闭证实	响应
	Request Channel Close Reject	请求信道关闭拒绝	响应
	Request Channel Close Release	请求信道关闭释放	指示
主从决定	Master Slave Determination	主从确定请求	请求
	Master Slave Determination Acknowledge	主从确定证实	响应
	Master Slave Determination Reject	主从确定拒绝	响应
	Master Slave Determination Release	主从确定释放	指示
往返时延确定	Round Trip Delay Request	往返时延请求	请求
	Round Trip Delay Response	往返时延响应	响应
维护环路	Maintenance Loop Request	维护环路请求	请求
	Maintenance Loop Acknowledge	维护环路证实	响应
	Maintenance Loop Reject	维护环路拒绝	响应
	Maintenance Loop Command off	维护环路命令关闭	命令

2）H.245 基本命令消息。H.245 基本命令消息见表 8-8 所示。

表 8-8 H.245 基本命令消息

英文全称	含义
Flow Control	流量控制
Send Terminal Capability Set	发送终端能力集（在发生中断或其他不确定问题的情况下，请求远端终端发送能力集消息告之其发送和接收能力。除非有非常必要的原因，该命令不能重复发送）
Encryption	加密（用来交换加密能力，命令远端在信道上发送初始矢量）
End Session	结束会话（表示呼叫结束，终止 H.245 消息传送，通常是呼叫控制过程的最后一个消息）
(Miscellaneous Commands)	（其他命令指相当于 H.230 中规定的控制可视电话的一些命令）

3）H.245 基本指示消息。H.245 基本指示消息见表 8-9。

表 8-9 H.245 基本指示消息

英文全称	含义
Function Not Understood	功能无法理解（返回不理解或不支持的请求、响应或命令）
Jitter Indication	抖动指示（用于向发送端告知接收端计算的逻辑信道抖动量，有助于对端选择视频信道的比特率和缓冲器控制策略，确定定时信息的传送速率）
H.225.0 Maximum Skew Indication	H.225.0 最大偏斜指示（用于向远端指示指定的两个逻辑信道之间的平均时间偏差，单位为 ms）
User Input	用户输入（用于传送 DTMF 信号，即 0～9，*和#，以供与 SCN 互通时使用）
(Miscellaneous Indication)	（其他指示指用于可视电话的指示信号）

（4）基本消息流程

H.245 协议的基本消息流程有能力交换流程（见图 8-18）、主从确定流程（见图 8-19）、打开逻辑信道流程（见图 8-20）、关闭逻辑信道流程（见图 8-21）和结束会话过程流程（见图 8-22）。

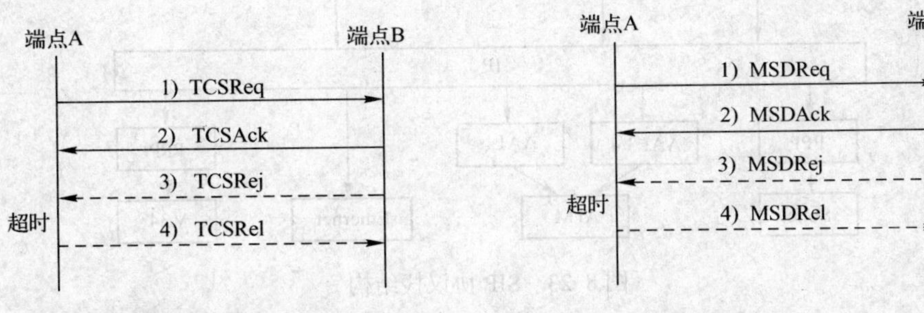

图 8-18 能力交换流程　　图 8-19 主从确定流程

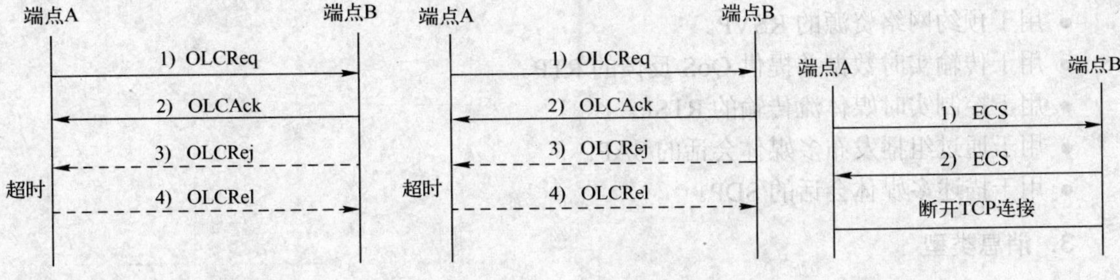

图 8-20 打开逻辑信道流程　　图 8-21 关闭逻辑信道流程　　图 8-22 结束会话流程

8.5.5 SIP

1. SIP 的基本概念

会话初始协议（SIP）是由 IETF 提出的一个在 IP 网络上进行多媒体通信的应用层控制协议，用于创建、修改和终结有一个或多个参加者参加的会话进程，包括 Internet 多媒体会议、Internet 电话、远程教育以及远程医疗等。其出发点是以现有的 Internet 为基础构架的 IP 电话业务网，与以 H.323 协议为基础的 IP 电话不同，SIP 需要智能化终端。

SIP 独立于其他会议控制协议，在设计上独立于传输层协议，可灵活方便地扩展其他附加功能。SIP 可支持下列 5 种多媒体通信的信令功能。

- 用户定位：确定参加通信的终端用户的位置。
- 用户通信能力协商：确定通信的媒体类型和参数。
- 用户意愿交互：确定被叫用户是否愿意参加某个通信。
- 建立呼叫：包括向被叫“振铃”，确定主叫和被叫的呼叫参数。
- 呼叫处理和控制：包括呼叫重定向、呼叫转移、终止呼叫等。

2. SIP 协议结构

SIP 协议栈结构如图 8-23 所示。

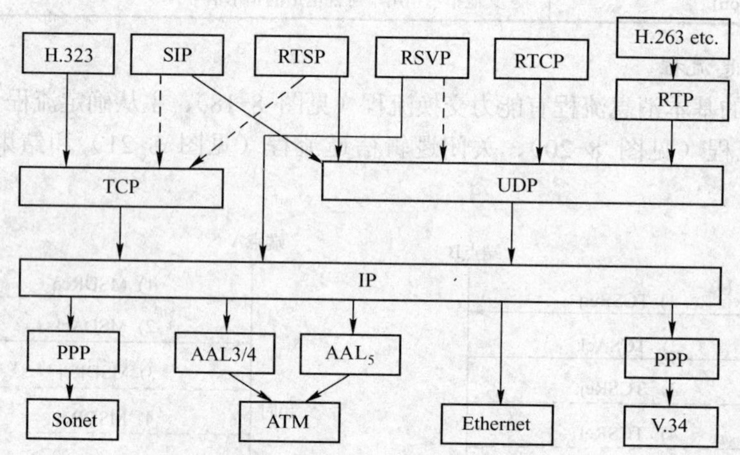

图 8-23 SIP 协议栈结构

SIP 是 IETF 多媒体数据和控制体系结构的一部分，可与其他协议相互合作，但其功能和实施并不依赖这些协议：

- 用于预约网络资源的 RSVP。
- 用于传输实时数据并提供 QoS 反馈的 RTP。
- 用于控制实时媒体流传输的 RTSP。
- 用于通过组播发布多媒体会话的 SAP。
- 用于描述多媒体会话的 SDP。

3. 消息类型

SIP 消息分两种类型，一类是请求消息，从客户机发到服务器；另一类是响应消息，从服务器发到客户机。

（1）请求消息

请求消息由客户端发给服务器，以激活某些特定操作，包括 INVITE、ACK、OPTIONS、BYE、CANCEL、REGISTER 消息等，各消息的含义见表 8-10。

表 8-10 请求消息及其含义

请求消息	消息含义
INVITE	发起会话请求，邀请用户加入一个会话，会话描述含于消息体中。对于两方呼叫来说，主叫方在会话描述中指示其能够接受的媒体类型及其参数。被叫方必须在成功响应消息的消息体中指明其希望接受哪些媒体，还可以指示其行将发送的媒体 如果收到的是关于参加会议的邀请，被叫方可以根据 Call-ID 或者会话描述中的标识确定用户已经加入该会议，并返回成功响应消息
ACK	证实已收到对于 INVITE 请求的最终响应。该消息仅和 INVITE 消息配套使用
BYE	结束会话
CANCEL	取消尚未完成的请求，对于已完成的请求（即已收到最终响应的请求）则没有影响
REGISTER	注册
OPTIONS	查询服务器的能力

（2）响应消息

响应消息是对请求消息的响应，指示呼叫的成功或失败状态。状态码用于区分不同种类的响应消息，包含 3 位整数，第一位用于定义响应类型，另外两位用于进一步对响应进行更加详细的说明。各响应消息分类和含义见表 8-11。

表 8-11 响应消息的分类和含义

序号	状态码	消息含义
1xx	信息响应（呼叫进展响应）	表示已经接收到请求消息，正在对其进行处理
	100	试呼叫
	180	振铃
	181	呼叫正在前转
	182	排队
2xx	成功响应	表示请求已经被成功接受、处理
	200	OK
3xx	重定向响应	表示需要采取进一步动作，以完成该请求
	300	多重选择
	301	永久迁移
	302	临时迁移
	303	见其他
	305	使用代理
	380	代换服务
4xx	客户出错	表示请求消息中包含语法错误或者 SIP 服务器不能完成对该请求消息的处理
	400	错误请求
	401	无权

（续）

序　号	状 态 码	消 息 含 义
4xx	402	要求付款
	403	禁止
	404	没有发现
	405	不允许的方法
	406	不接受
	407	要求代理权
	408	请求超时
	410	消失
	413	请求实体太大
	414	请求 URI 太大
	415	不支持的媒体类型
	416	不支持的 URI 方案
	420	分机无人接听
	421	要求转机
	423	间隔太短
4xx	480	暂时无人接听
	481	呼叫/事务不存在
	482	相环探测
	483	跳频太高
	484	地址不完整
	485	不清楚
	486	线路忙
	487	终止请求
	488	此处不接受
	491	代处理请求
	493	难以辨认
5xx	服务器出错	表示 SIP 服务器故障不能完成对正确消息的处理
	500	内部服务器错误
	501	没实现的
	502	无效网关
	503	不提供此服务
	504	服务器超时
	505	SIP 版本不支持
	513	消息太长
6xx	全局故障	表示请求不能在任何 SIP 服务器上实现
	600	全忙
	603	拒绝
	604	都不存在
	606	不接受

4．基本消息流程

（1）SIP 终端初始化

SIP 终端初始化包括 SIP 终端的注册和注销。任何 SIP 终端在启动或重启动时都要向本地的 SIP 网络进行注册，其注册和注销流程均使用 Register 消息。SIP 的初始化流程如图 8-24 所示。

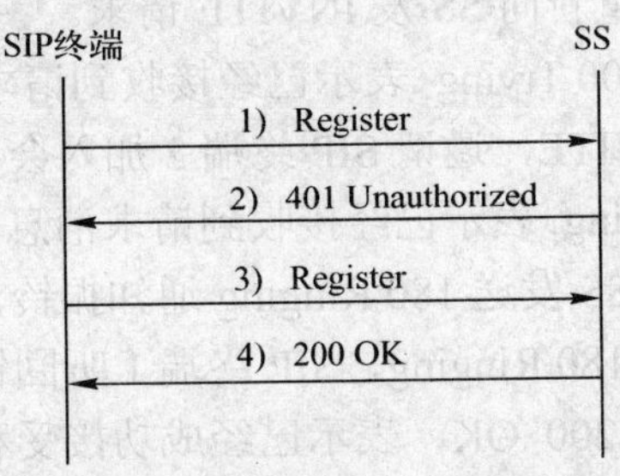

图 8-24　SIP 的初始化流程

1）SIP 终端向 SS 发起注册请求，汇报其已经开机或重启动，请求向 MGC 注册。

2）SS 返回 401 Unauthorized 响应，表明 MGC 端要求对用户进行认证。

3）SIP 终端重新向 SS 发起注册请求。

4）MGC 收到 SIP 终端的注册请求，返回 200 OK 响应消息，表明终端认证成功。

（2）SIP 呼叫建立和释放流程

在同一软交换设备 SS 控制下的两个 SIP 用户之间的成功呼叫，呼叫流程应用实例如图 8-25 所示。

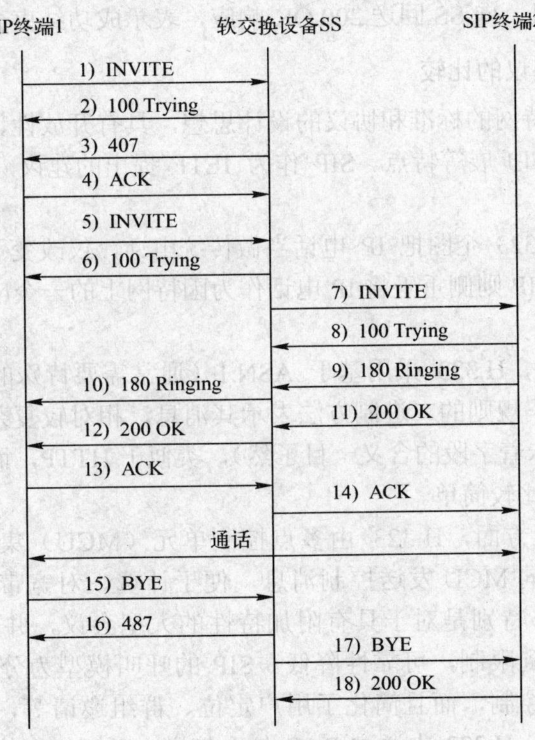

图 8-25　实体之间的 SIP 呼叫流程

1）SIP 终端 1 发 INVITE 请求到 SS，请求邀请 SIP 终端 2 加入会话。

2）SS 给 SIP 终端 1 返回 100 Trying 表示已经接收到请求消息，正在对其进行处理。

3）SS 发 407 给 SIP 终端 1，要求对终端用户进行认证。

4）SIP 终端发 ACK 给 SS，证实已收到 SS 对 INVITE 请求的最终响应。

5）SIP 终端携带认证信息重新向 SS 发 INVITE 请求。

6）SS 给 SIP 终端 1 返回 100 Trying 表示已经接收到请求消息，正在对其进行处理。

7）SS 向 SIP 终端 2 发 INVITE，邀请 SIP 终端 2 加入会话。

8）SIP 终端 2 返回 100 Trying 表示已经接收到请求消息，正在对其进行处理。

9）SIP 终端 2 振铃，并向 SS 发送 180 Ringing 通知振铃消息。

10）SS 向 SIP 终端 1 发送 180 Ringing，SIP 终端 1 听回铃音。

11）SIP 终端 2 向 SS 发送 200 OK，表示已经成功接受和处理 INVITE 请求，并且通过该消息将自身的 IP 地址、端口号、净荷类型、净荷类型对应的编码等信息传送给 SS。

12）SS 向 SIP 终端 1 发送 200 OK，表示已经成功接受和处理 INVITE 请求，并且将 SIP 终端 2 的信息传送给 SIP 终端 1。

13）SIP 终端 1 发送 ACK 给 SS，证实已收到 SS 对 INVITE 请求的最终响应。

14）SS 发送 ACK 给 SIP 终端 2，证实已收到 SIP 终端 2 对 INVITE 请求的最终响应，至此呼叫建立成功，双方进入通话阶段。

15）SIP 终端 1 挂机，向 SS 发送 BYE 消息，请求结束本次会话。

16）SS 向 SIP 终端 1 回送 487 响应，表示请求终止。

17）SS 向 SIP 终端 2 发送 BYE 消息，请求结束会话。

18）SIP 终端 2 挂机，向 SS 回送 200 OK 响应，表示成功结束会话。

5. SIP 和 H.323 协议的比较

SIP 借鉴了其他因特网的标准和协议的设计思想，具有开放性、兼容性和可扩展性，比较简洁灵活，易于实现和扩展等特点。SIP 作为 IETF 提出的建议，与 H.323 有着完全不同的特点。

1）在目的方面，H.323 企图把 IP 电话当做传统电话，仅改变了其传输方式，即由电路交换变成了分组交换。SIP 则侧重于将 IP 电话作为因特网上的一个应用，增加了信令和 QoS 的要求。

2）在协议编码方面，H.323 采用基于 ASN.1（通常需要特殊的代码生成器来进行词法和语法分析）和压缩编码规则的二进制方法表示其消息，相对较复杂。SIP 是基于文本的协议（基于文本的编码意味着字段的含义一目了然），类似于 HTTP，而且 SIP 的消息体部分采用 SDP 进行描述，形式比较简单。

3）在支持会议电话方面，H.323 由多点控制单元（MCU）集中执行会议控制功能，所有参加会议的终端都向 MCU 发送控制消息，便于计费，对宽带的管理也比较简单，但 MCU 可能会成为瓶颈，特别是对于具有附加特性的大型会议，并且 H.323 不支持信令的组播功能，可扩展性受到限制，可靠性降低。SIP 的呼叫模型为分布式，具有分布式的组播功能，不仅便于会议控制，而且简化了用户定位、群组邀请等，并且能节约带宽。

4）在建立时间方面，H.323 中通过 RAS 信令信道、呼叫信令信道和 H.245 控制信道的

协调才使得 H.323 的呼叫得以进行，呼叫建立时间很长。SIP 会话请求过程和媒体协商过程等是一起进行的，呼叫建立时间短。

5）在传输协议方面，H.323 的呼叫信令通道和 H.245 控制信道需要可靠的传输协议。SIP 独立于低层协议，一般使用 UDP 等无连接的协议，用自己的可靠性机制来保证消息的可靠传输。

6）在补充业务方面，H.323 为实现补充业务定义了专门的协议，如 H.450.1、H.450.2 和 H.450.3 等。SIP 没有专门定义的协议用于此目的，只要充分利用已定义的字段，必要时对字段进行简单扩展就能很方便地支持补充业务或智能业务。

7）在应用方面，H.323 沿用的是传统的实现电话信令模式，比较成熟，市场上已经出现了不少 H.323 产品。但是 SIP 推出时间不长，协议并不是很成熟。

8.6 小结

本章介绍了 NGN 的核心技术——软交换。

软交换的出发点是"网络就是交换"，其核心思想是基于功能分层概念，对交换所包含的呼叫控制、接续、业务处理等各种功能进行不同程度的集成，并将其分离在网络中的不同类型的网元上，这些网元通过标准化协议进行连接和通信，从而使业务和网络可以独立发展，能够灵活提供业务和应用，以便满足用户不断发展、更新的业务需求。软交换具有分离性、开放性、灵活性、互通性、综合性及经济性等特点。

软交换的体系按功能可分为 4 层，即媒体/接入层（边缘层）、传输层、控制层和业务/应用层。接入层的设备包括各种不同的网络、终端设备以及各种将它们接入软交换系统的网关设备；传输层由基于 DWDM 光传送网连接骨干 ATM 交换机和/或骨干 IP 路由器构成；控制层的主要设备称为软交换设备，提供各种业务的呼叫控制、连接以及部分业务提供，软交换设备与各种媒体网关、终端、应用服务器、其他软交换设备间采用标准协议相互通信；应用层采用开放、综合的业务应用平台，采用应用服务器灵活地为用户提供各种增值业务，同时提供相应业务的生成和维护环境。

软交换采用标准的、开放的接口及各种协议与网络中其他的功能实体进行交互。软交换体系涉及协议非常众多，主要分为 5 种类型，即媒体网关控制协议、信令控制协议、软交换间协议、业务应用协议及维护管理协议。

媒体网关控制协议用于软交换对媒体网关的承载控制、资源控制及管理，用在 SS 与各种媒体网关及相应终端之间，有 MGCP、H.248/Megaco、H.323 和 SIP 等。MGCP 是媒体网关控制协议，主要应用在软交换与媒体网关或软交换与 MGCP 终端之间；H.248 协议，也叫 Megaco 协议，是媒体网关控制器 MGC 与媒体网关 MG 之间的一种媒体网关控制协议，应用于媒体网关与软交换之间及软交换与 H.248/Megaco 终端之间；H.323 协议实际上是一个协议族，包括用于建立呼叫的 H.225.0、用于控制的 H.245、用于大型会议的 H.332 以及用于补充业务的 H.450.x 等。H.323 定义了 4 种部件，即终端、网关、网守和多点控制单元（MCU）；SIP 是在 IP 网络上进行多媒体通信的应用层控制协议，用来创建、修改和终结一个或多个参加者参加的会话进程。SIP 与 H.323 相比，有协议简单、容易理解、效率高、扩充性及扩展性好等优点。

信令控制协议用于传递软交换和信令网关间的信令信息，用在 SS 与信令网关之间，有 SCTP 和 SIGTRAN 等；软交换间协议实现不同软交换间的互通，用在 SS 与 SS 之间，有 H.323、SIP、BICC、SIP-T/SIP-I 等；业务应用协议提供访问各种数据库、第三方应用平台、各种功能服务器等的接口，实现各种增值业务，用在 SS 与应用层之间，有 Parlay、JAIN、INAP、CAMEL、MAP、RADIUS 等；维护管理协议提供软交换网络的维护和管理，用在 SS 与网管服务器和策略服务器之间，有 SNMP 和 COPS 等。

8.7 习题

1. 简述软交换的定义。
2. 简述软交换的功能。
3. 说明软交换的体系结构。
4. 简述软交换体系结构中各层涉及的设备。
5. 说明软交换中接口的类型。
6. 软交换标准协议的分类。
7. 什么是 MGCP？
8. 什么是 H.248 协议？H.248 与 MGCP 有什么区别？
9. 试描述一个 H.248 协议呼叫的流程。
10. 说明 H.323 协议的组件。
11. 简述 H.323 协议栈结构。
12. 简述 RAS 协议过程。
13. 简述 H.245 协议过程。
14. 什么是 SIP？
15. 试描述一个 SIP 呼叫的流程。
16. 简述 SIP 与 H.323 协议的区别。

参考文献

[1] Lakshmi-Ratan R A. The Lucent Technologies Softswitch-Realizing the Promise of Convergence [J]. Bell Labs Technical Journal, 1999, 4(2):174-195.
[2] ITU-T Recommendations. H.323 Packet-based Multimedia Communication Systems [S]. 2000.
[3] ITU-T Recommendations. H.248 Media Gateway Control Protocol [S]. 2000.
[4] 糜正琨，王文鼎. 软交换技术与协议[M]. 北京：人民邮电出版社，2002.
[5] 陈建亚，余浩. 软交换与下一代网络[M]. 北京：北京邮电大学出版社，2003.
[6] Franklin D Ohrtman. 软交换技术[M]. 李晓刚，许刚，译. 北京：电子工业出版社，2003.
[7] 糜正琨. 软交换组网与技术[M]. 北京：人民邮电出版社，2005.